U0392636

The Norm Chronicles

Stories and Numbers about Danger

First published in Great Britain in 2013 by
PROFILE BOOK LTD

一念之差

关于风险的故事与数字

[英] 迈克尔 · 布拉斯兰德
戴维 · 施皮格哈尔特 著
威治 译

生活 · 讀書 · 新知 三联书店

图书在版编目（CIP）数据

一念之差：关于风险的故事与数字 /（英）迈克尔·布拉斯兰德（Michael Blastland），（英）戴维·施皮格哈尔特（David Spiegelhalter）著；威治译．—北京：生活·读书·新知三联书店，2024.7
（新知文库精选）
ISBN 978-7-108-07842-1

Ⅰ．①一…　Ⅱ．①迈…②戴…③威…　Ⅲ．①风险管理－研究　Ⅳ．①X4

中国国家版本馆 CIP 数据核字（2024）第 101667 号

责任编辑　曹明明
装帧设计　康　健
责任印制　卢　岳
出版发行　生活·讀書·新知 三联书店
（北京市东城区美术馆东街 22 号　100010）
网　　址　www.sdxjpc.com
图　　字　01-2022-4433
经　　销　新华书店
印　　刷　北京中科印刷有限公司
版　　次　2024 年 7 月北京第 1 版
2024 年 7 月北京第 1 次印刷
开　　本　889 毫米 × 1194 毫米　1/32　印张 12.75
字　　数　272 千字
印　　数　0,001－6,000 册
定　　价　68.00 元
（印装查询：01064002715；邮购查询：01084010542）

目录

Contents

前　言

先讲个关于危险的小故事。

一天，在魔鬼般的巧合下，诺姆（Norm）、普登丝（Prudence）和凯尔文（Kelvin）分别来到地铁站，看到了一个无主的箱子（或是背包）。

诺姆看到一个灰蓝色手提箱藏在他座位下面。他一开始没想那么多，后来看了一眼那个箱子，然后摇了摇，里面似乎什么都没有。

“冷静！”他对自己说，然后蹲下来将脚上那双绿色的保暖袜拉高点儿，看看旁边的对讲机。他坐回去，强迫自己专注思考发生意外的概率，挠了挠鼻子，在心中的沙盘上推演了几次之后，得到的结论是，这就是个被遗忘的皮箱而已，一定是这样！他站起来，慢慢走向车门，准备在下一站下车，并回想这段意料之外的经历。

当普登丝将目光从《五十度灰》移到座位另一头那个全新的帆布背包时，她顿时产生了一种不舒服的感觉。如果包包上有名牌，那就是谁忘在这里的，但若没有的话……

居然没有名牌！童年回忆如走马灯一般从她眼前浮现，孤苦无依，暗自啜泣……她顿时呆若木鸡，脑中全是被炸成碎片、头发烧焦等令人毛骨悚然的影像。

她想象着人生的最后几秒钟，缩成一团并且不停地跟她身边的乘客说话，想警告他，借此寻得一线生机："有……有个袋子……"她嘟囔着，并见鬼似的指着那个袋子。

"喔，对啊，是我的。"他说，并且拿起那个袋子，"谢啦！"

那凯尔文呢？当车门滑开时，他马上拿起那个黑色的手提箱——这是啥？他抱着它，将箱子上的扣盖打开，拿出一份折起来的《每日电讯报》，将它放进皮大衣的暗袋里；再瞥一眼袋子里那沓纸；角落里还有一个锡箔纸包着的东西，于是一边撕开外包装、闻闻味道，一边偷偷瞄着后面那个正在刷睫毛的年轻女孩，然后把那包东西丢进箱子，扣上盖子，找个座位坐下，闭目养神。

* * * * * *

三个人，对潜在危险有三种不同的做法，我们甚至可以加入更多不同的做法，你会怎么做呢？所有经验法则与数以万计的故事告诉我们，对于危险，神经绷得最紧的通常都是我们这些局外人。

不过这不是全部结论，其中还有许多数字可谈。

有两件事情跟大家分享。第一件事是骇人听闻的旧事：2005年7月7日，52人死于伦敦地铁与市区公交站的恐怖炸弹袭击事件。第二件事：2011年，大约有3万个箱包被遗留在伦敦的地铁站中。

地铁里的无主箱包很危险吗？让我们把这些数字跟刚刚那三个人的做法比较一下：你觉得诺姆、普登丝和凯尔文会在那52

人之中吗？

先把这个问题放下，让它慢慢发酵，来谈谈另一个故事，一个著名的事件。

一天，安娜和朋友去滑冰。她是高手，几乎不会因此送命。但那天意外发生了，冰面开裂，她倒栽葱掉进冰洞里，冰冷的湖水不断灌进她的衣服，并将她往下拖。注意，头朝下。

她原本在一分钟内就会死掉，不过她在水里看到了一个气袋，便抓过来呼吸了一下。她的朋友努力救她，救援小组也到了，他们想要把冰凿开，将她拉出来，但冰层太厚太硬，他们失败了。

安娜维持了40分钟的意识，但呼吸越来越微弱，最后停了下来，脉搏也停了。当她被拉上来的时候，又过了40分钟。

正常人的体温接近37摄氏度，35摄氏度以下就开始失温了。安娜被送到医院时体温只有13.7摄氏度，没有人在这种情况下还能维持生命迹象。但医生没有放弃，他们很有耐心，慢慢地将她的血抽出来，加热后再从静脉输回体内。在她停止呼吸三个多小时后，也就是她被送到医院的两个多小时以后，安娜的心脏再次恢复了跳动。

十天后醒来时，她发现自己颈部以下完全麻痹，没有任何感觉，她对这样的重生感到愤怒。当然她最后还是基本上恢复了所有身体机能。几年后，她以放射学医生的身份在救她一命的医院工作，偶尔还是会去滑雪。①

---

① 安娜·伯根霍尔姆（Anna Bagenholm）的故事来源复杂，主要引用了《柳叶刀》（*The Lancet*）[1]和阿图·葛文德（Atul Gawande）在他的著作《开刀房里的沉思》（*Better*）[2]中的内容。

安娜的故事在神奇的生还和医学的启示上都值得庆贺。不过这件事让我们无论对人类身体忍受寒冷的能力，还是从科学角度对极度寒冷状态的认识都有了不同的看法。但我们只能这么说：安娜搭乘命运之神的云霄飞车，只在鬼门关走了一趟。她在命运的每个路口掷出骰子时，都是六点，走了一个极端的好运。①

任何人都有可能摔下去，即使滑冰高手也无法避免。不过安娜摔下去的情况——冰层又硬又有洞——实在是太少见了。接着出现了一件天赐之物：气袋。但令人恼火的事情来了，上面的人用尽方法都无法把她拉上来，实在曲折离奇又令人沮丧。眼看她就要在极度寒冷和毫无生还机会的情况下死去，却又被救上来了。然后她在几乎不可能的情况下被救活了，但醒来时又是全身瘫痪的状态，可过了一阵子又几乎完全康复了。一个又一个反转，真是令人叹为观止。每一个回合都曲折离奇，每次她都是刚踏进鬼门关一步，又被拉了回来。当那致命的恶寒侵袭她时——正好在对的时间点将她的新陈代谢降到几乎停止——抓准了她呼吸停止的那一刻，正好将她生命的核心机能保存下来。生命有时候就是如此令人难以置信。

这个小故事与其中的数字告诉我们，风险是一体两面的：一边是表面上讲求实际的概率，例如新闻头条上写的，吃香肠会增加20%的致癌率，或是那些丢在伦敦地铁里的箱包们之中有多

① 我们通常会说安娜打败了或是成功扭转了可能性，但严格地讲，没有人能与可能性对抗。可能性仅仅用于描述多少人期待能够站在较有可能成功的那一边罢了。即使概率只有一百万分之一，而你正好就是那一个，那也不是打败了可能性，因为这件事本身就是一种可能性。

少藏有爆炸物，或是你的身体完全冻结、呼吸和心跳停止后还能生还的无限小的概率；另一边则是这些人与这些故事，比如幸存的安娜，比如死亡的那52个人。

数字和概率呈现的是结果，是共同的风险对所有人的比率。这些数字很理性，含有丰富的信息。不过对于命运和每个独特的个体而言，这些数字无足轻重。不需要去在意，我们也无法去在意。生与死只是百分比的差别，我们应当不怕危险，奋力生存。数字只是阐明哪些事情风险大、哪些小，或者平均到什么程度；而且它们对于我们真正在意的事情，比如喜爱或讨厌香肠、滑雪斜坡来说，却只能沉默。

但是我们并非平均数。我们有主观的看法，关心甚至争论关于滑雪、恐怖攻击或者香肠的问题。我们有自己的本能、感受、希望、恐惧和困惑。直觉会与数据不符，而且我们常说："那又怎样？我跟他们不同。"我们明明知道有危险，仍会努力想要克服它。我们热爱翱翔的感觉，就硬要穿着飞行装跳下峡谷（第16章）。我们会看到蜘蛛尖叫着逃开（恐惧症在第25章提到）。我们会问："这样安全吗？我的孩子安全吗？"还会问："这一切都在我的控制之中吗？"（第15章）"我会开心吗？""我想要这种紧张感吗？""我是否重视这个选择呢？"（第9章会提到毒品）"我应该把握这个机会吗？""感觉如何，这样做值得吗？"（第11章）

这里有一个特例，就死亡率来看——我们习惯用这个数字来计算溜冰和生活中的许多其他危险——安娜是安全无恙的，她属于表格上的钩钩，而不是叉叉。所有的死亡率记录上都会这样记载。

危险就像浅滩里的鲨鱼、橱柜里的药丸，或是小朋友正在街道玩耍时在他们上方吊着的钢琴，或是过度节食、跳伞、豪饮，或是站在双层公交车旁的路人、飙车车手，或是气候反常所带来的威胁，比如脑血管扩张。换句话说，危险无时无处不在。我们在所有案例中都可以发现两个方面：一面是冷酷无情、公事公办的数字；另一面是人们单纯的希望和恐惧。

这本书要从与众不同的出发点，一次性让读者看到这两个方面，希望能将这些当事人的故事及其背后的数字一起呈现。我们主要着手于探究如何比较二者，不过在进行的过程中遇到了一个尴尬的问题：这两个方面的风险是兼容的吗？风险能否在转化成实际数字的同时还能反映出对人的影响呢？我们会介绍在这两个方面的发现，但其实现在就可以告诉你结论。

没办法。对人们而言，概率完全不存在。

这样特殊的断言，是基于计算癖所产生的两种情绪。这里要加上一点儿运气。事情的真相以及那些数字与推论所代表的确切意义，将会从这种看法的冲突中一一浮现。

所有的数字和概率都明摆在那儿。我们会依据这些数据呈现生命中各种机遇和陷阱的偶然性：儿童会遭遇到的风险；暴力、意外和犯罪的风险；性爱、毒品、旅游、节食和生活习惯上会遇到的危险；自然灾害以及其他各种事情的风险。我们会说明是如何评估的，还有为何有时候并不知道这些事情的危险性，以及这些风险的情势是如何改变的，而我们也使用了可以找到或是发明出来的最佳表述方法，好让读者简单领悟这些数据所代表的意义。特别是我们使用了名为“微死亡”（MicroMort）和“微生存”（MicroLife）这两种巧妙的小概念。它们是能够提供真正洞见的计算死亡风险单位的友善工具。从这个角度来看，这本书是一种新的对人生可能性的指导。

人性因子在这里占了重要的地位。人们并不总是遵照数字的指示行事，有时身处危险之中却觉得很安全，有时相反。这时数字对我们的影响力会小于我们对权力、自由、价值观、喜好和情绪的依赖。

这个差异告诉人们，他们是愚蠢的。有人认为只要听专家的就能长命百岁、安枕无忧；还有人说专家的说法也许对“普通人”是正确的，他们很确定自己不会有小孩、没有任何未确诊的胸口疼痛，也完全没有仓促穿越马路的想法。

两种人性因子都不能忽略。要呈现两方面的说法，我们使用了一个有些风险的技术手段：将事实与虚构、数字和故事结合在一起。为什么我们要写本一半数字、一半故事的书呢？因为这就是人们看待风险的方式：从故事和数字中看他们想看的东西。

这两方面各有其优缺点。数字告诉我们事情发生的可能性，故事则用来传达数字无法表达的感觉和价值观——可能会曲解我们对可能性的看法。故事增强了叙述的条理性，但也常常爱添油加醋——起、承、转、合，从原因到影响，所有情节都讲得津津有味。数字告诉我们事情发生的概率，它通常不会断言事情发生以及影响另一件事情的确切原因，只是简单将所有生与死的记录汇总后告诉我们而已。要了解这些看法的成因，我们是不是应该把它们放在一起来看呢？要忠实呈现这些看法，我们是不是应该让它们用自己的方式发声呢？[①]

史迪文·平克（Steven Pinker）在《白纸一张》（*The Blank Slate*）中说：

> 虚构的故事能够将我们未来某天会面对的思想上的致命性难题，以及如何确定实际应用策略的准则预先提供给我们。假如我怀疑叔叔杀了父亲，并且娶了我母亲，我该如何行动呢？假如我那倒霉的哥哥在家里得不到应有的尊重，这是否会使他故意揭我的短、爆我的料呢？假如我想搞段外遇，好让我这个乡下医生妻子在单调生活中加点儿刺激的话，最坏的情况是什么呢？上述所有问题，你都可以在书店或音像店找到答案。

因此我们创造了几个角色。第一个是诺姆，也就是在地铁发现灰蓝色手提箱并且试图估算最佳应对方案的人——我们的榜样。尽管诺姆没有做错任何事，但某时或某人还是会找他的麻烦。他是个“普通”人（线索就在他的名字里）[②]，不断寻找生命中最安全的路径，甚至连试图做一些破格尝试的时间点都是“普

---

① 故事是什么？《劳特利奇叙事理论百科全书》（*Routledge Encyclopaedia of Narrative Theory*）的编辑戴维·贺曼（David Herman）说：“故事就是在讲述特定人物发生的事件，以及他们经历事件时的感触。”故事帮我们做的，是将“特定人物”身上部分重要的事情，包括事实和虚构的部分呈现出来。专家学者使用“叙事”一词来区分故事是否是从纯粹的事件中摘取的，虽然书中处处讨论故事的表现形式——例如第23章出现的“英雄式”的医疗故事。不过本书要讨论的并非叙事理论。

② 诺姆，norm，有标准、规范的意思。

通”的。这种人即使吃了马麦酱（Marmite，一种英式酱料，除了英国人、澳大利亚人和新西兰人以外，没人乐意尝试）也不会有特殊感觉。

上天可能对诺姆另有安排：一场车祸、致命的禽流感、持刀的抢匪、坠落的陨石、核灾或是他日渐横向发展的身材……小心！杀手无处不在！

但他还是会坚持认为：“风险是可以计算出来的。”这是最合理的行动指南。而且他在面对突发情况时，会依照计算结果与轻重缓急来行动。他的习惯也非常“普通”，喜欢喝杯好茶但不会多喝，常穿马莎百货卖的裤子，也欢迎由于热血与勇气而产生的小风险。即便如此，有些人或事依然会置他于死地。诺姆无可非议的人生其实是一个随时处于致命危机之下的故事。稍加引申，也是我们的故事。

再说说普登丝（名字也含有线索）。[①]她表现出极度惊慌的态度和谨慎的思考，所有可能性从她脑中掠过，让她无比焦虑，她感到陌生人随时跟在她后面。数字对她完全不重要，恐怖片就能把她吓得半死，让她的脑中充满了各种陷入危险的幻想。[②]

最后，我们再看看凯尔文老兄（第三个人物，他的名字里面没有暗示），这个投机分子与风险贩子只会凭感觉行事，而且有可能只是为了好玩就坚定地告诉你怎么把那些狗屁理由和概率丢在一旁。

---

① 普登丝，prudence，有谨慎、深谋远虑的意思。

② 女性对于风险规避的倾向有比男性更高的趋势，但也仅针对平均数字而言。

一章接一章，数字接着故事。我们让这些观点上的冲突坚持己见，不多评论。在最后才会退一步说话，把其中的差异跟读者说明。因此在这本非虚构的书中，我们也会探索风险认知的心理状态，而这就是数字与故事交会的地方，通常也是二者产生分歧的地方。

以上内容都会以两种互相竞争的姿态呈现在我们面前。它们相互碰撞时会发生什么呢？一场战斗？通常不会，但其中一方会指控另一方是非理性的，而另一方则会反击，认为对方是冷血动物。

冲突是矛盾的基本元素。在人们的态度中，风险常常潜伏在许多生命最深处的紧张感中。选择吧，艺术对上科学、感性对上理性、文字对上数字、洞察力对上客观性、故事对上数据、直觉对上分析、特定的对上抽象的、浪漫主义对上古典主义、红色跑鞋对上棕色休闲鞋。总而言之，这两种从根本上完全不同的事实和体验中间存在一道永恒的鸿沟，大家很容易就会驻扎在其中一个阵营而忽视了外面的世界究竟是什么样子。

就算你对两边都不买账，不会轻率地将自己归类，仍可能被笼罩在这两方面的危险之下。因为这个问题触及了某些深藏在我们人生态度中的想法，它也协助我们定义自己究竟是哪种人。有时候我们两边都赞同，不过当我们在两个不同的世界观之间挣扎时，很容易就会被这两股相反的冲击力侵袭而支离破碎（有时候是数字，有时候是故事和情绪）。当我们试着要得出生存下来的方法时，两方强弱不定，却一直不断向我们袭来。跟那些沉重的事情相比，事实上，危险可能只用窗帘的拉绳就勒死我们、用沙门氏菌毒死我们或是把我们炸成碎片。

夏季的某天，你走在步行街上，吃着香草冰淇淋。这时有辆红色双层公交车突然冲上人行道，把你手上的冰淇淋撞飞，然后冲进特易购超市。玻璃碎落一地，房屋钢筋扭曲，只留给你一阵惊慌，但你毫发无损。你觉得发生这种事的机会有多大?

无论在什么情况下，我们都无法准确预测意外事件的发生。再举一个例子，当我们费劲儿地从梯子上探出身去，给讨厌的墙角上漆时，我们会和自己说："放心好了，不会有事的。"但真的确定吗?真的可靠吗?当然不，有时候没事，但该出事的时候就会出事。可能性永远扮演着重要的角色。一场交通意外可能是因为机械故障，或是驾驶员操作失误，可能取决于公交车运行的时间表、道路状况、天气，或是站在路边的你、排队买冰淇淋的人。我们得依序判断是哪个环节出了问题，还要判断每个环节里的每个人是否有问题。这其中有无数复杂难懂和看似根本不可能的盘根错节的理由、事件与人。而你，无论碰巧在什么时间和地点阅读这段文字时，一定可以联想到大量荒唐的因果关系。假如你一定要追根究底，成因是包罗万象的。这就是用另一种方式说明没人知道未来会怎样。人生真是太复杂了。

假如上述车祸真的发生了，如果发生在别人身上，你可能也不会太惊讶。我们都很确定，世界上有无数事情，不管听起来多离奇，都有可能发生。我们甚至知道那些奇怪但是可预测的事件常常发生在别人身上。2005—2010的五年中，从梯子上跌落而导致身亡这件事，在英格兰与威尔士接近210万名男性中所发生的次数，有着极不寻常的一致性，每年分别为42、54、56、53、47次。这个事件发生在210万人中一人身上的概率是极度稳定的，跟站在梯子上摇摇晃晃的情况完全不同[3]。就好像专管计算的神看了看命运报表，发现这个月的业绩与实际相差太远了，就会命令负责取人性命的神说："嘿！那个穿工作服的，努力点！我们这个月的数字不太好看啊！"

我们知道一定会有意外和插曲，通常也知道事故的种类和数量，依此可以几近准确地预测明年7月28日伦敦大约会有多少人遭到谋杀，甚至那天将有多少件凶杀案发生（其实我们已经这么做了，参见第22章）。从近处着眼，人生可能一片混乱，每件凶杀案都是独一无二且无法预测的，每起死亡事件都是用无尽的可能性装饰的。不过，看看前面提到的数字，你不觉得人们常常按照令人毛骨悚然的规律行事吗？

这是一个关于危险的谜题：一百万个故事在描述它，一百万种感受告诉你这件事，一百万个场合预谋或对抗每个意外插曲，然而实际数字却反映出与之相对的一致性。所有癌症都始于某个细胞的病变，而且很稳定，三分之一的人会发展成癌症。①这就是人生中诸多古怪事实之一，这种失序中的规律、自然的运作以及浮现于本能中的形式，都不断持续着、可预测地、总是恰好发生在每个人的生活之中。

由此可知，人类的命运显而易见，人生就是用故事建造的迷宫。同时有两股力量产生：一种将大众推向确定，另一种则是将

① 尽管与从梯子上摔下来不太相似，但假如有些重大的非正式因子改变了，那么统计数字也会相应产生剧烈的改变，比如心脏病发生率的降低，很大一部分原因是吸烟量的减少。男性死于心脏病的比率从2005年的每10万人中147人，到2010年变成了108人；女性则由每10万人中69人变成48人。这是一个相当巨大的改变。

个体推向不确定。有一个词被我们用来描述这种在大众的行动模板和个体灵魂的蹒跚中取得平衡的状态，我们第一次使用它的现代意义时，不过是几百年前的事情：概率。

概率——至少有一个版本——始于计算过去的事件，例如“近几年死亡的男性，有20%死于心脏病”。然后我们就可以用这个数字去形成一个模板：“在未来，有大约20%的男性死于心脏病。”我们可以更进一步，这个概率很有可能发生在每个个体身上：“普通男性最终死于心脏病的风险是20%，或者说五个男性之中就会有一个；女性则大约14%，即七个人之中会有一个。”因此它的足迹会从过去开始，朝着未来推行；从大众开始，朝着个体推行。

概率是一种充满魔力而又精巧的概念。它将两种世界观放到同一个天平上，同时呈现风险的两种外观，既用数字对整个群体采取秩序性的观点，又用单一的观点来观察迷宫般的故事。它事实上是用整合过的数据来拥抱所有个体。现在大家都会使用概率来帮助自己做决定，从天气、金钱、被“闯空门”的可能性，到使用手机、吃香肠或遇到海啸的风险。它不断触及我们的希望与恐惧，无时无刻不存在于新闻报道中，还可以为我们提供展望未来的机会。可以说，它连一丁点儿不便利的因素都没有。

诺姆的人生就是由有规律的风险预测所塑造的，数字完美地引领着他的人生，从生到死。至于谈论的目标，我们选择看起来有趣、与个人相关的事情。当然，也可以选择企业经营上的风险，或是企业风险管理（Enterprise Risk Management，ERM），但这个话题已经被广泛讨论过了。

在此基础上，我们希望这本由每个人从不同层面产生的不同观点而创造出来的书，大家在阅读时享受这个过程并达成共识。我们想成功地影响每个人，当然也许没人被影响，这也是一种风险。

最后，再给大家几个警告。首先，人们总在讨论有关风险的话题，信息会不断推陈出新。这并不尴尬，它跟我们的论点也是息息相关的。什么样的信念是放在数字之中依然可以屹立不倒的呢？其次，这本书可以被称为危机的迷你百科全书。它里面有很多数据，慢慢琢磨比一口气读完要有趣多了，这些证据你可以一看再看。欢迎读者对我们忽略掉的数据发表意见，但我们写书时总得在某个时间点收尾吧？

场景已经设定好了。故事定调在数据上，理性与感觉、冲动纠葛着，信念与证据展开争论。我们会关注数据，并将它们放进想象的人生中。有时候诺姆已经尽了他最大的努力，但理性不会总尝到甜头，更别提一直占优势了。总之，我们会尽量将围绕在风险旁边的反对声音聚集起来，当我们觉得可以把它全部放进书里的时候，我们的期望会开始或者重新开始反映出极其强烈的世界观之间的冲突。当然也会有旁边的小行星、世界的尽头等次要情节同时进行。

我们已经将所有的看法都大致说明了。无论争论点是什么，最终两者如何或者是否和解，才是我们的终极目标。当然，这要由你来判断，而你也会去探索你对危险究竟抱持什么观点，如果你真敢的话。

第 1 章

开 端

假如他在品尝那杯金酒时，手腕没有因为愚蠢的反射性抖动而将酒倒入鱼缸的话——为此他开始讨厌金酒了——那么，整个故事就不会发生了。

假如这些鱼没有死，事情也不会发生。假如他一开始没有因搞砸了聚会、女孩们都知道了此事并会说出来而觉得很糟糕的话……话虽如此，他自己可能也没想到隔天还有勇气跑来道歉。

“呃，那些鱼……”他说。

“是啊，那些鱼。”她说。

“死了吗？”

“是啊。”

“嗯，我猜到了，我想应该是我干的吧。”

“嗯哼。”

“所以，嗯，一条鱼多少钱？”

“一条鱼吗？……一顿晚饭钱吧。”

“什么？……晚饭？……哇喔！好，晚饭。不过……是全部鱼算一顿晚饭钱吗？”

“嘿！少讨价还价了，鱼儿杀手！”

“好啦……我知道了……”

“不过我诚实地告诉你，那些鱼其实不是我的。不过你如果不请我吃晚饭的话，我就告诉我哥，说是你干的好事，然后他就会变身为丧心病狂的杀人魔。你应该不希望这种事情发生吧？”

“确实是，那……总共多少条鱼？”

“42条。”

“42……”

没过多久二人就发现，他俩都喜欢数独、航海和阿尔弗雷德·丁尼生（Alfred Tennyson）的《英烈传》（*Charge of the Light Brigade*）。他真的很喜欢她的笑容，而她喜欢他的手掌，甚至着迷于他左耳上那个奇怪的胎记，好吧……

“真难以置信！”他们后来常常这么说。

“这种相遇的可能性有多少？”

“不过，‘42！’听起来不像是真的呢。”

“没错！”

这就是一连串偶发事件——一场鸡尾酒会引发的意外。而这个差之毫厘就会失之千里的事儿让他们再次相遇、坠入爱河，还有了小孩（有一次露营时他忘了采取避孕措施，心想“管他呢”）。无论如何，这是个只有亿万分之一机会发生的故事。

当回想这件事时，每个人的所作所为都是看似不可能完成的事情，都是侥幸发生的。而普通情况下没有发生这种事的理由可以说有千百种，至少每个特定的人看起来都不会发生。当然这种事情肯定会发生在某个人身上，但为何是他？

事实上，当他跑去道歉时，他的屋子正燃起熊熊大火，屋里全是令人窒息的烟。外出让他逃过一劫。当她看到死鱼而发出震耳欲聋的尖叫声，并且发誓让那个男人偿还一切，甚至要让他跟这些鱼一起长眠时，他其实应该开始对宝宝的未来、幸运与不幸的话题、人生的风险与巧合，以及对命运的骚乱在多大程度上是可估算的感到惊奇。这个可能性究竟有多大呢？

还有，就在宝宝诞生的那一刻，远方有个壮观的火球点亮了黎明前的天空。这颗直径只有几米却重达80吨的小行星，穿过大气层冲地球而来，在快靠近地面时爆炸了，并以每秒12公里的速度坠落，其威力和一千吨炸药一样，而这个像月亮一样明亮的东西散成了许多小陨石碎块，掉落在努比亚沙漠中[1]。这颗小行星被命名为“第六站”（Almahata Sitta）。①宝宝的体重是3380克②，分毫不差。他们给他取名为“诺姆”。

* * * * * *

数字是否能帮助小婴儿诺姆避开人生中的危险呢？在本书中，我们将会尽可能地找到指导他避开危险的方法。我们也会让这个过程尽量清楚明白。

最后这点——清楚明白——是最重要的。的确有很多谎言与可恶之事藏在风险的统计之中，不过这里面也有真实的信息，而且大部分问题是如何找到好的信息并且让它明白易懂罢了。

---

① 取阿拉伯语“第六站”之意。这是天文学家首次成功对小行星撞击地球做出准确预测，对研究近地小行星有着重要的意义。

② 准确地说，这个数字是英格兰出生的婴儿体重的中位数，依照最新资料，约等于七磅或是八盎司[2]。

话说诺姆的父亲正一边为宝宝煮着小香肠，一边竖起耳朵听着电视新闻里说吃太多香肠（或者每天吃香肠？总之是关于香肠的事情吧）会增加20%的致癌风险。听到这里，他停下手里的活，诺姆继续在旁边玩耍，香肠在锅里嘶嘶作响。[①]

这代表了什么呢？这个概率，比什么东西多了20%的风险？然后他又听到收音机里归纳出了可能性（这跟概率是一样的东西吗？），一会儿他又从报纸上读到“绝对风险”与“相对风险”，然后他陷入纠结，但又该怪谁呢？更有趣的是，后来又出现了一个叫作“风险比”的东西。所有名词看起来似乎都很数学化，甚至比数学还要再严谨一些（谁知道呢？）。有人说：“你的意思是有20%的人因为吃香肠而死吗？”另一派人说：“你的意思是吃太多香肠会有20%的概率得癌症吗？”或许是：“你的意思是假如20%的人吃了香肠的话，他们肯定都会得癌症？呃，还是因为他们比别人多吃了20%的香肠？”还有一些爱吃香肠的人会认为这全都是谎言和统计数字罢了。不过还有少数人可能会说：“噢，我的天！香肠！快离它远一点儿！”他们很难相信这些事情，不过当别人告诉他们，他们只是有点儿蠢时，也许他们应该相信，但他们才不会觉得自己蠢，只是觉得受够了。不过这时他们依然对于那些数字究竟表示的是什么意思毫无头绪，最后说：“哦，该死！我们再吃一点香肠吧。”

把上面说的先忘掉，我们好好思考一下。诺姆面对的是一场充满恐惧的人生，大部分事情可以用这种清楚的方式呈现出来。

---

① 要了解增加20%在风险上代表什么意义，以及它是如何计算出来的，请看第4章中相关论述。

我们是否能够将他的命运精确地运算出来呢？很显然不行，没人知道未来会怎样。不过当诺姆长大后，他会学到如何判断近期的状况，就跟统计死于心脏病的人数一样，然后推测出未来的平均风险，并将它作为人生指南，这样听起来虽不太完美，但很合理。事实上，论述风险的过程常常是一团乱麻。然而，就基本的死亡人数以及它对我们日复一日的生活所具有的意义而言，风险应该可以用更简单的方式来说明。这样，至少还能为这本书以及为诺姆带来一线生机。危险不只存在于人们恐惧或是避之唯恐不及的事情之中，假如你认为香肠是坏东西，就算它很美味，它也是一种危险的东西。总之，无论你想寻求危险还是回避它，我们都会试着让数字看起来简单易懂些。

我们主要使用一种巧妙的小设计——因某人[3]邪恶的幽默感而诞生的名字，我们称之为“微死亡”。1微死亡代表了百万分之一的死亡概率。它是一个灵活的小单位，用来描述在日常生活中，我们遭遇危险的大小，也就是将风险变成小单位或是以日为单位的比率，使不同的风险拥有统一的度量基准。准确地说，这个概念描述的是，普通人比如诺姆，在普通的一天，会发生某件事情的概率。

从起床到睡觉，在规律的一天中，没有进行特殊的危险活动，例如高空跳伞或去阿富汗前线，对诺姆，或者对你来说风险究竟有多大呢？与你想的差不多，并不大。的确，你可能会因为突然冲过来的公交车而失去生命，淋浴时滑倒而死或是被黑社会火并时的流弹不小心误杀。我们都知道，这些事情发生的可能性不大。事实上，我们绝对可以统计出在这些事情中死亡的确切人数。一般来说，在英格兰与威尔士死于意外或暴力行为，也就是我们称之为“外部因素”（external causes）的人数，大约一天50人[①4]。英格兰跟威尔士粗略估计有500万人，这就代表每天大约每100万人之中就会有1个人这样死去。跟我们之前说的一样，数字不大。即使你不确定自己是不是今天那50多个人中的一员，你应该也不至于因为担心此事而夜不成眠吧？所以每天的风险大约是1微死亡，某种恐怖的、致命的、戏剧性的事情会有百万分之一的概率发生在平均先生和小姐的那些平均日子之中。换句话说，1微死亡就是正常生活的基准点，你平常就在这个基准下生活着。更重要的是，你存活下来了，恭喜你！来吧，1微死亡，今天，明天，无时无刻。

当然，这只是平均而言，除了诺姆之外谁会只是平均数呢？有些人羞于步出家门，同一时间他的邻居却骑着摩托车准备来个单轮跳跃。你现在身处的风险（就是你正在阅读的这一刻）我们一会儿再来讨论。此刻，请把自己当成平均数。

我们也会假设近期的数据，从而给未来一个合理的想法。换句话说，我们会很顺畅地悠游于历史性的比率（每100万人中有多少人死亡？）以及未来的平均风险（每个人的平均微死亡是多

---

① 国家统计局（Office for National Statistics，ONS）的资料显示，在2010年，英格兰与威尔士死于“外部因素”的人数为1.8万人。这就是5400万总人口之中死于意外、凶杀、自杀等因素的人数，对应的平均数字为18000除以54，即每个人每年死亡的概率为333微死亡，或是每天大约1微死亡。这不是一个完美的参照点，尤其是自杀算哪种因素还不确定，它虽然不完全属于外部事件，但还是被暂时分到此类。不过自杀也是危害我们日常生活的事情，而且这样分类也让我们得以把所有因素都放到同一个度量基准来比较（不然自杀就得自成一类了），这样才能合理比较所有的因素。

少？）中。不过这里的“未来”也不过是接下来几年而已，谁知道之后会发生什么事情呢？

当微死亡确定后，其他事情就相对简单了。你会怎么“挥霍”每天的微死亡呢？假如你骑了40公里的自行车，这就是你这天的额度；你也可以开535公里车来达到同样的额度，这也等于1微死亡（这只是平均数，在高速公路上开车会比1微死亡多一些）；或是你也可以承受多一点儿的风险来增加你每日的微死亡量。

微死亡的乐趣（如果你愿意用“乐趣”这个词来形容这件事的话）在于，它让各式各样的风险可以依同样的基准来比较。举例来说，你生过孩子吗？你想生孩子吗？你现在或是未来想开车或开飞机吗？你曾经饮酒或服用药物例如止痛药吗？骑马或骑自行车吗？想登上圣母峰吗？想深入矿坑吗？想爬上梯子吗？想整晚待在医院吗？你或你的孩子曾经被利物刺伤过吗？你那刚学会走路的宝宝是否曾经违反包装上的警告标语，硬是将塑料玩具放进嘴里呢？小行星朝你直击过来的风险有多少呢？

以上种种甚至更严重的风险，都可以用微死亡来衡量。例如在英国，非紧急手术中因全身麻醉而死亡的风险粗略估计为十万分之一[5]，这代表着每十万次手术就会有一人死于麻醉。这个风险并非简单地用直觉就能领悟或是跟其他风险比较，不过我们可以将它转换成10微死亡，也就是在没有遭受暴力或发生意外时每天生活风险的10倍，相当于骑大约110公里摩托车。我们也能告诉你，在不久以前的英国，每班下矿坑工作的工人，跟空中跳伞的平均风险相同，大约7微死亡。白天滑冰呢？大约1微死亡，跟你没发生特别事的平常日子出事的概率差不多，安娜可以保证。

极端一点儿来看，1微死亡也是在战事告急的阿富汗服役时每半小时会遭受到的平均风险，比每天平均风险高48倍；或是第二次世界大战时英国皇家空军（RAF）在德国执行轰炸任务时每秒的风险。①

1微死亡可以想象成这样：你连抛20次硬币，假如全是人头朝上的话，你就会被处决。②这样的概率就跟我们前面所说的在每个平常日子中发生严重致命事件的风险相同，都是一百万分之一。

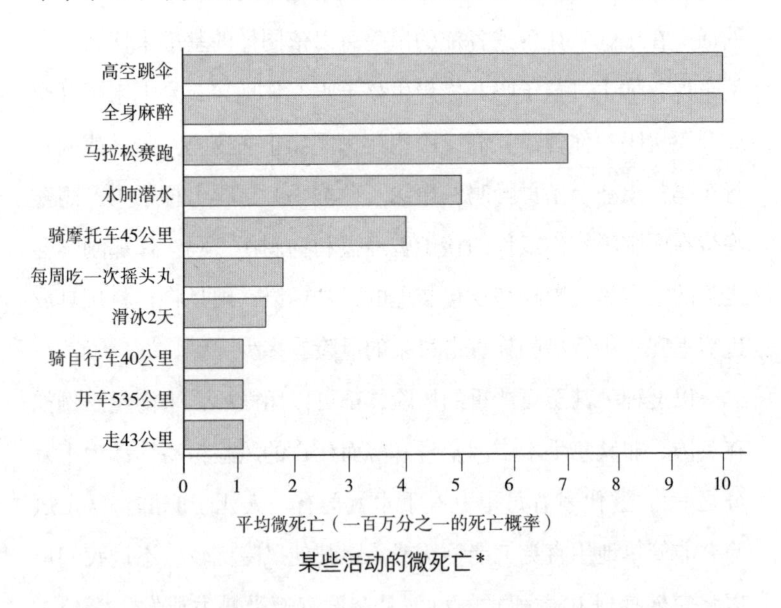

某些活动的微死亡*

---

① 2009年5—10月，阿富汗的英国军队有60人身亡[6]。算起来一天平均大约47微死亡，或是每半小时1微死亡。1939—1945年，在36.4万个任务中，有5.5万个轰炸小队死亡。每个小队平均6人，每个任务大约是2.5万微死亡，大约相当于每秒1微死亡。

② 概率大约是50%（人头或是字），重复20次（2^{20}分之一），约等于一百万分之一。

* 参照第27章表格，可以知道这些资料的来源，以及概率是如何确定的。

我们可以多花点时间来思考这个问题，假如我一次付你2欧元请你丢硬币，你连丢20次都是人头就会被处决的话，你愿不愿意玩这个游戏呢？2欧元不够，你会这么说。那么，要多少钱作为回报，你才会接受人生中出现那一百万分之一的威胁，并且觉得值得呢？

我们也可因此建立一个想法，借用统计学意义上的生命价值（Value of a Statistical Life，VSL）来评估政府要付多少钱将我们从这1微死亡的风险中解救出来。这个概念可以用来让政府评估在真实世界中如何进行建设，比如哪条路应该进行改善。假如政府预期建好一个新的交叉路口后可以多救一条人命，在英国愿意付160万欧元[7]，那么政府对1微死亡出的价格就是160万的一百万分之一，也就是1.6欧元。那么，你愿意为了2欧元去玩刚才那个游戏吗？还不要？政府都觉得你太高估自己的价值了。

我们用各种方法呈现风险，会经常使用微死亡这个单位。微死亡用来描述严重的风险，这些风险都是你遇到一次就会和生命说拜拜的事情。我们还会介绍另一个单位——微生存，来讨论长期危害：一些长时间影响你、慢慢渗入你的血液之中、危害你一生的东西，比如抽烟、节食和喝酒。

这两个概念都有自由度，也会牺牲一些精确性，以减少衡量每天生命中危害的其他噪声。这样一个数字就能轻松比较所有行为的风险，而不用一些乱七八糟的百分比。有时候我们会说明计算的方式，但还是倾向于把这些东西放在附注之中，这样方便那些想跳过这些信息的人阅读。

有的时候，诺姆为了成就他的人生，也会冒着微死亡升高的风险赌上一把。这时，知识就会指导、协助他知道自己有多少潜能可以变成那个活跃的、无拘无束的人，那个他朝思暮想都要成为的人。假如大家很在意合理性的话，到此为止一切都很合理，我们走着瞧吧。

第 2 章

婴 儿

从普登丝出生那天起，她的母亲就无时无刻不处于担心之中。[①]她摇身一变，成了保护者、避风港，像一只凶悍的母狼，用鼻子就能嗅出危险的气息。身上带着细菌、流着大鼻涕、笨拙的动作，只能发生在其他孩子身上。她甚至很注意霉菌和带刺的钢丝网。

她们在卫生间里。母亲看上去动作敏捷，身上那件佩斯利涡旋纹花呢布的裙子被整个掀到腋窝的位置。她在洗手。这时坐在婴儿车里的普登丝伸出手，带着婴儿固有的好奇心，想去摸摸……

"不、不、不！脏脏，普登丝。不准……碰……那里不行……"

"妈咪。"

---

① 自从她出生后，我从来没有不害怕过。我害怕游泳池、高压线、水槽下面的清洁剂、药柜里的阿司匹林。我把自己弄得狼狈不堪。我害怕响尾蛇、激流、陡坡、出现在窗边的陌生人、毫无预兆的发烧、无人服务的电梯甚至旅馆的走廊。这些恐惧的原因是显而易见的：有可能会伤害她。——出自琼·迪迪恩（Joan Didion）的《蓝夜》（*Blue Nights*）[1]。

“你的手……”

“呵呵……”

“噢！不！你拉臭臭了？好吧。脚抬高，尿布……别碰！呃，湿纸巾呢？”

湿纸巾，值得信赖的好伙伴。脏污对抗战的第一道防线就是它。普登丝很小的时候就知道绝对不能在学校吃花生酱三明治，绝对不能用切过生肉的刀子切其他东西。母亲总是担心有没察觉到的地方，担心女儿缺乏预见性，不知道自己正处于危险之中。于是她加入了读书会，专攻其他人会漏掉的危险。有趣的是，因为她挑灯夜读，所以她丈夫常常会觉得她还有做爱的精力而跃跃欲试。

她手上那份早报的头条新闻是《从20个身体特征看出你正病入膏肓》，这代表普登丝得等她读完这篇文章，一遍、两遍，并且做完自我诊断后，才有维多麦（Weetabix，一种早餐麦片）可以吃。普登丝脚上那个点是新的痣吗？不是，只是泥巴而已，湿纸巾又跑哪儿去了？

现在，让我们继续观察这对母女。她们从刚才的卫生间到了一家咖啡厅会见朋友。这时，母亲的好友打了个喷嚏。只见这位母亲立刻身体后仰远离桌子，紧闭嘴唇屏住呼吸，就好像空气会伤害她一样，同时用手捂住普登丝的嘴巴和鼻子，心想：“快！消毒过的湿纸巾在哪儿？”

“你需要更新一下观念。”一位男性友人曾经告诉她，而且为她提供了一些相关的概率数字。

“谢谢你。”她说，“数字并不重要。”

“为什么？”

“世上总是有许多无法预测的坏事发生。比如‘假如……’之类的想法——假如最坏的状况发生了，这种想法总会战胜那些数字。‘假如……’是各种风险，就算机会再小，但如果发生在普登丝身上……我想都不敢想。”

“假如我跟你说那概率只有百万分之一呢？”他问。

“不行。”

“为什么？”

“问题就是出在那个‘一’上。”

“百万分之一总行吧？”

“不行，有‘一’就不行。”

特别是假如那个“一”发生在普登丝身上怎么办？她的生活环境安全吗？是的。家里的花园有池塘和小河可供她玩乐吗？她玩得很开心。母亲知道发生紧急状况时该如何反应吗？嗯，早已学习了许多相关知识。母亲是否挑选了安全的家具呢？有的。每个地方都是安全、健康的，吃的东西是、假日玩乐时是、睡觉时是、洗澡时是、楼梯和沙发是、那些小玩具是（但很容易被小朋友弄坏）；要小心烫伤、烧伤、窒息或溺水。育婴杂志一直不断提醒她，而“疏忽”几乎是她最害怕的字眼儿。

她很清楚自然界的力量是多么恐怖，谁知道普登丝会不会染上尚未被发现的疾病？不过只要小心一点，加以妥善照料，她会健康长大，比很多人长寿，比如那些粗心大意、容易被误导、常开快车、吃不健康的食物、对胆固醇和丙烯酰胺不节制地摄入、过度肥胖、因为性别颠倒的装扮而造成心理缺陷、持续开启卧室中的电磁装置的人，或是没有让自己的小孩接种疫苗的人。要命，最近还有什么新的预防针？我得让普登丝来一针才行。有时候威胁并非来自一处，而是多管齐下的。

冬天代表儿童有滑倒的危险；夏天的危险则是黄蜂和紫外线，还有沙滩上的水母和远在地平线的海啸。即便在平静地喝下午茶时，也要时刻注意普登丝的一举一动，确保她不会掉出婴儿椅。电车里的广告牌上写着："别冒险呼吸脏空气！"在上下班的时候，我们似乎处于恐怖袭击的危险之中："搭乘公共交通工具时，请小心确认您随身携带的物品，假如您发现可疑的包包或行李……"

这就是普登丝生活的世界，充满危机、威胁、风险与各种疾病。数字并不重要，它倒像一个个令人心惊胆跳的故事。在这里，为亲爱的宝贝付出的代价就是恐惧。在这里，只要普登丝受到一丁点儿伤害，她的母亲便会感到无尽的痛苦和罪恶。在回家下车时，普登丝的头不小心碰到了，她便觉得非常愧疚。

* * * * * *

普登丝的母亲在风险观念的延伸上来说是正确的：人在幼儿时期确实会面临较高的死亡风险，但只是相对的。一岁之前的危险性约等于骑4.8万公里摩托车，可以绕英国一圈了。[①]想象一下你家宝宝坐在哈雷摩托车上风驰电掣的样子，你觉得安全吗？

存活下来的人，直到50岁，都不会再处于相同的危险层级

---

① 这里假设在英国的道路上骑摩托车。对阿富汗人来说，骑在他们国家路上的危险性可能更高一些。

了。相对而言，一岁以前是个高危时期。

但你可能也知道，幼儿对外界威胁毫无抵抗力的说法只是老掉牙的托词罢了。小朋友的天真与好奇经常让他们无可救药地去尝试新奇的事物，不是吗？我想你可以轻易看到他们想要攀上高处铁丝网的景象。由此可见，这种说法虽然简单明了，却容易令人误解。这种漫无目的的恐惧实在太粗糙了。每过几年，就会有不同的风险推陈出新、迅速更迭。没错，普登丝人生的第一年相对来说风险比较高，不过大部分风险其实都压缩在出生之后的前几周。假如成功撑到过一岁生日，对绝大多数的人而言，他们的年度风险线便会从第一年的4300微死亡降到一年100微死亡，也可以换算成一天0.25微死亡，直到七岁都会维持这个水平，而且已经把所有的因素都算进去了。信不信由你，这是他们人生中最安全的日子，远比父母所想得要安全许多[2]。

因此，从婴儿期到童年期是人迅速从承受人生极大的风险到另一个阶段的过程。简单地说，跟其他时间点相比，婴儿虽然没做什么，但还是生活在严重的危险之中。一旦他们顺利变成了幼童，在各方面都会成长，也就安全多了。

不过这里指的是致命风险，除此之外还有许多一般的危险等着你去体验。虽然如此，命运的转折还是显而易见的。焦虑的父母在婴儿一岁之前确实有很多需要担心的地方，但大部分事情都会发生在头几个星期，后面的事情嘛，就好多啦。

可是他们的焦虑不安会因此下降吗？或者他们会将担忧的心放下吗？尤其像普登丝母亲这种人？假如不会，也许正是警戒心保护了幼童，那么担忧确实有用。当然，普登丝的母亲也是这样想的，俗话说："预见祸患，避祸一半。"也许父母一旦开始担心，他们就停不下来了。这样一来，要让这些心存妄想的父母收手，已经又两个星期过去了，之后，他们可能还会有其他担忧。如此不断循环。

其实还有其他原因足以让母亲饱受惊吓，不只是母爱，还有害怕被责怪的恐惧。假如"做了什么不该做的事"而让事情出错时，虽然错不在你，却是因为你的疏忽间接造成的，这样会让你尤感不安。然后就会有一位无辜的受害者，因此产生抱怨与不满，而且发生意外比本身运气不好还要惨。你是负责照料小孩的人，保护他是你的义务，也是你很在意的事情。你不只是深爱他的人之一，也是担负责任的人，那么这份危险就更加邪恶，也更容易让你产生负罪感，比如："她的母亲当时跑到哪儿去了？"出事时一定有人会这样问。

因此，假如意外发生在普登丝身上，你猜她母亲会有什么感觉呢？每件事情，无论对与错，她都会觉得为何她当时不在现场呢？你可以跟她说只是运气不好罢了。随你怎么说，她绝对听不进去。概率不会反映人性的痛楚。

但也用不着过度谴责。漠不关心，有时也是一种美德。毕竟有时候讲概率也是出于一种冷冰冰的、漠不关心的理由，这也无可厚非。不是所有故事都会让你产生亲切感，因此概率往往比故事仁慈，它会多些宽容，少些追责（特定人物"做了什么事"），并能让人愿意承认他们并不知道意外究竟是怎么发生的。

某种程度上，这就是概率—— 一个关于因果关系或帮罪恶感定调的不确定说法。因此，假如只从疏忽这点来看的话，情绪化地向数字挑战确实也有它充满仁慈的一面。

正如前面所述，那些数字主要想说的是，婴儿最严重的死亡风险周期其实是非常短暂的，需要投注心力的时间也不长。婴儿死亡率是反映社会条件很好的指标，短暂的饥荒与流行病对它有非常强大的影响，它也诉说了世界如何在短时间内产生了惊人的进展。

在远古时期，很长一段时间，婴儿有30%—40%的概率会在过第一个生日之前就死了，我们称之为婴儿的自然死亡率。到了17世纪的英国，这个数字差不多少了一半；19世纪中期，剩下差不多15%[3]。假如这个数字放到现代，则代表了英国一年有十余万名婴儿死亡。幸运的是，它有了戏剧性的进展。到了1921年，死亡率再次减半，而且这次进步只花了一个世代就达成了。第二次世界大战后不久，又再次减半。到了1983年，死亡率居然减半再减半。直到2012年又一次减少了一半多。现在，死亡率差不多只有4‰。①这样的变化是极为惊人的。在世界各个角落，造成夭折的各种原因都已经渐渐被解决，那些常见的疾病与卫生问题，现在都变成了例外中的例外。

你对这些数字有什么感觉呢？阅读了这些进展以及再次确认目前婴儿的死亡率后，你是否觉得比较放心？还是仍然焦虑呢？

尽管风险大量降低，但依旧每时每刻围绕在你身旁。2010年英格兰与威尔士有723165名婴儿出生，每分钟就有一名以上

① 直到1921年，虽然婴儿死亡率呈现直线下滑的趋势，不过在1921年出生的每1000名婴儿中还是有82名死亡。到1945年，只花了一个世代的时间，数字就掉到了46名。到了1983年，数字掉到了10名。现在大约只有4名。

婴儿出生，或者说一天接近2000人出生，这足够把一间很大很嘈杂的电影院塞满了。①想想看，普登丝就是其中之一，到目前为止一切顺利，不过接下来她得在几个可怕的时刻中生存下来才行。

第一个挑战就在她吸入第一口空气之前。如果你仔细观察电影院的座位，会发现10个空位，它们就代表难产等原因的死胎，大概每200次生产就会出现1次，这个比例从20世纪80年代初到现在没有变过。当其他国家持续进步时，英国却在原地踏步。这是一个不解的谜题，非常令人担心。

之后就是要努力活下来。一天有2000名婴儿问世，大约5名婴儿会在出生后第一个星期死亡，还有1名会在满月前死亡，3名在他们一岁生日之前死亡[4]。从他们出生到一岁生日为止，所有类型的风险总和是4300微死亡，与我们骑了4.8万公里摩托车的微死亡相同。假如1微死亡等于骑摩托车11公里，那么4300微死亡乘以11公里，就约等于4.8万公里。

我们在这里先将普登丝遇到的危险逐个列举出来。首先，最大的危险是患先天性疾病或早产。越瘦小的婴儿死亡概率越大，在2010年出生的4000名体重小于1公斤的婴儿中，有1200名（占30%）都没办法活到一岁。

当我们确定普登丝没有先天性疾病，也不是早产儿时，等于骑4.8万公里摩托车的死亡风险剧烈下降到2.5万公里，也就是从4300微死亡降到2300微死亡。

① 伦敦的莱斯特广场的帝国剧院拥有2000个座位。

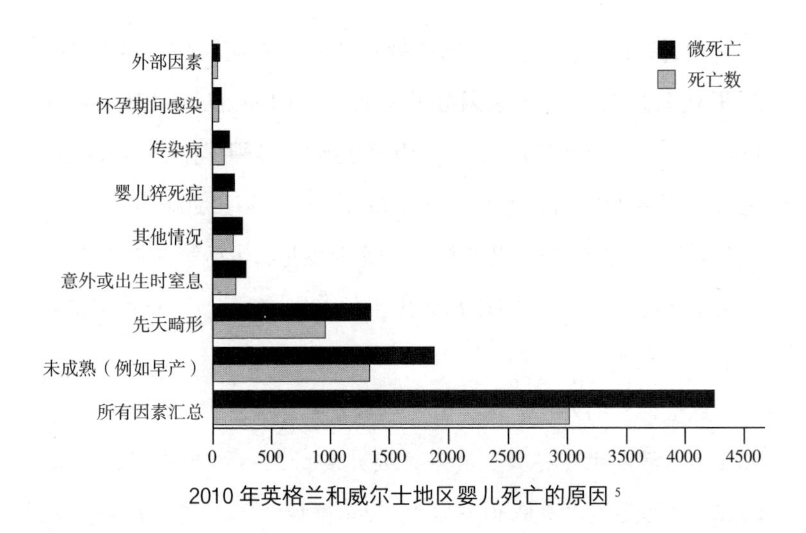

2010年英格兰和威尔士地区婴儿死亡的原因[5]

另一项危险又来了。202名婴儿中，平均一星期有4名会在他们一岁生日后便因某些原因死亡。此外，对于选择在家还是在医院（一般来说，医院里的人应该比较有卫生观念吧。参见第11章）生下宝宝，也一直存有争议。选择在家生产的人，家庭条件一般都比较好，这往往也跟婴儿的存活率相关。此外，他们常选择不在家里生第一个孩子，这也是比较安全的做法。即便如此，在英格兰与威尔士，在家生产和在医院生产的婴儿，其死亡率还是完全相同的。

近来对6.5万个“低风险”生产的研究指出，在助产士的协助下，在家里生产跟在医院生产一样安全，而且剖腹产的概率更小，顺产的概率更高。假如这不是你第一次生宝宝，那么在家里与在医院是同样安全的，但是第一次生产的母亲发生严重问题的风险会高两倍，而且几乎一半母亲最后还是会被送到医院去[6]。

普登丝最后面临的重大危机就是那136个名额的婴儿猝死

症（192微死亡），这些案例均处于“尚未查明原因”的状态，其正式名称为“不明原因婴儿猝死症”（Unexplained Deaths in Infancy）。自从1991年发起降低风险运动，推翻了让婴儿趴着睡觉等奇怪的经验后，死亡数字下降了70%。不过2009年，英格兰与威尔士仍有279名婴儿死亡（等于婴儿出生后第一年的死亡率为400微死亡），大约在每天出生的2000名婴儿中，就会出现1名[7]。

这些神秘的死亡症状，男婴较常发生，病发率比女婴大约高50%，也常发生在冬天。此外，婴儿的母亲不到20岁时，风险（1230微死亡）大约是30岁以上（250微死亡）母亲的五倍。综上所述，作为一个女孩，千万不要过早怀孕。普登丝的母亲生她时，就是处于相对安全的年纪。不过看她的状态，她不会因此而感到安心。

上面指的是发达国家，如果出生在其他地方呢？国际上对婴儿死亡率的记录，存在着很不严谨的状况。有些国家并未将我们视为高风险的瘦弱早产儿纳入婴儿死亡率统计数据中。缺乏完善的登记制度，使得他们的数据得在户口普查中一一询问才能获得并进行评估，只有问到家中有五岁以下的幼童死亡，我们才能记录下来，并使用数据模型来评估婴儿死亡率。

令人钦佩的联合国儿童死亡率估算跨部门小组（UN Inter-Agency Group for Child Mortality Estimation[8]）整合了所有数据，全世界每名婴儿第一年的平均死亡风险是40‰左右（令人心寒的4万微死亡），这大约是英格兰与威尔士在1947年的水平。不过跟许多平均数字一样，其中隐含了大量变量。数据垫底的是塞拉利昂共和国和刚果民主共和国，分别是119‰和112‰左右，大约是英国在1919年的水平。埃塞俄比亚是52‰（英国1938年的水平），印度是47‰（英国1945年的水平），越南是17‰（英国1973年的水平），美国是6‰（英国1997年的水平），古巴为5‰（只稍稍落后英国一点儿），同一时间芬兰与新加坡已经降到了2‰[9]（大约是英国的一半）。这些数字暗示我们最好不要将这个世界分成“我们”和“他们”——“他们”大抵上只落后我们一个世代，很快就会迎头赶上了。①

下页图数据线显示，从一岁前婴儿每千人的死亡数来看，英国的婴儿死亡率从1921年开始产生了明显的下降。我们一并列出了其他几个国家目前的数据。由此可以看出，喀麦隆在2010年的数字大致上还停留在英国20世纪20年代初期的水平。

联合国在2000年制订了千年发展目标（The Millennium Development Goals），其中第四个目标就是在1990—2015年将婴儿死亡率降低三分之二，即从61‰降至20‰。目前的水平在40‰左右，这表示近二十年来我们有了长足的进步，但还是无法达到预期目标。有些国家进步幅度很大，例如马拉维（Malawi）从131‰降至58‰，马达加斯加从97‰降至43‰。这两个国家降低的幅度都达到了56%[11]，但这个数字跟发达国家仍有差距。在一岁之前死亡的婴儿人数从1990年的840万，到2010年的540万，可以说是取得了惊人的进步，不过一天依然有

① 汉斯·罗斯林（Hans Rosling）的Gapminder计划（www.gapminder.org）对这些数据做出了完美的展示。

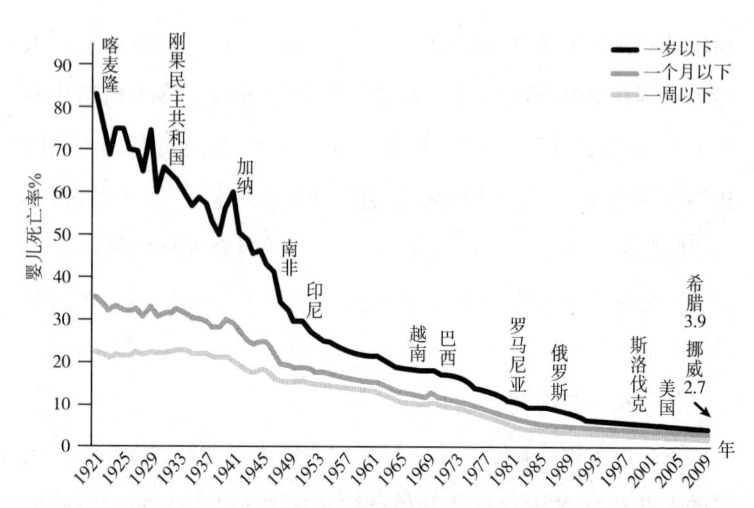

英国婴儿死亡率（一岁以下）的历史数据趋势，以及其他国家目前的数据[10]

1.5万名婴儿死亡，也就是一小时600名，一分钟10名，每6秒钟就有1名婴儿死亡。

有个很好的问题：婴儿的死亡是像普登丝母亲害怕的一样属于自然现象，还是非自然的呢？差异至关重要。很多人觉得非自然的、与现代生活息息相关的风险，比如旅行、科技或是肥胖，是比较严重的问题。大部分人已经厌烦了他们创造出来的东西比如汽车、核子电力或蛋糕所带来的益处，假如这些东西破坏了自然秩序，就像有些人说的，除了因果报应，我们还能期待什么呢？一份小小的研究报告证明，被闪电击中比被电线电到要好得多[12]。也许这些非自然的风险让我们感觉很差的原因是由我们的自傲所造成的，或者说，这些东西是某些人强加在我们身上的，并不是我们想要的。相反，我们也可能会认为这些婴儿的死亡是由于极度的厄运，或是神、大自然和造物主的旨意，当死亡由某种疾病导致时尤感明显。

自然风险比其他原因更容易被人接受。这种态度在这里比较尴尬，毕竟这一章就是在测试自然风险的极限是什么，而且有什么事情比看着自己的孩子死去还要令人恐惧的呢？叙述这些事情实在太令人不安了，新闻里谈到成年人大规模死亡时，都会尽量描述得隐晦些，更何况是婴儿呢？

疾病是自然的力量，一次就能屠杀上百万人。这种事会不断发生，我们就应该容忍它吗？即使人类已经将自然的婴儿死亡率控制到戏剧性的下降程度，非自然事件的发生依然是大家批评的焦点，其实非自然因素不比细菌和肥皂严重。可惜只有极少数的人认为不应该把二者混为一谈。

科技永远是好的吗？显然不是，对儿童的健康来说也不是这样。从在家生孩子的议题开始（还有接种疫苗的问题，详情参见第6章），自然和非自然风险的争论从来没有停止过。

一旦自然风险有可能产生毁灭性的影响，大家还会对它的无理保持奇特的偏好吗？奇怪的是，也许真的会这样。“非自然”有时候也是一种用来说明因其他理由所造成的风险，而你不想多提细节时的说法。你的意思可能是，非自然风险是当人或企业没有成功地完成某件事的推托之词，可能是因某人赚了太多钱或是拥有太多权力而眼红时找的理由。“自然”与“非自然”对于整个社会行为来说，在狡猾的伦理或道德感上是互为表里的，我们根本无法明确且快速地分辨这个成因是不是自然产生的。这种想法虽然不至于让感受都变得不理性，但是会把事情搞得复杂些。风险通常表面上看起来重点在于危险的威胁，实际上却包含了你对所有事情的态度。

从思考我们的宝宝开始，试图想象失去他之后的情景，想想这样的失去每年在全世界会发生五百多万次，三百万现在得以生存下来的婴儿得感谢经济的发展、科技的进步以及医疗对传染病的控制，除此之外，似乎也留下一点空间让你思考自然风险的事情。不过大家对于非自然的负面情绪依然没有削弱。这告诉我们什么呢?

风险，甚至是本章谈到的婴儿死亡率，都是人类对于怎么做是对的和如何取得进步所做计算中的一小部分罢了。这些计算有时候是政治性的，有时候是道德性的，有时候可能只是为了满足某些人的虚荣心罢了。

第 3 章

暴　力

老鹰哈利那双具有穿透力的眼睛正监督着这个城市的各个街道，它是隶属于市环境健康署害虫控制中心的“猎鼠特警”。它挥动着翅膀，在空中翱翔并观察着地面。

人类此时正在为他们的工作忙碌着，各种交通工具走走停停，微风吹拂着树叶，儿童也正处于危险之中。

公园里，呆子菲尔正在散步，他穿着长裤，离那些无所事事的混混儿不远。菲尔停了下来，看着地上的水洼。水洼正冒着泡泡，里面隐约有一块被人弄坏的铁牌，上面写着“中央电力局”，半沉在水洼里，乒乓作响并闪闪发光。

“笨蛋。”菲尔在水洼旁踱步时说道，稍微提高了嗓音，“他们竟然在人行道上通了电！”这时老鹰哈利看到那些混混儿轻蔑地走向菲尔，接下来是吵闹、扭打，刀亮出来了，菲尔倒地，血溅当场。

* * * * * *

在街道的另一头，麦基靠在栏杆上，待了15分钟。在一个陌生人将装着笔记本电脑的小帆布包、GCSE中等教育证书[1]、教科书和笔记本等刚刚放在邮筒旁边的东西捞上来之前，他已经用手机报警说这里有个水洼了。

“为什么他要在水洼里搅和呢？”只有三岁的诺姆说。他站在麦基旁边，麦基将身体从栏杆上挪开，蹲下来躲在邮筒旁边又打了一个电话，没有理睬诺姆，还说着一些诺姆觉得并不友善的字眼。

“你在躲猫猫吗？”诺姆说。

他曾被惊吓过，他父亲又一次让他留在原地就不知跑到哪里去了，而且没有回来的迹象，他不记得发生在哪里。今天有点冷，一个拿着手机的男孩用一种似笑非笑的表情看着他。诺姆不知道他是不是个怪叔叔。

* * * * * *

“我们可不想让它感冒。”阿萨比安女士说道。她住在沿着那个水洼走过去的38号楼，正帮吉娃娃阿提米斯穿上一件Dolce & Gabbana羊毛夹克，将它小小的肚子前面的皮带扣紧。“好了，走吧！”她对九岁大的女儿洁敏娜说，洁敏娜身上的擦伤大部分复原了，“难道你想要新的伤口？”她开门把他俩推出去，然后转身进屋将门关上。

老鹰哈利牢牢盯住这两个移动的小东西，一个立着移动，一个趴着移动。趴着移动的那个东西有四条腿，这很重要，它快速地左右移动，间歇性颠簸着前进。哈利用直觉识别出这个行动模式，把它当作奖赏。它静静观察了一阵子，然后突然俯冲。

---

① General Certificate of Secondary Education，是英国10年级与11年级的学制证书。

“这只血腥的大老鼠！”当哈利将利爪伸向那个红色外套时，它这样想，然后将这只“害虫”拎上天。不过“害虫”却牢牢卡住。哈利用力拍打翅膀，努力往上飞。

洁敏娜此刻正站在一间鞋店的橱窗前，她牵着绳子的右胳膊突然被大力扭向左边，随即又被拉向空中。阿提米斯突然升到与她的视线等高的位置，它的爪子悬着，向天空抓挠着。

“不！”她尖叫着喊道，“放开！快放开！”

她一边尖叫一边拉着它，就像与人对打般使劲抵抗着。哈利一边发出尖叫声，一边使劲拍打翅膀。一位男士恰好经过，抓准了一个千载难逢的时机，加入了这场吉娃娃拔河赛，他拉着吉娃娃身上的皮带，发出了嘶吼声。

路人纷纷尖叫着朝这里看。阿提米斯继续吼叫着，它的体重还不到1.5公斤。随着撕裂声，它摔到地上。哈利翩然飞走，朝河的方向飞去。

* * * * * *

刚才的突发事件进行到最高潮时，不远处，四岁的普登丝坐在车里，她和妈妈刚结束了一段大城市的旅行，正驶向家里。在混乱的马路上，各种嘈杂的声音围绕着她们。妈妈猛按喇叭。在她们后方，另一辆车大声按喇叭，没完没了。

“他要干什么啊，妈咪？”

“一个蠢货。”

那辆车的轮子发出阵阵哀鸣声，它以疯狂的倾斜角度转弯穿过马路，发出又长又尖的声音。他想强行绕过她们，却不够快，正好挡在她们前面。她用力踩下刹车，大力按喇叭。

其他车不清楚发生了什么事，要么继续前行，要么转弯避开。那个车主却打开车门、跳下车去。普登丝的妈妈试图转向，但车子打滑失速了，朝着那辆车冲过去。她只能熄火，方向盘全力往左边打，没有用，在一阵惊慌中，车子加速前行。

太迟了，她们的轿车扫着那辆车的引擎盖，飞到了另一头。她一只手紧贴着车顶，脚悬在空中，就这么无依无靠地悬着，直到车子落地。

那辆车的车主阿文恐怕没想到，车子就这样熄火了。他吐着舌头看着窗外，沉默不语。他拳头紧握，猛捶窗户、门和挡风玻璃。他看到后面普登丝的车继续加速，但自己的车还是一动不动，叫超人、蜘蛛侠来帮忙都没用。他得跳车！一定要跳！他果断推开车门，奋力一跳，在地上打了好几个滚。

整个事情只发生在几秒钟内，在深吸一口气的时间就结束了。阿文慢慢地走向他的车，伸手抓住敞开的门，坐进车子，用力踩下油门，开走。

普登丝沉默不语，妈妈也是，紧抓方向盘继续往前开。没有抱怨，没有回头看，也没有嚷嚷，慢慢远离陌生人、重伤害罪、意外、危险、疯狂举动、仇恨和死亡。

天空中，老鹰哈利正盘旋着。

她们回到家，妈妈在学校发的调查表关于家长是否允许孩子参加校外活动的选项上勾选了“不允许”。

* * * * * *

只要付得起钱，诺姆的父母就可以使用琼脂糖凝胶电泳，将他的基因组DNA（genomic DNA）分离出来并量化，这种方法可以将一部分基因组DNA通过聚合酶链式反应有选择地扩增，用于DNA的家庭存储。

为何要这样做？防止孩子失踪。你也可以做同样的事情，这是最合理的动机。保存这些DNA也可以用来侦查犯罪行为，比如诱拐或是更糟的事情。警察越早得到这些DNA越好，这样才能用它来寻找证据。你也可以将孩子的齿膜用拱形热塑芯片复制下来。我们当然不希望这些东西派上用场，不过像制作指纹膜、使用防走失手环和保存孩子的近照还是有必要的。

诱拐是一件可怕的事情。上述措施会起防范的作用吗？让诺姆知道我们将他的DNA保存在一个锡罐里，他会觉得开心吗？这是个令人恐惧的问题，而且残酷又阴险的是，想办法减轻恐惧，却正好表示你心系此事。

我们能用忽略的态度来取代这种想法吗？陌生人试图诱拐小孩的概率，一般来说极小；诱拐成功的概率更是不到80%；杀害小孩的概率更低，甚至不到25%。实际上孩子可能遭遇的最大危险，最有可能发生在父母对他施行的暴力行为上。

即使我们将父母的暴力行为风险也算进去，对于和诺姆一样的儿童来说，概率也是极低的。而且我们在上一章便知道，这个年纪是人一生中平均风险最低的时候。近年来的统计数据显示，儿童时期是最安全的，而且当前是有史以来最安全的时代。

那又如何？坏事还是会不断发生，普登丝的母亲如是说。而且她是对的。我们在书中虚构了一些荒唐、不合理且令人震惊的危险情节（是有意为之的），特别是描述了一些看起来很有可能发生在你我身边的事情。而这些案例都是根据真实事件，用比较轻松的方法表现出来而已。通电的人行道、老鹰与狗的事件都曾经发生在我们身边；儿童死于动物的攻击也是屡见不鲜的，大部分行凶者是狗而非猛禽；马路上发生的暴力案件大家也没少见过。在我们虚构的故事中，人物和事件都做了调整，不过人们可能还会记得那个令人愤懑的真实故事：2007年，11岁的莱恩·琼斯无意间闯入黑帮谈判现场，死于利物浦某个酒吧的停车场中；宝贝小P——一个17个月大的男孩，在8个月的时间里被割了50刀，折磨至死，而这出自他母亲、母亲的男朋友和他哥哥三人之手。

这骇人听闻的案件扭曲了我们对于概率的感觉。严格来说，这些案例非常稀少，才会显得如此突出。“显著”这个词恰好可以用来描述吸引我们目光的风险。在这个背景下，显著性表示有些事情看起来是黯淡还是鲜明，都取决于它的背景。因此，令人惊讶的案例如果出于概率较低的背景，就会比一般的危险看起来突出许多。这是一个矛盾的事情：每当我们将精力投入躲避那些让我们印象深刻的危险时，我们就无法专注于察觉普通的危险上了。

尽管事实证明，儿童受到暴力伤害的概率非常低，但是父母是否反而会提高警惕（按照某些作家所述），对孩子的安全感到更加焦虑呢？①这种常见的矛盾是大家公认的对低概率事件反而

① 对儿童的安全问题逐渐升高的恐惧，要回溯到20世纪60年代受虐儿童症候群渐渐浮现的时候，接着是万圣节的“虐待派对”，然后是70年代的性虐待、儿童色情和儿童绑架案，还有80年代的儿童失踪案以及与邪恶仪式有关的虐待案[1]。

会产生更大焦虑感的解释之一。生活得越安全，对那些极端意外就会越感到害怕。[①]

每个人都有一个共同的问题值得深入思考，那就是无论发生灾难的概率与自身的焦虑之间有多大关系，或许我们自己其实患有非理性妄想症，或者大家都没有领会那些数据所表达的关键意义，也可能二者皆是。理性主义者说："你知道那些事是多么罕见吗？"就是这样！但对某些人来说，他们会立刻给出这个似是而非的答案："对啊，这就是为什么它们如此吓人，如此需要警惕的原因啊。"

下面就来看看数据吧。15岁以下的儿童被杀害的风险，其概率低于其他年龄组，为一年2—5微死亡。儿童每年被杀害的风险只与成人在几天之中因非自然因素而遭受严重致命伤害的概率相同[2]。

这是针对儿童，谈到婴儿又是另外一回事了。一岁以下的小朋友比其他年龄组更有可能被杀害。不过跟日常生活中可能会遭遇到的危害比起来，这种风险非常低，大约一年26微死亡，或一天0.07微死亡，大约是成人在日常生活中死亡风险基准线的十五分之一。

不过，依然如普登丝的母亲所说，危险还是会发生。以目前大约1000万名15岁以下的儿童来看，平均一年大约有46名被杀

---

① 虽然这里存在着"罕见就是糟糕"的观念，但假如我们从对立面来想"事情很常见，就没那么糟了"，那就跟某些发展中国家认为生命是廉价的态度，即"这么多人都死了，再多死几个会怎么样？"相距不远了。就算你所听到的案例有多不可思议，你还是得判断这个致命的事件给你带来多么糟糕的感觉，绝对不可能觉得没关系，是吧？

害，这听起来似乎很平常。那么让我们用残酷的语气来描述这件事：大约每个星期就会有一名儿童被杀害。

假如你能够排除谋杀自己小孩的可能性，你就将15岁以下儿童受害的一般风险降低了四分之三，把几乎所有小孩从统计图表上去掉了，还将15岁以下儿童被谋杀的风险从26微死亡降到了5微死亡，比绝大多数成人还要低。不过还是没有降到0。

这里面的变化很难说明。先不理会你读到的相反信息①，因为那些数字非常低，而且起伏不定，不管怎么看，我们都很难断言最近十年来儿童被谋杀的趋势是上升的[4]。

诱拐案发生的概率变得更高了。2004年的一项研究发现，跟杀人案件一样，儿童最常被他们的父母诱拐（共141个案件，成功率大约90%[5]）。许多情况是伴侣之间因不同的人种与民族背景而产生争论，将他们的小孩监禁了起来。

这个研究报告指出，陌生人诱拐儿童的次数居高不下，但成功率很低（364次尝试诱拐中只有67次成功）。陌生人通常出于性的动机铤而走险。在这些案例中，很少发生谋杀的情形，同一份报告指出："数据显示，被诱拐的儿童通常在被挟持24小时之

---

① 2010年，15岁以下儿童丧命的风险骤降一事被广泛报道，英国广播公司（BBC）与其他媒体宣称死亡率比20世纪70年代早期降低了40%。这似乎不太可能[3]。其实，这是由于70年代的数字记录方式较之以前大量改变，把一些还在等待犯罪诉讼程序完结的案件都算进来了。这个问题不会影响我们用来计算杀人事件的微死亡数值，毕竟那是以同一套方法来计算的，而且虽然就意义上而言我们的概率可能跟实际情况有些出入，并不非常精确，不过已经足以用来判断现况了。

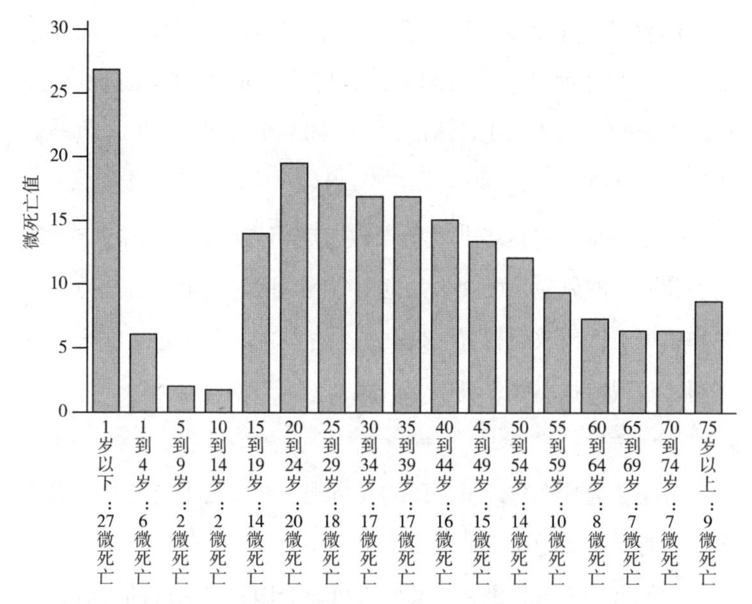

英格兰与威尔士人每年被谋杀的概率（按照年龄排列），
以微死亡为单位（2008—2011）

内就会恢复自由。”

凶杀与诱拐是最坏的情况。不过二者同时发生和只发生其中一种之间存在的差异，在风险计算的统计数据上好像并未反映出其中透露的意义。

统计数字将实际的诱拐、有明显意图的诱拐、非恶意诱拐或是被迫诱拐等行为都计算在内。我们应该捕捉潜在风险的潜在意义而不仅仅关注具体事件，还应该将所有案例中的失踪儿童数字都算进去，作为检测统计漏洞的方法之一。

现在数字暴增了。2009年和2010年，儿童剥削与在线保护中心（Child Exploitation and Online Protection Centre）的资料显

示，18岁以下儿童发生了23万件“失踪案件”[6]。不过大部分儿童在24—48小时就会自行归来，而超过三分之二的儿童似乎是自己出走的。此外，在具体记数上，同一个人多次失踪，也会将数字重复计算。

失踪通常会对这名儿童的人生造成相当严重的后果，虐待、剥削和死亡的风险是最关乎儿童生命的危险。其他还有暴力、犯罪和由于旷课或缺乏教育而失去了生存技能，甚至包括缺乏经济福利、睡眠质量不好、饥饿、口渴、感到恐惧与孤独。

******

可是，为什么只计算失踪的儿童呢？要预测谁可能会变成受害者，有时候要把所有的儿童都算进去。

我们有一部分焦虑在于某些人可能会因为恶劣的动机而做坏事，但这实在很难预测，直到他真的做出攻击性的行为时，我们才会发觉。有关单位试图追踪所有已经出狱却有攻击前科的人。从开始实施这个计划后，有的人被追踪了许多年，甚至终身受到监视，而且被监视的人数不断上升。这并不说明威胁持续上升，只是简单地反映出只要我们开始进行统计，数字就会慢慢增加的事实罢了。并非所有被追踪的罪犯都是因为攻击儿童被起诉的，但这些人在多部门公共保护协议（multi-agency public protection arrangement，MAPPA）的图表上被视为依然有犯案风险的、需要重点观察的人物。

2010年，5万多名罪犯由MAPPA进行追踪与管理工作，听起来真令人震惊（主要是第三级罪犯，也是最棘手也最难控制的人，包括那些上过新闻的危险人物）。统计数据中最严重的第三级性犯罪者为93人。①

监督并不代表着预防，1000多名有各种不同前科的罪犯因为违反了性侵犯预防令（Sexual Offences Prevention Order）而重返监狱，还有134名受到MAPPA监控的罪犯以重伤害罪被起诉。再次强调，对许多人来说，只要看到、听到有伤害儿童前科的人站在你面前，那就够了，虽然他们的威胁是比较模糊的，但你不知道他们会做出什么事，也不知道他们的来历，如果硬是弄清楚只会让事情更糟，所以只要保持高度警惕即可。

有些父母也不会真的这么担心，有些人只有在人群之中才会担心，有些人无法让他的孩子在户外玩耍，还有些人只在某个重大刑事案件登上报纸头条时才会担忧。

也有人说，一切只是“道德恐慌”罢了！这种观点在20世纪70年代，被社会学家斯坦利·科恩（Stanley Cohen）普遍地用在他研究60年代的著作《摩斯族与摇滚客》(*Mods and Rockers*)中[8]。简单地说，这个争论是媒体对挑战社会规范行为的过度反应，而且这种反应提到了如何定义这个问题，甚至创造出一个模型让其他人套用。这是一项非常强大的分析。不过“恐慌”这个词也暗示着非理性，比如你现在的身份是家长，你看到其他父母因为陌生人的暴行而失去了孩子，你很心痛，但你一定不会让孩

① MAPPA提供的数字明细[7]：

管理层级	登记在案的性犯罪者	暴力犯	其他危险的犯罪者	总计
第一级	35665	12985	0	48650
第二级	1467	744	438	2649
第三级	93	56	41	190
总计	37225	13785	479	51489

子接近这件事。这样合理吗？或者说，当本能反应消失，过度反应浮现时，这个案例是否对我们就没有任何意义了呢？对于儿童被暴力杀害的震惊，不是用微死亡或其他方式就可以确实测量出数据的。2012年12月，在美国康涅狄格州新镇的桑迪胡克（Sandy Hook）小学，有个持枪者冲进校园杀害了20名儿童，这是不是让你无比震惊呢？那么，假如你知道美国一年大约会发生1.5万起杀人案的时候，震惊的程度会因此降低吗？

第 4 章

无事发生

长柄锅里的水发出了有趣的咕嘟咕嘟声，蒸汽推着锅盖嘶嘶作响，锅里的鸡蛋滚来滚去，蓝色的火焰跳动着。普登丝想看清楚火是怎么燃烧的。

妈妈通常不会这样，她会把锅的手柄转到另一边，在旁边看着。假如普登丝做了什么淘气的事情，她就会警告说，这个东西很危险喔！

“普登丝，你在吗？”妈妈在别处叫喊。

她说：“不在。”（在她被烫伤、尖叫，或是遭到伤害之前。）

“别跑太远，宝贝儿。”

今天这个小女孩想像妈妈那样将长柄锅端起来。她走近锅，伸出手努力去抓把手。然后妈妈走进来，将她抱起，并把瓦斯炉关上。

“你在这！……时间差不多了呢。”

* * * * * *

同一时间，六岁的诺姆正在发脾气。

“我找不到它！”

他父亲坐在驾驶座上，身体向后座转。信号灯变了，后面的车子按起了喇叭。他急忙转回来，愤怒地看着后视镜，手伸出车外，攥紧拳头，伸出中指，这好像是最近流行的挑衅方式。考虑了一下，他驱车前行。不过诺姆还是确信那个东西应该放在后座。

“它不在这里！”

他父亲又转向后座，翻箱倒柜似的到处寻找，然后再转回来，挂挡，瞥了一下后视镜，然后踩下油门。

你无法埋怨从对面开过来的那辆超市卡车的司机，他来不及做出反应，当诺姆和父亲的车开到他的车道时，他来不及踩刹车。在这个可怕的时刻，这台载着重物的卡车逼近他们，甚至已经挡住车子的挡风玻璃了。诺姆的父亲此时却突然将车子转到一边，想要停在公交车站，好让他能够顺利找到诺姆的数独游戏。

* * * * * *

凯尔文在家划着一根火柴，把它丢进厨房的垃圾桶里。他看着火苗点燃了餐巾纸，然后发现厨房纸巾卷的一角离火源很近，旁边还有抹布。火势越来越旺了，凯尔文往后退了一步，他不想弄成这样。天哪！他到底做了什么！在他父母进来并分辨出他们闻到的焦味和自己吐出的烟味不同之前，窗帘已经着起来了。凯尔文眼睁睁看着。这时他的父亲走进厨房，发现差不多所有可燃物都烧起来了，还好东西不多，火最终还是被扑灭了。

* * * * * *

傍晚，普登丝的母亲站在门口，双手交叉，看着丈夫躺在沙发上盯着电视里面的晚间新闻。“一点用处都没有，成天无所事事。”她最心爱的菜刀被丢在咖啡桌上，他刚刚换插座保险丝时因为懒得去仓库拿螺丝起子，随手拿过菜刀，用完就丢在那里，这把刀显然是毁了。“永远都是那副死德行，你要我怎么对你另眼相看？”十年来累积的怨恨此时从她心中源源不断地涌出。这段历时三十余年婚姻的恐怖与孤寂让她暴怒。她看着那把刀，突然感到深深的绝望，伴随着暴怒的气息，她想象着跨步前进、拿起刀子，右臂有一股满足杀人欲望的报复的能量，看着他满是乞求的小眼神，手起刀落，深深插入胸口，以满足她对于怨恨的琐碎幻想。这种想法在她叹气并露出微笑、走过去抚摸他的头这段短暂的时间在心中回荡不已。

“要睡了吗，亲爱的？”她说。

******

在戴维·米切尔（David Mitchell）与罗伯特·韦伯（Robert Webb）的喜剧中，电影制作人（米切尔饰）在发表了最新作品《有时火也会熄灭》(*Sometimes Fires Go Out*)后，接受了一个采访。这部电影讲述了一对夫妻正在看电视，这时厨房突然着火了，然后——哈！你猜到了——火灭了。仅此而已。

采访者（韦伯饰）提到，评论者称这部电影具有“无情的真实”“极其忠实地呈现了生命的样貌”以及“无趣、无趣、无法忍受的无趣”。所有奇妙的评论，都来自这部电影。

他同时介绍了另一部电影：《得了感冒的男人，那不过是感冒而已，他很好》。

一对爱德华七世时期的恋人多次在车站站台上约会。男子看起来毫无活力，打着喷嚏，命中注定他们会邂逅。“只不过是感冒而已。”他坚定地说。

除了“只不过是感冒而已”这段以外，没什么再值得一提了。最后一幕，他打扮得非常得体。这可能是你看过的所有喜剧中最棒的了。不过，嗯……有竞争者吗？这个桥段只不过是相当讨巧地从我们的小说中窃取片段，然后再加入一些例子而已。

解释笑话为何好笑并不是一件趣事，而且这个笑话其实非常简单：故事只是把发生了什么说出来而已，他们不会去做平常不做的事。假如一个故事里什么都没发生，那它就不是故事，而是笑话。问题是，笑点就在这里。

虚构的故事会选择一些吸引我们注意的内容，不然就得能吸引作者的注意，他们无论选择了什么题材，都有自己的道理。一开始出现的东西，常常会暗示读者接下来发生的事。契诃夫曾说过：“假如你在第一章看到墙上挂了只手枪，那么它一定会在最后一章开火。”或者你也可以想象医务剧《急诊室》（*Casualty*）里的一幕，全家围坐在餐桌前吃早餐，那个老年人咳嗽了。

你知道接下来会发生什么。咳嗽在平常的生活中发生时，你可能不会将它归入显著事件。不过假如你看过《急诊室》，就会知道在后续剧情中他可能需要做三次心脏搭桥手术。你是对的。同样，装着滚烫开水的锅再加上一个初学走路的小孩，在小说中只代表了一件事——必定充满了尖叫声。小说里燃起的大火，会平白无故地熄灭吗？

风险也差不多如此。它总是表达着事件发生后的反思，而非事件没发生的反思；表达了事情的发生，而非事情的不发生。我们在讨论心脏病的风险时，就会想到死于心脏病的人，而不是跟此病无缘的人。对于风险的讨论，最初就是依据“坏事会发生”

的基调而产生的。就跟契诃夫说的一样，你得知的每件有关风险的事情，都是从墙上挂着的手枪开始的。

上述或许都是真的，不过我们怎么才能就风险这个主题继续讨论下去呢？我们还有其他选择吗？那就是将我们的主题尽量专注于那些没有发生的事情和无效事件上，例如咳嗽只是咳嗽，火势会自行熄灭。那么风险就不再只与致命、令人不开心的事件有关，还会关系到你平安无事的机会有多大，比如当那股恶火没有烧掉房子的情形。

不可否认，从这个角度切入主题是一种非正统的行为。这种感觉就像看似什么都没说的头条新闻：《今天没有儿童在上学途中被杀害！》无效事件在新闻报道中必定会被忽略掉。新闻编辑部的对话一般是这样开始的："今天发生了什么有趣的事情呢？"

这个看法真的很愚蠢吗？像我们之前说的，30%的发生概率同时暗指了70%的不发生概率。这里确实有两个数字，概率也是一体两面的。这提醒我们风险常常是将其中一个数字摆在另一个数字前面，你却很难用对等的文字以相反的方式思考。什么是风险在事件中所要强调的反面？确切地说，是非安全性。但这个字眼也无法贴切地描述我们想要说明的那种"不存在"。字典和词典中也找不到合适的词汇，它们只为无效事件提供了几个近似词，比如"引不起兴趣的事"，这也暗示了这个观念是多么陌生。几乎没有任何字眼可用来形容它，那是因为我们对它并不熟悉，而不是因为它很无聊。新闻报道怎样才能描述一件只是有可能发生却没有发生的事情呢？谁会看到它所要表达的重点呢？

这里举一个真实的例子。"每天吃煎制食品会增加20%的致癌率”，这是《每日快报》(*Daily Express*) 在2012年初的报道标题[1]，内容是关于煎制肉类食品导致胰腺癌的。《每日快报》不仅将名为癌症的左轮手枪挂在墙上，当它提及风险在“升高”的时候，说明它也关心扣下扳机的时机。

“增加20%”是根据事情发生的概率计算出来的，它始于人们患有或是将患有癌症，忽略了所有现在或是以后不会发生的事情。例如每400人之中有5个人在一生中会发展成（非常具有侵略性）癌症的代表。假如我们按这个数字表示的意思，把增加的20%风险放在所有人身上，也就是那400个人身上，他们每天都额外吃了煎制食物，然后死亡数从5上升到6，这就是增加的20%风险了。其实只是新增1例而已。对于这个20%的概率，我们应该从“相对风险”的角度转移到“绝对风险”上，那就是从400人中有5例变成6例，或者是0.25%的概率。相对风险很容易让事情看起来变得严重。

要注意，我们忽略了那数百个之前不受影响、之后也不会受影响的样本，就像《每日快报》等媒体对致癌风险所做的报道一样。

让我们改变一下讨论的方向，关注那些现在或是未来不会患癌症的人，这些左轮手枪只能静静地挂在墙上而永远没机会扣动扳机。现在我们注意到了400人中有395人一般来说是不会患胰腺癌的。400人往后每天都多吃了一份煎制食物，那就会多1个患有胰腺癌的人，但其他394人仍会安然无恙。

你不觉得突然间风险看起来没那么大了吗？我们可以让数字更惊人一点儿，方法是把注意力放在一个事实上，也就是400人之中的399人即使从大吃大喝变成节食，依然不会有任何影响。只多1个人患癌症，其他399人原本会就会，不会就不会。总之，多吃一份煎制食物的实验，对400人中的399人是无效事件。然而，假如只专注发生事件而忽略了无效事件的话，那么风险“增加20%”，你会理解成风险就是20%。

关键点在于，假如通常我们谈论风险时悲观地将杯子里剩下的空间视为危险，就会认为一半步入死亡，而不是有一半的生存机会。此外，这个案例的400人中有399人能够健康地活下去，即便在最差情况下，400人之中也有394人健康地活着，不过新闻却只看杯子空的部分。

或许这就是当他们在讨论危险时心中想要的结果吧——想讨论那个“1”，而非剩下的“399”。不过这只是一个选择，是我们没想到还有另外一个选项罢了。

正如刚刚所谈到的，我们可以用讨论存活的概率来取代死亡的概率。而且当我们关注风险不会造成影响的人时，危险性看起来就减少了许多。它甚至不是我们专注的焦点（我们的生活才是焦点），而且不会影响我们对健康生活的美好期待。我们可以这样描述它：每天多吃一份煎制食物，大约有99.75%的概率不会患胰腺癌，可以健康地度过一生。

从下页图来看，会患上胰腺癌的是深色的人，白色的是健康的人。假如400人每天都吃一份煎制食物，增加的罹患胰腺癌的概率就用那个打叉的人来表现。这表示增加20%成为深色人的概率，或者是降低0.25%保持白色人的概率，又或是99.75%依然是白色人的概率。这就是那些新闻设定出来的架构。

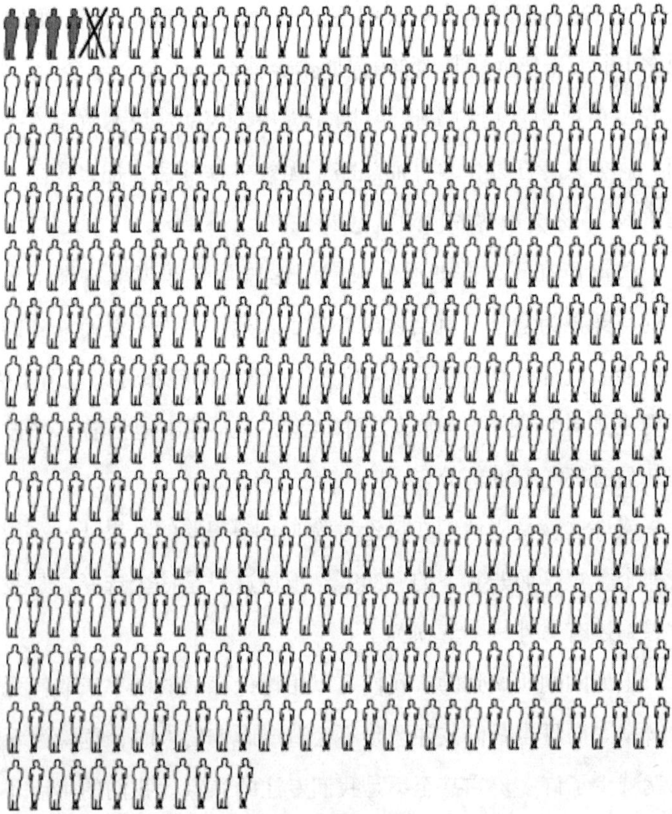

假如有 400 个人每天吃煎制食物会增加 20% 罹患胰腺癌的风险，

也就是多 1 个人（0.25% 的概率）会得癌症 *

其实也可以避免把所有概率都混为一谈，然后讨论人们受影响的纯粹数字。不过，无论你要讨论的是增加的风险，还是身体依然健康的概率，数量都是不变的：400 人里会有 1 个。

那些每天多吃一份煎制食物而未患胰腺癌、身体依然健康的

* 要知道更多资料的来源与细节，参见第 27 章表格。

人，强有力地阐明了人生的本质。人生就是："无趣、无趣、无法忍受的无趣！"报纸不会从这个角度来报道，平常人也不会从这种角度看问题。但另一方面，风险的整个概念都是基于"负面"做出的假设。除去暗示以外，风险通常是指发生坏事的潜在可能性，很少指顺利生活的潜在可能性，就算是暗指生活顺利，那也必定会藏在议题背后，放在前头讨论的一定是死亡。这种做法比较容易吸引人们的注意，你会觉得惊讶吗？假如癌症在第1章的时候被"挂在墙上"，那么它就会控制住我们。想想看，当我们说风险"增加"的时候，这个说法是否会牢牢抓住我们的眼球呢？在我们进入最后的章节前，在讲故事的过程中，我们的内心必定会专注于墙上"挂着"的那个癌症。

微死亡也一样，它也是关注于坏事而不是无效事件发生的概率。或许我们需要互补的观点和调整目前架构的想法，比如需要另一个新概念——反微死亡来形容平安无事度过一天的概率。比如，1微没事（MicroNot）——百万分之一的概率没有发生致命危险——听起来怎么样？

假如我们以每日平均发生致命危险的单位，也就是1微死亡为例，就可以用微没事来表现每日平均发生的无效事件（也就是平安无事的数值），即999999微没事。

我们可以假设你做了什么事情使你每日的风险从1微死亡变成2微死亡，也可以用微没事来重新解读这个风险，以便讨论无效事件——微没事从999999降到999998。你平安无事的概率降低了0.0001%。观点或是视角说明了一切。

有一个真实的新闻事件呈现了一个类似的计策。研究者发现了一项遗传性变异——我们称它为“X”——存在于10%的人身上，保护他们免于产生高血压的症状。虽然这项研究成果在顶尖的科学期刊上发表了，但只吸引了少数新闻媒体的关注，直到某个资深新闻主任重新发布这个消息，称有个遗传性变异——被称为“X缺失”——会让90%的人增加患高血压的风险，这才受到关注[2]，之后被广泛报道。由此可知，讨论那些不会发生的事是不会上新闻的。

无论是好结果还是坏结果都有同一个结论，即哪一边的风险都会低于百分之百，除非一点点风险都没有，而且未来无论怎么发展都没有变化。不过整个风险架构事实上是围绕着坏事打转的，即使在好事拥有压倒性的可能性且不太可能被极端行为左右的情况下，大家还是会把焦点转移到坏的那边。

少数情况下，人们也会把对坏事的讨论转移到好事那边。伦敦地铁站内一个广告牌骄傲地宣称：“99%的伦敦青年不会犯下严重的罪行。”这听起来很美好。不过进一步解读的话，这也代表了1%的伦敦青年会犯下严重的罪行。而伦敦有100万名青少年，因此这则广告暗示了有1万名暴徒正在你身旁游荡，这样就不太美好了。好事与坏事、火势蔓延与自然熄灭之间的转换，对于一般人的选择有非常大的影响。本书作者戴维发现他汀类药物（statins）能将50岁以上人士心脏病发作的风险降低30%，一时之间大家趋之若鹜。他还说，服用他汀类药物超过十年的话，大约100人之中有96人就再也不会受到心脏病的侵袭，不管以前有没有心脏病，以后都不会发作，但是对于他汀类药物不良反应的抵抗力会慢慢变弱。风险并没有消除，只改变了呈现方式，却也改变了大家的看法。

这难道说明人们都是非理性的吗？这证明了某些人的内心是简单的。既然风险从未改变，为何人们不能对同一个风险自始至终保持同样的态度呢？

这样说不太公平。评价角度的改变同时也改变了内容，这就是视角的重要性。人们毫不意外地发现他们很难去衡量所有跟人生息息相关的风险。这些风险如果强调的是危险，他们就会说这很危险；如果强调的是安全，他们就会说："喔！这让我改变了原来的看法。"不过我们的经验是，他们一旦看到了事情的两面，就会恢复自己原来的看法与行为。有些实验想要证明人们的非理性，于是就从改变评价角度做起，让这件事看起来像是计谋而不是测试。当角度换了之后人们是否会改变他们的想法呢？假如角度又变回了原来的样子，他们是否又会变回来呢？实验就这样不断地转换，试图了解人们的想法。而结果呢？当然是不能。

让我们思考下面的数字吧。想象400个东西之中会出现5个坏东西。概率是由分子和分母组成的——5是分子，400是分母。一个故事通常只关注分子。我们讲故事的时候会说人们做了什么、身边发生了什么（也就是那个5），而非没做什么和没有发生什么。这个说法几乎就是故事的定义了。假如想要了解一个故事，你会问："发生了什么事？"于是我们接收到的信息便忽略了分母，忽视了大多数人，只从挑出来的"5"去看这件事。

但不是所有故事都如此简单。好的小说会戏弄并考验我们的期待，并让人产生挫败感。他们往往将左轮手枪挂在墙上后便一走了之，留下许多可能性。1925年，弗吉尼亚·伍尔芙

（Virginia Woolf）在她的著名小说中写道：

> 假如一名作家自由自在并非奴隶，假如他可以写他想写的，而不是写他必须要写的，假如他的作品源于自身感受，而非一成不变的惯例，这么一来，故事就不会有高潮迭起的情节，没有喜剧，没有悲剧，没有爱、兴趣、大灾难等被众人期待的情节……人生并非一连串事先安排好的计划。[3]

而这个反对期待秩序的争论被广泛运用在夸大现代主义者的例子上。由此我们得知哈姆雷特杀害他叔叔的极端痛苦让四百年来那些缺乏同理心的评论者和听众得以锻炼了同理心，就跟哈姆雷特的感情一样。好的小说自有它传颂数百年的原因，但终究不会超出我们的知识范畴之外。

不过我们是否能够同样老练地分辨出新闻媒体或是发生在我们周围故事的真伪呢？人生不会比令人迷惑、混乱的小说容易理解。许多人的行为是不是反而更像是在写一本烂小说，而且试图做一些好作家都不敢做的事，强行加入更多的指引呢？风险并不是这样的，它不应该是一本烂小说。在现实生活中，墙上的那把枪通常会挂到生锈。因此，也许无效事件才应该是大新闻。大导演米切尔和韦伯的影片就是在讲那些很少人注意的无名事件，他们可被称为分母艺术家，应该颁给他俩一座奥斯卡小金人！

以上种种就是洞察风险会存在的问题，这些问题被称为易获得性偏差（availability bias）。如我们所说，“偏差”通常是描述结果时所用的刻薄字眼。易获得性偏差是指，事实上有些事比其他的事更迅速引发我们的思考、吸引了我们的注意力，也就是契诃夫的“手枪效应”。并且我确信，思考发生事件比思考无效事件要容易。无论如何这都可能意味着，尝试去思考一个并未发生的事件是不能轻易或是依靠直觉就能完成的事情。

20世纪70年代，心理学家丹尼尔·卡尼曼（Daniel Kahneman）、阿莫斯·特沃斯基（Amos Tversky）和保罗·斯洛维奇（Paul Slovic）进行了多次人性实验后，找出了影响人们进行风险评估的因素[4]。他们注意到，发生自然灾害之后，人们办理保险的件数比平常要多，但是过一段时间后又会马上下降。很显然，这并非因为灾害之后风险会迅速上升或下降，而是因为灾害后风险会立刻变得特别受人关注。

斯洛维奇也发现，尽管哮喘造成的死亡人数是龙卷风的20倍，但龙卷风看起来似乎比哮喘致命的频率更高。如同我们会在犯罪那章（第22章）看到的一样，生动的事件唤醒的不仅仅是生动的形象，还会让人们相信它造成了更加严重的伤害。笼统地说，我们花更多心思担忧的事情并不是因为它更可能会让我们受伤，而是因为它比较容易成为新闻焦点。

这种偏差会对我们造成全面性的打击，在我们已经设定好心理架构的情况下更为明显。媒体扮演了部分角色，而卡尼曼使用了“叠加效应”（availability cascade）来描述这种激增的兴趣、对新案例的注意以及骇人、罕见事件所造成的恐慌。相比之下，常见的事情不太会让人感到意外，而且也不太符合“头条新闻”的要求。又一个人因抽烟而死？那又怎样？真正有可能让你出事的事情不会被频繁报道，所以常被当作罕见的事情。那些不常发

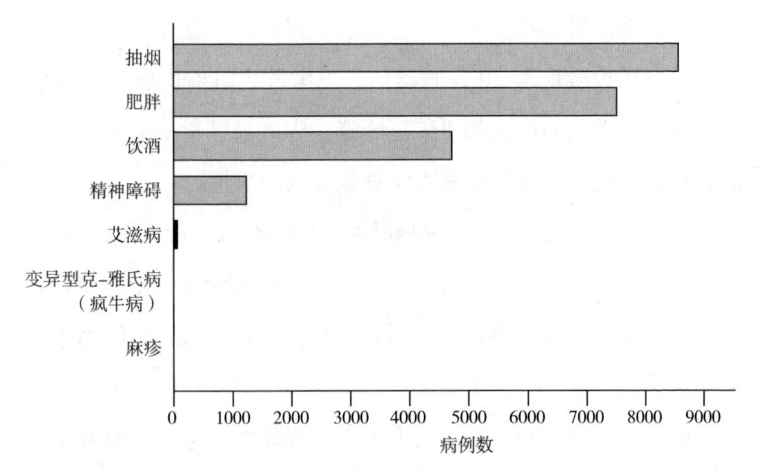

英国广播公司（BBC）一年报道中出现的死亡原因统计数字

生的事基于媒体猎奇的天性，不成比例地被报道出来，我们反而会觉得这才是常态。

虽然这是报道上的偏差，但媒体不会调整，因为大家都想知道罕见和新鲜的事情。他们无法保证依照风险的比例来播报新闻还能维持现在的收视率。因为这代表着报道死于抽烟的新闻比死于麻疹的多好几千篇文章。不过这就是偏差，虽然这是我们推测报道偏差影响人们对于风险大小不同事件的判断，但似乎确为合理推测。我们甚至可以量化这种偏差的程度吧[5]。疯牛病、麻疹和艾滋病占据新闻报道的大量版面；而造成大量死亡人数的疾病，比如抽烟、肥胖和酒精中毒却只占一点点版面。精确的死亡数字是否可全部归因于上述所有疾病还有待商榷，不过从我们开始研究到现在已经十多年了，新闻中流行的疾病也在不断改变，而我们的论点似乎仍旧非常合理。

因此，这里有各种事实来佐证，风险是视我们付出了多大的注意力而定的。其中部分是因为我们专注于愚蠢的事物上，另一部分是因为我们并不清楚这个数字是不是需要关注的数字，即这个数字究竟是在说明发生了什么事，还是什么事没发生呢？

第 5 章

意　外

诺姆和凯尔文11岁时，相约去水库游泳。那天有点儿热，他们沿着巷子骑自行车到水库去。水看起来很清凉。他们将车丢在长满芦苇的岸边，脱下运动鞋和衣服，只穿泳裤——诺姆的泳裤是蓝色的，凯尔文则是白色的，站在岸边的草地上。不远处有两名渔夫。说实在的，诺姆没有下水的勇气，他一定没有预料到结局。

“真的！它们一定会这样！”凯尔文边说边比画，“它们那么长，还长着一口邪恶的牙齿，悄悄藏在水底，突然……哇！”

“是啊，把你的蛋蛋咬下来。”诺姆说。

凯尔文用上门牙跟下唇做出兔子咬东西的动作，冲上岸的浪拍打着他苍白略带粉红色的皮肤。

“不可能！”诺姆转过头去。

“很大，而且牙齿很锋利哟！”

诺姆感到微风吹拂的气息。

“会把你的小鸡鸡咬下来喔。”凯尔文还在说。

“闭嘴！”

“咕叽咕叽，诺姆的小鸡鸡！”

“闭嘴！”

这里只有浪花拍打水库墙面和风轻轻吹拂芦苇的声音。

“怎么了？”凯尔文说，“冷吗？”

“不，你呢？”

“不。”

诺姆用手抱着身体，过了一会儿才把手放下来。

“啊……你害怕了？还是……”

“我？害怕？”

“走吧。”

碎浪不断拍打着堤岸。

“要下水吗？”

“下吧！”

“你先下去。”

对于11岁的孩子来说，危险不在他们考虑是否做一件事情的范畴内，他们只关心游戏规则。凯尔文站在岸边，他把手往后摆，深呼吸，身体微微抽搐，双腿弯曲，猛然一跃。

凯尔文跳进水里，马上感到一股寒气，水大概在他头的高度不断波动着。诺姆的身体也有点发抖，他的身体仍在抗拒，双脚牢牢地钉在地上。

诺姆将自己的衣服抱在胸前，看着阴沉的波浪，心里一直想象着他的“宝贝”被梭鱼咬掉的样子。

水中的凯尔文看上去非常坚强且无所畏惧，岸边的诺姆像是被想象中那只露出牙齿、有着果冻般眼睛的怪兽（就像他在水族馆看到的那种瞪着他的鱼一样）的眼神钉在了原地。当凯尔文游向远处一个潮湿的木平台时，诺姆双手紧握，垂在双腿之间。

凯尔文游往平台的过程一定很冷。他一爬上平台，就觉得自己有点蠢。不过他还是办到了，诺姆却驻足不前。接下来呢？游回去，水还是很冷。

凯尔文进行着他人生中最后一次游泳，他缓慢地划着水。诺姆看着水里的自己，一只手牢牢抓着衣服。他的余光注意到了旁边的渔夫，他们喊了一声“喂——”接着是长筒靴的嗒嗒声，他们狂奔而来。

脚步声，海浪声，跑步声，喊叫声。诺姆看到凯尔文不断地沉下、浮出水面，苍白的身体和黑色的头发左右摇晃。

“凯尔文！”

他回身再看看刚刚有没有漏掉了什么东西，却看到灰色的水面、拍打着堤岸的浪花、木平台、堤岸，还有凯尔文的衣服。

“我的天啊！”他大叫一声，然后再看水里。

“凯尔文！”

水面上看不到他的头发也看不到身体。诺姆脑中全是那双果冻般的眼睛和锐利的牙齿，还有啃咬与鲜血。渔夫跳入水中，岸边只留下微风的嘶嘶声。

当他们找到凯尔文的时候，他全身苍白，没有流血，睾丸还在。水把他呛死了，也可能是因为太冷。他并没有游太远或潜太深，可能再多划两三下就没事了。不过渔夫说，他是慢慢沉下去的，应该呼救过。这不是诺姆的错，大人们说。

诺姆觉得非常茫然。其实没有发生上面的事，他的朋友也没死。他感到很“失望”，一切只是他的幻想（是的，前面都只是诺姆的胡思乱想）。但接着诺姆又隐约对他刚刚感到的“失望”产生了罪恶感。星期一到学校后，大家都觉得凯尔文很酷。诺姆也想跟他一样酷，但脑中仍不断出现那排尖锐的牙齿和果冻般的眼睛。

* * * * * *

关于被梭鱼咬伤的风险，一般来说有两种看法。一种是“别傻了，梭鱼是啥？”即使真的有梭鱼，它也不会对诺姆的小鸡鸡有任何兴趣；另一种是，风险非常高，因为，嘿！这可是他的小鸡鸡呀。除此之外，还有什么呢？风险往往远远超出你的想象。

这两种在同一风险下得出的不同看法，就是概率与后果的区别。概率描述的是被咬的机会，后果是对“假如……”的解答。就像我们问：他有没有可能被咬？谁知道呢？可能不会，但“假如……”呢？同样的风险，不同的观点，水中的状况往往如情绪般瞬息万变，令人焦虑。诺姆在岸边挣扎，就是在可能性与想象之间纠结。无论他最后怎么决定都不意外，他只是跟着感觉走而已。

致命的意外通常就是在这种情况下发生的，非常罕见，细想时又很可怕。诺姆这般大的儿童很少会死于溺水。在英国，每年每100万名5—14岁的儿童中有1—2人死于“意外溺水”，5岁以下儿童中有3—4人；男孩比女孩多[1]。官方没有儿童被梭鱼攻击导致溺水的数字。

在路上，意外的危险性可从大部分家长总是紧抓着孩子的手明显看出来，这个举动让儿童的死亡率更低了。不过假如你关注的是结果而非概率的话，这些举动也只是聊表安慰罢了。一百万分之一，正如普登丝的母亲在第2章所说的，只要有那个“1”出现，就什么都完了。

这里讲一个真实故事。马克·麦卡洛是一名7岁小女孩的父亲，他让女儿在无人陪伴的情况下，从家出发，步行20米到公交车站。2010年9月《每日电讯报》报道此事后，麦卡洛先生理所当然地收到了某个委员会寄给他的关于“儿童保护议题”的警告信[2]。

这段步行代表着他女儿得穿过一条“交通繁忙的道路”（委员会这样形容）或是“一条宁静的乡村小径”（麦卡洛先生这样形容）。委员会可能“只是履行他们的义务”，麦卡洛先生则“非常愤怒”地认为“这绝对是个大笑话”。他说：“我才不会把我的孩子小心翼翼地裹在棉花里呢！”事实上，在一个寒冷的早晨，他的女儿被人发现“并没有穿套头衫”，目击者是一名对此感到十分震惊的运输服务公司老板。

跟溺水一样，委员会所担心的这类意外实际发生的概率非常低。2008年，英国国家统计局（Office for National Statistics，ONS）的统计报告指出，英格兰与威尔士的1471100名5—9岁的女孩之中，有137人死于各种原因，死于交通意外者7人，其中1名是行人。①

这个风险是一年小于1微死亡，即一名英国的成年人每天发

① 2010年，在这个分类中没有行人死亡。

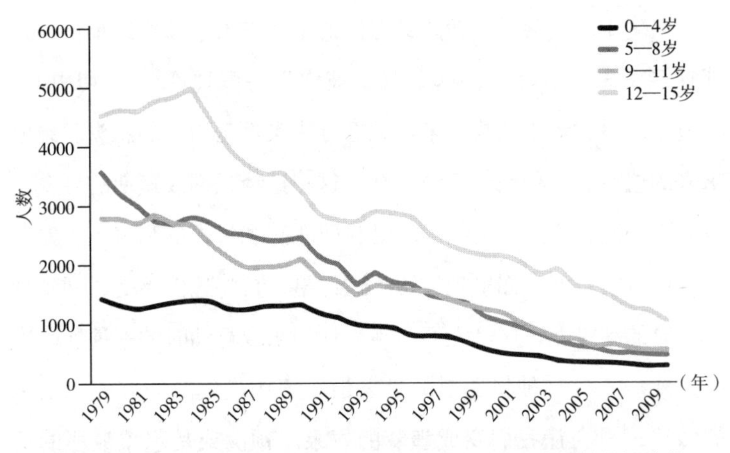

英国1979—2010年儿童在路上被杀害以及受到严重伤害的数据走势[3]

生严重伤亡风险的三百六十五分之一。就像我们后面将要说的，有更多儿童被窗帘的绑绳勒死。我们先把关于父母的责任与自由的争论放在一边，专注于风险以及对这个尴尬问题的解答：哪一个比较能够令人信服呢？是最基础的死亡率统计，还是高度恐慌的委员会呢？

如果你站在委员会那边，可能有种被称为“不对称的后怕”的感觉牵引着你，更常见的说法是“假如……你会有什么感受呢？”假如你每天都送小孩去公交车站，下午接她回来，你会不会因为花了几分钟来预防一个可能永远不会发生的意外而感到浪费呢？也许世事不总是尽如人意，不过花点时间在这件事情上并不会让你有太大的损失。可是，假如你不想花费那几分钟，结果在某天早晨，当你正在享用烤面包配橘子酱时，突然听到外面传来尖锐的刹车声，你会有什么感受呢？

人生中，你会通过让感到遗憾的事情的发生概率最小化，来选择接下来要做什么，这个概念被称为决策理论[4]。一切由心，将遗憾的最大最小值找出来。大部分决策都是当时的念头。想象未来的遗憾是一种痛苦的纠结感，这跟选择长期或短期的自身利益大不相同，它是一把缠绕着潜在罪恶感和过失的利刃。想象一下这件事情，就像你事先经历了这件事，再将这份感受回溯到我们主要的动机上，这是人们在当下计划采取行动时的一种迂回决策方式。不过这种将遗憾的最大最小值用最残酷的方式找出来的做法，只会让我们变成噩梦的奴隶。预测或是想象最坏的情况，就是用来调整自己极端趋避行为做法。这样是否能够挽救生命呢？托马斯·哈代（Thomas Hardy）曾经说过，恐惧是深谋远虑之母。在动画片《辛普森家族》（*The Simpsons*）中，当他们说"想想这些孩子吧！"时，虽然是在开玩笑，也可以用来讨论遗憾的最大最小值问题。对某些人来说，这是一种难以抗拒的本能。

对于有上述感受的人来说，这就是潜在的"假如……"问题（也许是能够想象到"假如……"的最大值），这样一来他们就会不计任何代价让它最小化——这个权衡远大于任何可能性。因此无怪乎概率有时候不被人当成一回事，无论它多低都不管用，特别是在情感上涉及孩子的时候。①

让我们再次提醒自己，现在发生意外的概率已经是有史以来

① 我们使用了国家统计局的两种主要意外死亡数据，其中一种定义为"原可避免的"死亡，是从其他地方衍生出来的，比如较长期的死亡数据，这个数值可以轻易被用到所有死亡原因中。这里的图表数据使用的就是原可避免的死亡数据。

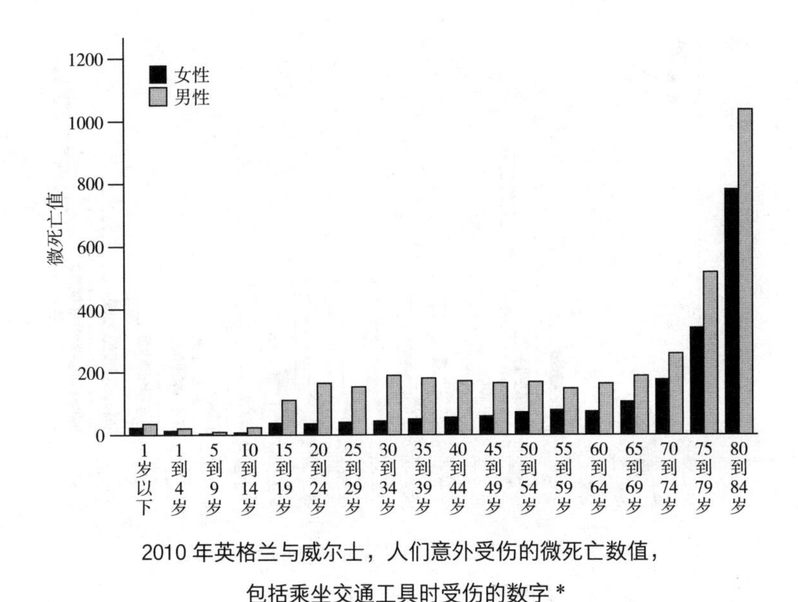

2010 年英格兰与威尔士，人们意外受伤的微死亡数值，

包括乘坐交通工具时受伤的数字 *

的最低值了。在所有死亡率（包括被谋杀）中，儿童意外死亡的状况远低于其他年龄群体。

老年阶段是迄今为止被国家统计局称为“原可避免的意外死亡数”发生最高峰的年纪[5]。超过85岁的人意外发生率高达其他年龄层的2.5倍有余，其他数字甚至很难和它在同一图表上展示。对女性来说，趋势线非常清楚，意外伤害造成的死亡跟年龄有很大关系。对男性而言，趋势线就不那么滑顺了，在刚成年与中年时数字很高，因为那时的男人比较喜欢进行惊险刺激的活动，会造成一定的伤亡。

假如我们在总数中只标出因交通工具而造成意外死亡的数

* 等于每100万人的死亡率粗估值。不包含“医疗事故”，这部分会在第23章讨论。

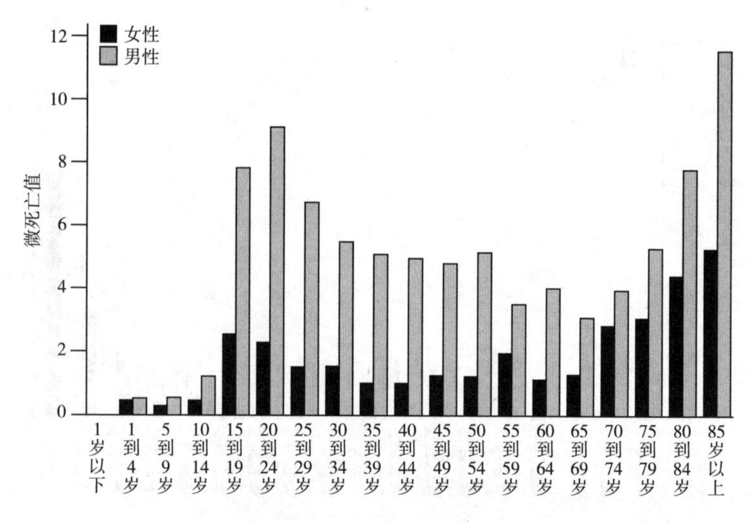

2010 年英格兰与威尔士地区交通意外的微死亡值，

等于每 100 万人中的粗估死亡率 *

值，对青少年来说，又稍微有些不同的意义了。较年长的群体依然是最脆弱的部分，不过15—19岁群体的数值也升高到跟他们差不多了。

但是如前所述，年龄在15岁以下的儿童死于交通意外（包括被车撞死）的概率非常低，而且是所有年龄层中最低的。

许多儿童遭遇的风险在近50年来都直线下降了。你可能会遇到一些无忧无虑的少年，他们说："我在路上闲逛了一整天，躲过了各种交通事故、混混儿、暴露狂等乱七八糟的东西，他们拿我一点办法都没有！"这种美好的童年往往是大多数人的共同回忆。本书的两位作者可能也这样吹嘘过。这都只是错误的幻想

* 要注意本图与上图有不同的纵轴级别。

罢了！许多事情都在发生着明显的改变，道路安全就是一个最好的例子。

当你观看英国中央新闻署介绍战后的电影时，看到戴着帽子的男士和身穿宽大袖子衣服的女士，这提醒了我们有多少条道路已经被重新翻修过了。1951年，英国登记在案的交通工具不到400万辆。这些车漫步在高速公路上，悠闲自在，好像路是他家的一样，交通非常平静，英国交通部（Ministry of Transport，MOT）在检查车辆性能或是车辆装载了低冲击性的保险杠后就会发放上路许可证。儿童可以安心地在街上玩耍，也可以走路上学。最后导致当年有907名15岁以下儿童在路上遭遇不测，包括707名走路的以及130名骑自行车的[6]，但即便如此也低于战前每年1400名儿童在路上遭遇不测的数字[7]。

到了1995年，这种“大屠杀”的数字降到533名。2008年变成了124名，2009年是81名，2010年降到了55名。每一名死亡儿童都代表一个家庭惨剧的发生，不过近60年，死亡数字已经降低了90%，这相当惊人。同一时期登记在案的车辆是原来的8倍多，达到3400万辆[8]。如果我们假设死亡数从原本的1000左右稳定减少到现在的50，这代表了这60年来每年平均有450名儿童的性命被救了下来。也就是说，有2.7万名现在依然活着的人，假如交通意外从1951年到现在都保持原来的水平的话，他们可能都会因交通事故而死亡。

当然，医疗水平也有长足的进步，这表示，儿童发生意外时，过去可能死了，现在却是到鬼门关绕了一圈后又被救了回来。事实上，受伤概率也下降了，只是幅度没有跟死亡数一样大。在1951年，有5743名15岁以下的儿童在路上受到严重的伤害；到了2010年，这个数字降到了2502名，降低了56%。关于精确的受伤人数的争论也一直存在，不过有个数字并没有改变：每3名受伤的儿童之中，就有2名是男孩。

马路并非唯一的危险场所。国家统计局的报告指出[9]，2010年英格兰与威尔士950万名14岁以下的儿童中，有246名死于非自然因素，其中172名死于意外，包括21名行人、12名骑自行车的人、17名汽车乘客，22名溺水而死，27名因意外窒息而死，还有10名死于火灾。

所以每名儿童平均每年意外丧生的微死亡值为18。

值得注意的是儿童溺水身亡跟在路上被撞死的数字是相同的，意外窒息而死比溺水和在路上被撞死的数字还要高。对于两岁以下的小朋友而言，窗帘绳被视为高度危险物品。2010年，宜家家居因为这个隐患回收了300多万组窗帘绳[10]。假如你为人父母，这种风险你会特别注意吗？

无论如何，意外死亡和受伤的数字大量减少肯定是好事。谁会愿意让孩子承受那么多风险呢？但我们永远不可能轻易弄清楚儿童没有在路上被杀害或是受伤的原因。也许最大的原因只是他们没有走路去上学或是在路上玩耍罢了。由此可知对于这些进步，我们可能付出了一些代价。我们可以说出死亡的数字，但却无法解释它及其后果。1971年，大约80%的7—8岁儿童在没有成人陪伴的情况下独自上学；到了2006年仅有20%，其中超过半数的小学生是被车送到学校的。1971年，7岁左右儿童的父母会允许他们自己去找朋友玩，或是去商店购物；到了1990年，

10岁以上的儿童才有可能被父母允许享有这种自由。

这些数据反映了父母对于回避儿童风险的关注度提高了，详情在蒂姆·吉尔（Tim Gill）2007年出版的《无惧：在风险规避的社会中成长》（*No Fear: Growing Up in a Risk Averse Society*）[11]中。吉尔提出了许多可能因素：越来越多的车辆、越来越少的公共空间、电子游戏、忙于工作的父母以及惯于大量宣传意外和悲剧的媒体。“保姆式国家”“赔偿文化”等陈词滥调很容易在你心中留下印象，不过问题却很复杂。

就拿游乐场的安全来说好了。有些战后才建的游乐设施现在看起来就像是专门设计让人受伤的，就连50年代的儿童都知道，玩“女巫帽”或是荡秋千的时候要特别小心。到了70年代，在“保姆式国家”和“赔偿文化”开始生根前，平民化且非常热门的电视节目《这就是人生》（*That's Life*）为了设置安全的游乐场、对新装置提出要求并重新建设做了一个特别节目。吉尔指出这些昂贵的改建导致可供游玩的场所变少了，其最初目的是鼓励儿童在街上玩耍，在当时这对于减少伤害有一点儿帮助。这种做法也有可能是由风险赔偿的概念而产生的。本书作者戴维在他孩子的小学里看到了那些设施，大型、古老、深受喜爱且由腐坏木头制成的游戏设施被崭新、明亮、呆板的攀登架取代之后第一个星期，有一名儿童想在最顶端的握把上保持平衡来发掘更多乐趣，却跌了下去，把胳膊给摔断了。

相比之下其他国家就没有这么热衷于维持游乐场所的安全了，他们宁愿放宽标准，不用整天紧张焦虑。问题在于其实那些设施的危险性是非常容易量化的，或者说鼓励儿童们玩一些惊险刺激的游乐设施，其中的益处是很难量化的，无论是哪一种说法都很难去证明。

吉尔也曾试图说服大家，适当的危险对小朋友们来说是有好处的。他们对危险也有自己的偏好，而且会用自己的方法趋吉避凶。因此最好能够教他们在遇到危机时如何行动，比如溺水或是发生交通意外该怎么办，而不会陷入太大的麻烦。这样其实有益于健康发展，不过这又是陈词滥调了——对他们的人格建构有益。按照吉尔的观点，这样可以培养他们勇于冒险的个性、企业家精神、自力更生的特质、做事的灵活性以及让英国人得以建立大帝国的所有优良人格特质。

你常常会听到人们用“里面有怪兽喔！”来阻止儿童进行某些活动，以此降低受伤的风险。但英国健康安全局（Health and Safety Executive，HSE）则认为没有必要这么做。

如果你觉得英国健康安全局反应过度了，或许是因为你听了太多大众对政府机关的批评。或许吉尔可以帮他们写一份公开声明，大意是：“假如儿童被柔软的棉花包裹保护着，他们就永远学不会如何面对风险。”这个观念跟麦卡洛先生有些类似。英国健康安全局的态度是，他们不希望将危险全部消灭，或是持续不断地降低，或是每个供人嬉戏玩耍的设备都得列出一大堆容易误导人的所谓的安全提示[12]。

我们在第18章会对健康与安全的风险有更深入的讨论。这里论述的重点在于，儿童遭受意外伤害的数字降低，也许可以引出过度保护的问题。受到过度保护的孩子要付出的代价是当他们老了之后无法聪明灵活地面对外界事物。英国健康安全局显然同意这个说法，该局主席朱迪丝·哈基特（Judith Hackitt）曾说："不要把健康安全法视为现成的替罪羊，否则我们一定会做出反击。现今我们处于风险规避与恐惧诉讼的落后文化之中……让儿童暴露在缺乏危机教育与没有事先为成年生活做准备的风险之中。"

乡村联盟发现在英格兰138个地方政府中，1998—2008年总共发生了364件因校外教学而导致法律索赔的案件，其中156件胜诉，造成每个地方政府平均每年为此付出293英镑的赔款[13]。赔偿文化是不是有点走火入魔了？在2006—2010这五年中，英国健康安全局只涉入两起校外教学事件的控诉[14]。

在过度焦虑之下，只要仔细观察，坏的那部分的影响是显而易见的。强迫儿童使用防晒霜或在太阳光太强时减少户外活动，很容易造成缺乏维生素D并导致软骨症，而这种我们曾经认为已经在英国绝迹的疾病，现在英国中部又产生了。家乐氏公司（Kellogg's）曾经推出一种儿童早餐麦片强化配方，在麦片中加入维生素D，并引用某项研究报告的结论：2001—2009年，英国儿童被诊断出软骨病的比例上升了140%[15]。

吉尔大声疾呼，希望改变原本的保护哲学，因为照此观点来看，所有意外都会被视为某人的疏忽，但如果以适应力的哲学观点来看，这代表着他们将会拥有不断成长的能力，当不好的事情发生时，他们也有应对方法。

正如他所说的："儿童拥有一些基本的特质——在家或是学校等场所能够频繁随意地与人互动的自主性，并且能够从自己与其他人犯的错误中学习。"

尽管目前英国儿童受保护的程度正处于前所未有的高水平，但也不是所有小孩都能得到同样的待遇。以全球角度来看，5—15岁的儿童发生交通意外死亡位居第二，排在第一的是15—29岁这个年龄层。发展中国家一年有24万名儿童死于交通意外。因此，放眼世界每个角落，即使是鼓励走路上学的国家，我们看到身穿洁白制服的小朋友们穿行在车水马龙的街道上，也不禁会为他们捏一把汗。

第 6 章

疫苗接种

在梦中，妈妈看见普登丝又一次转身没入黑暗，酸臭的污水布满她前方的道路。不知从哪儿来的灰色野兽，满嘴利齿，当那些蜇人的昆虫从矮树丛中冒出来时，这只猛兽也悄悄潜伏其后，窥伺着她。荨麻抚过她的肌肤。普登丝用手遮着眼睛，向后退去，不小心摔倒在一片荆棘之上，毒刺将她的手臂划出数道伤痕。许多奇怪的小虫闻到血的味道，掠过她的双腿，用刺蜇她。当普登丝正挣扎、尖叫、被蜇咬、全身刺痛发烫的时候，妈妈出现了，她立刻脱下高跟鞋，用鞋跟使劲戳了一下普登丝的背，让她冷静下来。

“不管我怎么做都是错的。”妈妈心想。当她从不安中醒来，读到了一句话：“生命中的危险是无穷无尽的，要生活在其中，才能得到安全。”很显然，出自歌德。“真是谢了。”她说。

“只是轻微地刮了一下，”早餐后她对普登丝说，“每个人都被刮过，只要上点药膏就好了。”

如果安全也是危险，而危险只是用来减轻更多的危险，那么到底什么才是安全？安全的风险究竟多高呢？随便啦。血淋淋的歌德，血淋淋的建议。

“这是用来保护你的。”当普登丝坐在TripTrap牌成长椅上，在自己的手臂上涂颜色时，妈妈这样说。

厨房的桌上放着一份来自“学生疫苗解放军”（Student Vaccine Liberation Army）的数据，上面写着它“装备着最有力的知识”，对“疫苗的风险与危险”[1]做出批判性的思考。以下是它对疫苗的解释与说明：

> 几个世纪前的英格兰，帽商曾经用水银来为帽子定型。制帽过程中，工人的手指沾到并吸收了水银，最后他们“发疯了”，于是有了“疯狂如制帽者”（mad as a hatter）这句俗语。我们直接将水银注射到儿童的手臂里，他们就会患上貌似疯狂的病，比如注意力缺失多动症（Attention Deficit Hyperactivity Disorder，ADHD）、注意力缺陷障碍（Attention Deficit Disorder，ADD）、自闭症、强迫症（Obsessive Compulsive Disorder，OCD）、躁狂抑郁症……而相关疫苗却污蔑这些都是精神病。

有个医生在传单上说道：

> 所有药物（包含疫苗）都是经过完整测试评估其安全与药效的。申请许可证明后，他们还会持续追踪疫苗的安全性。发现任何罕见的不良反应后，还会做进一步的评估。所有药物都有可能造成不良反应，疫苗算是其中最安全的。[2]

注射疫苗有什么坏处？不注射又有什么坏处？对普登丝有什么坏处？对其他人有什么坏处？儿童预防接种的各种恐怖故事占据了妈妈的心：因为没有预防接种，儿童就无法保护自己免于一般疾病的侵袭、遭受死亡或是各种痛苦。假如他们让自己的小孩接受预防接种，那他们朋友的孩子就不会在接种前暴露在充满病毒的环境之中，也可以安然无恙。

计算机屏幕上是另外一个妈妈的故事：自从接受肝炎疫苗接种后，她的宝宝不停地尖叫，几乎无法入眠，食不下咽。有天早上，宝宝不断呕吐，立即被送到医院，在“癫痫、皮质盲、吸入性肺炎导致的胃食管反流、严重的发育迟缓、多发性肌张力减退、有点僵直现象”的情况下存活下来，目前需要两个人24小时看护[3]。

昨天晚上有篇新闻报道警告大家，麻疹目前正在校园里蔓延，如果还没免疫，染病风险很高，还有可能伴随着潜在性并发症，比如眼睛与耳道感染、肺炎、癫痫，更极端的是脑炎，造成脑部肿胀、脑神经损坏甚至死亡[4]。桌上那些资料的最上方，是医院的预约卡。

最后她还是去医院了，在路上她一直告诉自己要冷静，不过内心还是充满了无助的亏欠感。这三天她在等待挂号和看着普登丝打针时，总是被自己的良心影响，由始至终心都跳得非常快。

* * * * * *

假如普登丝注射完马上出现自闭症的症状，那该怎么办？刚刚那个故事中，小宝宝的母亲决定做预防接种是不是一项灾难性的决定？

虽然已经有大量的理论依据，我们还是不知道自闭症的成因是什么。不过当一件事紧跟上一件事发生，最简单的逻辑就是这件事是由上一件事情所导致的。因此，无论普登丝怎么样，她的母亲都会觉得自己像受审的犯人；无论最后发生了什么，说故事的人都会用他的“后见之明”参与这个故事，并添油加醋，加入恐惧、政治、偏见或是推测来告诉大家她做错了。可怜的母亲在事件发生后，当人们讨论这个故事时，无论如何都无法战胜风险。

有个小男孩也很可怜。当作者戴维还是个小屁孩儿的时候，当时还没有对抗麻疹、腮腺炎和水痘的疫苗，因此只要附近有人得了这些病，接触过后就会被传染上。经验法则告诉我们，假如你注定会染上这个病，最好的方法就是尽早染上。预防接种就是一种令人矛盾的选择，因为戴维现在知道环绕在他周围的麻疹病毒的微死亡数值为200。[①]不过他没有太多的选择，而且这无疑也是一种人格塑造的过程吧。

麻疹在1950年是常见的疾病，我们也很清楚它的影响，产生并发症的情形更是屡见不鲜，它会导致失明甚至死亡。观察一下你邻居的小孩，你就知道自己迫切需要采取保护措施了。因为采取保护的举动越来越常见了，大家都这么做，都想把这个清楚明确而且围绕在身边的危险去除。现在我们已经不常听到有人发病了，大部分人还是忍痛让小朋友哭着打疫苗来保护他们。可见性在风险之中确实扮演着一个重要的角色。

被看得见的东西伤害还是被看不见的东西伤害，你会怎么

① 1958—1960年，总共有95.7万个麻疹案例，其中有178人死亡。

选呢？有些人会避开那些可见的伤害，他们认为这种危险比此时此刻看不见的东西要大。有些人则对于看不见的危险更感到恐慌，比如辐射，因为这似乎更容易造成灾难。有的人则会试图冷静地思考两方面的得失，但是我们这些普通人大体会听从医生的指示。

这里的重点简单来说，就是“风险”是由许多典型的“风险们”集结而成的，这些风险常常指向不同的方向，有些是立即发生的，有些离我们还有一些距离，有些是看得见的，有些是潜伏在事物背后的。当你在善的信念下，在不确定的状态中通过事实来判断，并且不确定事情会如何呈现时，你要如何判断自己应该选择承受哪部分的风险呢？普登丝的母亲只能坐在餐桌旁，被这种悲剧般的结局不断困扰着。

假如她在网上搜索“疫苗安全”，她会发现大部分官方网站再三保证安全性。假如她搜索“疫苗风险性”，就会找到许多宣称疫苗会对儿童造成伤害的数据、科学报道是胡言乱语以及科学家全都不能相信的言论充斥网络。

接种疫苗轻易就能唤醒我们对许多恐惧因素的强烈情绪（参见第19章关于辐射的讨论）。儿童甚至在感染之前就得打一针。主动将针头插进他们的手臂，为了还没有发生的事情伤害他们（至少当下还没有发生），这件事似乎本身就很罪恶。

预防接种还是一种强制行为，不是用社会风气的压力，就是用法律来强迫你。举例来说，假如你的小孩要在佛罗里达州上幼儿园，那他们一定得注射无细胞百白破疫苗（即百日咳、白喉、破伤风混合疫苗，diphtheria，tetanus and pertussis，DTaP）、乙肝疫苗、麻疹－腮腺炎－风疹疫苗（measles，mumps and rubella，

MMR）、小儿麻痹疫苗和水痘疫苗[5]，这些疫苗都有不良反应。最后，许多跨国公司纷纷砸下大钱在这种集体医疗化的研究之中。

以上种种现象都会激起强烈的反对声浪，而且预防接种可能会造成令人担心的后遗症（比如自闭症）的言论，也拥有众多支持者，特别是在美国（虽然他们可能得先为转基因食品造成的危害付出大笔赔偿金）。

现在儿童再也不需要接种天花疫苗了，在1977年索马里发现最后一个自然感染的案例后（嗯……英国还有一个工人在1978年因此病死亡），它绝迹了。不过天花在整个世界历史进程中，杀害了数不尽的人。20世纪50年代刚开始流行的时候，一年约有200万人死于天花。欧洲人借助天花让美洲印第安人几乎灭绝，成功征服了美洲大陆。不过长期观察下来，那些幸存者终生都没有再次感染，因此接种疫苗的研究才慢慢发展起来，研究者在感染者皮肤上刮出一个伤口，给他们一个充满希望的温和性感染。

1796年，爱德华·詹纳（Edward Jenner）在处理牛痘疫苗时，使用了一种更温和的传染方式。他发现挤牛奶的女工不会染上天花。事实上"接种"（vaccination）这个词，就是由拉丁文的"牛"（vacca）引申来的。不过，从曾经暴露在母牛乳腺附近受感染的人的伤口中，刮下化脓脓液做样本显然不是一个吸引人的想法。后来，他想到可以在一个小男孩身上试试看——就是8岁的詹姆斯·菲普斯（James Phipps），詹纳家园丁的儿子。不过关于他是否事先征得小男孩与园丁的同意，没有留下任何记录。

在早期没有冷冻设备的情况下，运送疫苗是一件棘手的任务，而最后的方法仍旧是借助小男孩。在1803年，将牛痘运送至美洲的西班牙属地是十分漫长的旅程，那些受感染的人可能在途中就康复了。因此他们强行征招了11对孤儿，先让第一对在起航前受到感染，然后适时地把病毒传给下一对孤儿，直到到达目的地为止。就这样，新鲜的牛痘脓汁成功踏上了新大陆。对于这个传染病的认识了解、开发治疗方法花了许多时间和代价，不过免疫的配方（包括疫苗接种以及培养）拯救了数百万生命。

麻疹的历史提供了在没有免疫方法的情况下会产生多大风险的线索。在1940年的英格兰与威尔士，一共有40.9万个麻疹案例，其中857例死亡[6]，“案例致死率”是0.2%，即2000微死亡，这与美国疾病控制预防中心（US Centers for Disease Control and Prevention）公布的数字相同[7]。预防接种始于20世纪60年代，到了1990年，降至13300例，其中1人死亡。1992年以后没有儿童因为麻疹死亡，只有成人在感染初期有一定的危险性。

预防接种也被用于降低长期的伤害上。据统计，每6人之中会有1人因感染而致癌[8]，不过感染与病发之间的潜伏期很长，所以很难掌握它们的关系。现今人乳头状瘤病毒（HPV）疫苗已经开始供应给12岁的女孩，预防宫颈癌的发生。

因此预防接种看起来似乎是一个好东西。它跟戒烟一样，同时对你身边的人有益。这是因为群体免疫性的关系，当有足够的人免疫后，这种感染就不会变成传染病。而“足够”的定义要视情况而定，最简单的判断方法就是看这个疾病的传染力有多强。例如，单独一个人必然会受到感染，但在一个易受感染的群体中，比如印加人的部落，平均来说大概可以先传染给5个人，[①]假如这5个人又传染给5个人，那么他们只要散播6次，就能将这个疾病传染给总数约5万人的整个部落。

考虑到麻疹的感染率，我们得让92%的人都接种才能预防它扩散成传染病。2000—2010年中间的三年，接种比率依次为82%、80%和81%。到了2011年，它升高到了89%。下页图是麻疹在英格兰与威尔士发生的数字。

事实上我们之中的任何人都可以在没有接种疫苗的情况下，享用疫苗带来的好处，我们称之为“搭便车”。你可以依靠其他人让风险保持在低档，只要他们没有停止将免疫能力继续散播出去的话就可以了。

---

① 平均感染人数一般被称作“基本再生数”（basic reproduction number），符号是R0（R－无）——天花的数字落在5左右，麻疹则落在12。假如这个群体已经做了预防接种，数字会扩张到5个人之中有4个人（也就是80%）免疫。在这个案例中，某人身上的天花病毒平均只会传染给低于1人的数字，这样一来这个传染病便会因此消失。所以我们基于这个传染病消失的结果得以证明每个R0中，至少有R0减1的人会是免疫的，因此一个群体需要免疫的人数是R0减1再除以R0。举例来说，要预防麻疹传染，需要12减1再除以12，等于十一分之十二，也就是92%的人口要是免疫的。2009年发生的猪流感病毒非常“懒惰”，它的R0值大概只有1.3，所以只有零点三分之一点三，即23%的人免疫就能够让它停止继续传染。既然接种不是百分之百有效，实际上的接种范围就要比预想的更大，以麻疹的例子来说，至少要达到95%。当然也可能产生“搭便车”效应，即使没有接受接种也可以依靠自己的免疫力来达到停止传染病扩散的目的。

2011年英国的麻疹接种率[9]为89%，比2003年的80%要高，不过仍然还没达到1995年92%的水平，更别提世界卫生组织的建议值95%了。2012年2月利物浦爆发麻疹病情后，英国健康保护局（Health Protection Agency，HPA）发现英国的默西赛德郡（Merseyside）有7000名5岁以下的儿童没有接种全套麻疹疫苗。麻疹是MMR疫苗的第一个M（measles），而且1998年新闻广泛报道了一项MMR跟自闭症有关的主张后，疫苗的覆盖率就越来越低了。如今这项主张已被证实不足以采信，不过在美国依然有一派人士强烈支持原有说法，你可以上网搜索“疫苗与自闭症”（vaccine autism）来了解相关信息。

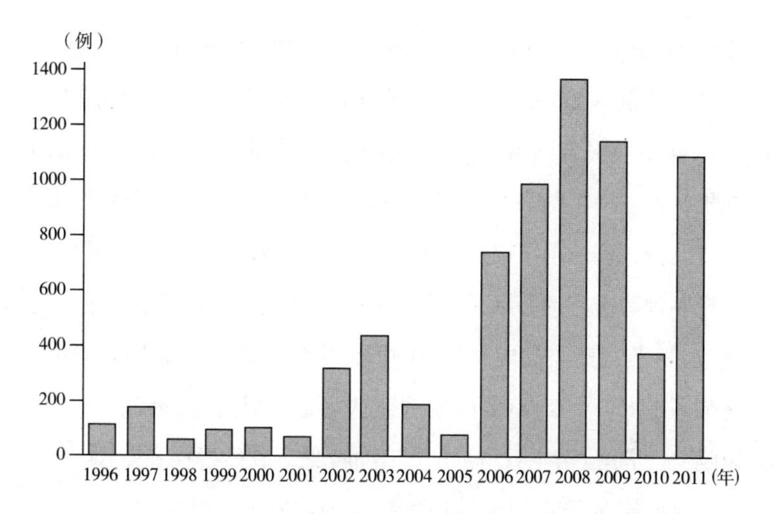

1996—2011年，麻疹在英格兰与威尔士发生的案例数

因此，没有做预防接种的风险很大吗？对，也不对。风险可能是零，也可能非常高。这是因为要看其他人怎么做，还有你怎么做。假如他们全都接受了接种，而你没有，你可能也会没事。假如他们也没有接种，那你可能就有麻烦了。风险是变动且无法预测的，我们都笼罩于其中，别人可能会传染给你，你也可能是风险携带者，因为你也可能会将病菌传染给别人。

因此，即使我们一直保持同样的行为，也可能造成极端的风险差异，要看其他人的做法。这样一来你就不可能计算出个体面对风险时可信赖的风险数据。群体免疫失效对所有人都会造成极大的风险，不过当下意味着什么，也没办法说得准。你可能没事，但假如你处于一个群体免疫失效的团体之中呢？那你就可能会丧命，那么这个风险究竟有多大呢？

不可否认，预防接种会产生不良反应。英国药监机构（UK

Medicine and Health Regulatory Agency，MHRA）公布的有害事件报告，从至少400万剂“Cervarix”HPV预防疫苗收集相关信息[10]，其中4445份报告列出了9673种反应。这些都是用户自愿传回的报告，回馈率粗估每1000剂会得到1份回馈报告，这样的比例是有点儿低，但还是可以从其中看出不良反应的严重程度。美国疾病控制预防中心的警示是，每两件案例中会有一件轻度至中度的反应[11]。英国药监机构大部分的回馈报告都说是轻度影响，比如疼痛或起疹子，2000多件案例被认为是注射过程造成的“心理影响”，而非疫苗本身造成的，比如晕眩、视线模糊和盗汗。

这些罕见严重的事件虽然在接种后发生，但其实是存在争议的，毕竟有可能是因为疫苗，也有可能是其他原因造成的。英国药监机构列出了1000余份不承认与接种HPV疫苗有关的报告，其中包括4个慢性疲劳症候群案例。假设一群12—13岁的女孩参与这个方案，英国药监机构评估，在无视预防接种的情况下，预期将看到100例新的慢性疲劳症候群在此期间产生，所以值得注意的是出现此状况的回馈报告是多么稀少。不过这些家庭将确信，接种疫苗就是造成他家小孩出现此状况的主因，毕竟这是他们可以用来责难的靶子。

真正的问题在于注射疫苗时只要有任何事情干预其中，都有可能有坏事发生，但其实这本来纯属巧合。举例来说，在2009年9月，《每日邮报》（*Daily Mail*）的头条新闻宣称：“有位14岁的女学生在注射HPV疫苗后死亡。”[12]并且引述了校长的说法：“在此期间，有件不幸的事情发生，一位女孩在接受预防接种后产生了非常罕见却极为严重的不良反应。”三天后才有人披露事实，其实这女孩早已罹患了癌症，而这起死亡事件只是巧合罢了[13]。不过这个澄清没有上头条，而这起悲剧便在网络上不断被转载用来证明HPV预防疫苗的危险性。

有时候报道内容确实是真的。这里举一个1976年发生的经典案例。当时有一项新的猪流感应变方案在新泽西的迪克斯堡认证通过。1918年猪流感不断传染蔓延至全球，造成了数百万人死亡，产生了极大的恐慌，于是当局订购了大量的疫苗，4500万人能够因此幸免于难。

一年后，这个计划随即被舍弃了，有两个理由。第一个理由是，大约有50例吉兰－巴雷综合征（Guillain-Barré syndrome，一种令人逐渐瘫痪的慢性病，富兰克林·罗斯福所患的麻痹症就是这种病[14]）反馈回来，在这次预防接种中，总共证实有500例产生。这说明了每100万名接种疫苗的人之中，就有10多个人比一般人还要容易得吉兰－巴雷综合征[15]。最终导致25人死亡。

让这个计划停止的第二个理由是，传染病并没有蔓延到迪克斯堡以外的地方，这样看来扩大预防范围似乎没有任何益处。最后，有关当局负责此事的领导就被解雇了，但他仍然坚信预防接种计划是对的[16]。

不是所有的流行性疾病疫苗都有相同的风险。2009年英国猪流感爆发，在注射预防接种后6周，出现了9件吉兰－巴雷综合征确诊案例，但专家推断这都只是偶发单一事件罢了[17]。不过芬兰和瑞士则回馈了嗜睡症（也就是突然麻痹与昏睡）的比例提高了，尤其是儿童更为显著，这个问题仍然在调查当中。

随着接受麻疹－腮腺炎－风疹疫苗注射的冒险事迹不断被

传诵，要提出它与这些并发症关联性的反证就更加困难了。硫柳汞（thimerosal）是用来保存疫苗的防腐剂，含有水银。它长期以来一直被控诉会伤害儿童。疾病控制与预防中心宣称："并没有强而有力的证据证明它会造成伤害。"不过在1999年时也同意应该"减少或去除它在疫苗中的比例，以此作为预先警戒的措施"[18]。

官方的底线是预防接种的总体利益必须大于风险，忽略这件事会让大家暴露在高度可见的伤害之中。可贵的是他们看见了与未来潜在利益不同的东西，而我们永远无法证实那究竟是什么，不过看似对社会有"实质"帮助的感染传染病的风险，其实已经非常低了。

对于比较落后的发展中国家来说，又是另一个故事了。世界卫生组织的报告指出，这些国家每年依然有14万人死于麻疹，平均每4分钟死1人[19]。当我们回头看英国的状况时，麻疹早就是可预防的疾病了。因为预防接种早已大举入侵我们的生活，毕竟我们已经付出这类疾病造成一年260万人的死亡代价。要将麻疹完全根除现在成为可能，就像天花一样，尤其疫苗都储存在冰箱里，而不是储存在小男孩身上。

第 7 章

巧 合

雾，充斥着城市的街道，就像沉睡的毒蛇。雾，就像隐藏的鬼魅。雾，像小说，浓密、暗淡且隐秘。雾，像间谍，像谜，像窃贼。

18岁的诺姆在街上走着，他在昏暗中游移不定，沉浸在对父亲的思念中。两年前的这一天，他的父亲和往常一样，乘着心爱的小帆船“比尔”，从利名顿（Lymington）出发前往考斯（Cowes），结果连人带船和英国最美的西风一起消失了。诺姆多么渴望再次听到父亲倚老卖老、喋喋不休地讲他的航海经，就连大雾都像这段海上记忆的絮语。

当诺姆的思绪被潮湿灰暗的空气带回现实时，他的左脚踢到了一个柔软的东西。走路时，他一直在幻想听到一阵抱怨，这想象让他决定四下看看，于是他努力观察迷雾中那个人形物体——卧倒在公园的躺椅上，双脚伸到椅子外。诺姆跪着观察这个形体，确认是一位年长男性。细看之下，诺姆大吃一惊，这个人虽然如尸体般一动不动，但幸好还有呼吸。而这个人确实就是他的父亲，绝对错不了。

外头依然浓雾弥漫，在附近的咖啡厅喝了一杯恢复精神的热巧克力后，这位顶着一嘴胡须的男人慢慢揭开他那段了不起的故事。当时他突然失去了记忆，脑中一片空白，清醒的时候发现自己身在法国，只穿着短裤与凉鞋，没有任何身份证明。经过了一个月的流浪，他尽可能找零工做，避免被查验身份，他担心自己犯了什么错，比如恶意毒鱼之类的事情。后来，他偶遇一个刚流窜到巴黎的扒手集团来这里测试犯罪手气，看老天肯不肯赏他们一点儿饭吃。他就跟这群人一起回到了贝辛斯托克（Basingstock）。天公见怜，他回到自己的家乡后，慢慢回忆起那些失去的记忆。后来那些人欺骗、背叛、遗弃了他，所以他就在公园的板凳上睡觉。

"我想，"在和诺姆回家的公交车上，他试图分析这两年的困惑，"可能是因为我的彩票中奖带来太大的冲击了，我中了10万英镑。后来因为我对银行抱有愚蠢的偏见，所以选择把现金用超市的购物袋装起来带回家，但是我居然把钱落在63路公交车上了！从我在克拉克顿的孤儿院时开始，多年来一直为了金钱奔波，还被人威胁，失去了这么多钱让我难以承受。我坐船出海，那可怜、痛苦以及受伤的心灵轻易地选择了遗忘，遗忘所有的一切。"

"你永远不知道未来会发生什么事，父亲，"诺姆笑着说，"事情可能会有转机的，谁知道呢，有可能现在座位下面就有没被发现的好事啊！"

说罢诺姆便开玩笑地伸手往座位下探，结果下面确实有一个被遗弃的超市购物袋。这公交车多久没清扫了？他把袋子拿起来，想看看是哪个可耻的人随手到处乱丢的垃圾。一看吓一跳，里面竟然装着好几捆50英镑面额的钞票。

“我的天啊！”诺姆的父亲叫起来，“就是它！化成灰我也认得出这堆钞票！”

“打扰一下，两位先生。”后面传来一位女士的声音。他们转过身去，看见一位穿着黑色披肩的瘦小女士，诡异地盯着诺姆的父亲。

“我无法阻止自己不看你右耳上那个奇怪的胎记，而且当你提到克拉克顿的孤儿院时，我忍不住打了一个冷战。请原谅我这个老女人，我正在寻找一个人，我害怕这只是我自欺欺人罢了，但是，我确信……不，在我确定之前，请允许我再问一个问题：你是否曾经戴过一条上面挂着一个猫咪图案吊坠的银链子呢？”

“啊！”诺姆的父亲叫道，“我不是你说的那个人。我感受得到您的期盼，但我不是你寻找已久的儿子。”

那位老妇人脸色沉了下去。一个充满希望的线索，或许是有史以来最有希望的线索，却毫无帮助。

“不过我想我知道您要找的人是谁……”

她猛然抬起头来，露出微笑，希望之火又重新在她眼中点燃。她那脆弱的心可承受不起又一次打击了，这次她的梦想会成真吗？

“其实咱俩要找的是同一个人，我的老友，比尔，他是我最好的朋友，是我在孤儿院里认识的第一个人，我们的右耳都有一个胎记，就是这个巧合让我们相识的。他总是戴着一条银链子，跟你描述得一模一样。他在中年的时候，遭遇了许多严重的打击，几近崩溃。我印象中，他小时候是因为离家出走才会沦落到孤儿院的。不过，哎呀，我的记忆现在不太牢靠，我记不得他在哪，我只记得他那艘停在港口的船的标志。”

“像那个吗？”诺姆看着窗外，偶然间，他在逐渐散去的雾气中看到了什么，然后指着路边一间宁静且漂亮的房子门上的标志。

“我的天啊，就是那个！”诺姆的父亲大叫，一天中居然出现了两个了不起的巧合！

在这之后，诺姆和他父亲见证了赚人热泪且极为幸福的亲人重逢场面。比尔一看到他的母亲和老朋友，就一下子呆住了。此外，比尔旁边的看护是一位退休后仍然负起照顾他责任的婆婆，因为比尔右耳那块胎记，跟她儿子的胎记一模一样，就是她不得不送到克拉克顿孤儿院的那个孩子。显然，这位婆婆就是诺姆父亲的妈妈，也就是诺姆的祖母。正好在这一天，他们获悉，克拉克顿孤儿院因为缺少10万英镑的资金终于要关门了。以后那些将孩子送到孤儿院的母亲也许再也得不到她们孩子的消息了。

“奶奶，或许啊，”诺姆说，“这些东西能够帮得上忙。”说罢他就把那个购物袋拿了出来。

“你知道吗，”诺姆的父亲说，“这让我回忆起一件往事，有一次我在一个刮着九级大风的漆黑夜晚，航行在岬角附近。那时大海非常冷酷无情，整艘船被吹得都快要散架了……”

* * * * * *

有一天，米克骑行到了比利牛斯山（Pyrenees），他想在这里寄张明信片给好友亚兰。去邮局的路上，正巧遇到了亚兰，他正在度假，所以便直接把明信片交给他[1]，米克如是说：“唉，浪费了一张明信片。”

是不是很巧？对啊，真巧啊，与某人不期而遇还真是妙。好吧，假如你这样觉得的话。不过这到底有多令人吃惊呢？我们称这种情况为毛骨悚然、奇闻怪事或随便其他什么，但确实你觉得不太可能会遇到的某个人或事，就这样突然遇见了。这事一旦发生在米克身上后，他到处跟别人讲述这件事想必也不会太让人吃惊吧？每个人总在无预料的情况下遇到某事，只要在人们注意到这件事的时候，我们才会主观地使用一个词——“巧合”。

著名评论家、作家戴维·洛奇（David Lodge）在《小说的艺术》（*The Art of Fiction*）中说：“巧合，在现实人生中让我们觉得很惊讶，是因为我们没有预料到在那个地方会遇到那件事，不过在小说中，这明显是设计出来的。”[2]

假如这是事实，就能够用来解释我们身边发生的怪事。因为这一章所讲的全是巧合，而且是真实发生的事件。我们不期待这些事情发生在真实世界中……嗯，这的确不需要期待。毕竟这类事情可说是屡见不鲜，也许大部分不像诺姆在大雾中的贝辛斯托克经历到的一样神奇。因此我们有时会觉得小说里面的巧合读起来有些沉闷，就像戴维·洛奇所说的，因为我们在日常生活中早已见怪不怪了吗？从各方面来说，我们是否对巧合过于大惊小怪了呢？

本书作者戴维请大家在网上提供一些关于巧合的故事[3]，反应非常热烈，收到了数以千计的留言。所有故事看起来都令人难以置信，不太像真实发生的。不过假如这类难以置信的故事不可能经常发生，那不太可能发生的事情，真的会如你想象的那般不可能吗？

人类生来就很喜欢探究因果关系，这也是人类不断演化的原因，就跟我们会去研究接种疫苗后会有什么反应一样，而且我们也没有办法让自己不去探究事情发展的原因。“事出有因”是大部分人处理巧合事件的基本态度。所以假如这个巧合没有特定的原因，我们很容易就会觉得自己受骗了。如果巧合只是随机事件，那简直就跟我们的控制欲和追求意义的态度背道而驰了。

你不觉得那种“没想到会在这里遇到你”的巧合很固定吗？不是遇到你，就是遇到他，或是在别的地方，无所谓了。机会是无穷无尽的，所以干吗要大惊小怪呢？我们永远有足够的可能性来脑补像狄更斯小说情节那样独特的剧情，而且似乎也能自圆其说。有时候我们称这类巧合为艺术上的破格演出。但真的是这样吗？这只是当很多事情不断发生时，反映了某几个事实而已？当事情发生时，有些必然的奇怪巧合也会或多或少发生吧？

不过我们也不要用有色眼镜把因巧合而促成的浪漫面纱都掀开。大体上来说，到目前为止我们谈论的都是风险脆弱的黑暗面——意外、死亡、灾难、郁闷和厄运，不过巧合让我们知道生命中也是有光明面的。这就是巧合在这本讨论危险的书中占有一席之地的原因了，它是危险的反面：转机。

巧合究竟是怎么一回事呢？它的定义是“令人惊讶的事件并行，事件之间极具意义深长的关系，并且在事前没有明显的接触”[4]。“并行”可能就是几件事情在同一时间发生，例如，一对夫妻和他们的孩子已经37年没有联络了，突然在同一时间寄信给对方[5]。

大部分人都曾经有过一个在没有预料的情况下，在某地遇到某个熟人，跟他们产生了联系的故事，比如一对订婚的情侣，发现他们是在同一张产床上出生的[6]。在物体上也有类似情况：你在苏黎世买了一个二手相框，后来发现它的夹层里有一张30年前的剪报，上面居然刊登了你小时候的照片[7]；去葡萄牙度假时，发现租屋的衣架是你哥哥之前用过的[8]。

为何这些特别的事情总是层出不穷呢？是各种奇怪外力默默拉扯着我们吗？正如保罗·卡默勒（Paul Kammerer）的“连续性原理”（principle of seriality）所述：“中心思想是传统物理学的因果关系如影随形，宇宙中存在着一种第二基本定理，它倾向于某种统一性，是一种可以与万有引力相比较的吸引力。”[9]卡默勒说的“连续性”就是一种物理性的力量，不过他屏除了迷信与任何超自然力的说法，举例来说，就像是把梦境与未来相连一样。相较之下，精神分析学家卡尔·古斯塔夫·荣格（Carl Gustav Jung）则醉心于超自然现象，如心灵感应、集体无意识和超感观知觉（extra-sensory perception，或称第六感），并创造了“共时性”（synchronicity）这个名词来描述一种神秘的“因果关系联结法则”，它不只解释了物理上的巧合，也说明了不祥预感的成因。

其实可以用更通俗的方法来解释[10]。首先，某些隐藏的原因或是共同因素要事先存在，例如你们两个人可能都听别人说过比利牛斯山是个很棒的度假景点。心理学的研究报告已经证实了我们会对最近听到的字句有高度的知觉，并储存在无意识的记忆空间里，因此当我们从广播中听到一首歌的时候，即使没有刻意去回忆，还是会马上注意到自己曾经听过这首歌。而且我们当然只会注意在路上遇到熟人的巧合，而不是旅途中那些八竿子打不着的人，这种事情真的不用记住。很少有人会因为去比利牛斯山旅游的时候没遇到熟人，回来很开心地跟大家分享这件事情吧？

尽管如此，人们还是会找到巧合的怪异之处。让我们试着用其他方法让巧合合理化——让特别的事情变得寻常。戴维买了张彩票想碰碰运气，选了2、12、15、25、32和47号，当然没中奖。中奖号码是4、15、19、44、45和49号。

太特别了！

“哪里特别？”你问道。不就是没中奖吗？是的，不过你知道他选的号码跟中奖号码开出来后，这12个号码组合出现的概率是多少吗？这是吓死人的罕见组合，出现的概率是两兆分之一，跟连扔硬币48次都是人头的概率相同，是不是很了不起？

你才不会觉得了不起，但是你为什么觉得这没什么呢？你会说，因为乐透彩总得开出一组号码吧？戴维也总得挑一组号码买吧？这样的话，这两个号码不一样，又有什么了不起呢？这样说遗漏了一个重点。选这两组号码，或是任何两组号码的概率可说是近乎于零啊！跟其他号码出现的概率一样小。既然这个组合的事件发生了，那么其他组合必然也发生了。这个事件本身是无趣的，只有当我们赋予它意义时，对我们来说它才会是有趣的。不过数字本身才不会在意我们要强加什么意义在它身上呢。那些数字只是所有数字组合中的一组而已。不过，我们可以把话题再次拉回来：假如每组数字都是同样不可能发生呢？

因此这纯粹是通过人们给予这周乐透号码一个意义来形成的可预见的问题罢了。这个可能性，或者不可能性，对所有组合与结果来说都是一样的。

英国乐透彩中头奖的概率大约是一千四百万分之一。唯一增加你中奖概率的办法就是尽量挑选别人没选到的号码组合，这样就不容易出现你跟别人分享奖金的问题。而且，我们知道很多人都会用自己的生日作为挑选号码的依据，那我们就可以避开31以前的数字（没人会在每个月的32日出生吧）。

类似情况同样适用于解释巧合。精确地预测巧合的出现几乎是不可能的事情。不过事后会想，那些巧合为什么会出现呢？哪些事件的组合发生是不可避免的呢？但事情就是会发生。也许并不是在比利牛斯山遇到朋友，而是在阿尔卑斯山；也许不是遇到朋友，而是遇到亲戚；也许不是去寄明信片，而是想要找他们一起去吃早餐，又或者是哼着他们喜欢的歌；也可能不是走在路上，而是在酒吧；也许不是这个人，而是别人……有无数的潜在巧合，也可能有无数几乎错过的巧合发生。无论哪件事情发生了，都会成为一件让你印象深刻的事，也是我们茶余饭后想聊起的事。

巧合只是给你一个借口，好让你认为在拥有无尽可能性的庞大数字中，只有少数数字是有意义并能作为制定我们生活准则的依据。其实不是，那些事情只是刚好发生并引起我们注意而已，这不过是人类无聊的自负罢了。

有位旅客乘坐长途客车从利默里克（Limerick）到伦敦时，顺手带了一本《玫瑰的名字》来打发时间。车到站后，书还没看完就被落在车上了。三个月后，在回程的车上，他看到前排座位后面的口袋里居然有另一个版本的这本书插在里面。

只要一个简单的机会就能让奇异且直观的力量产生令人讶异

的并行，这种事发生的概率比我们想象的还要高，因为真正的随机事件也是群集的结果。就好像你把一篮子球丢到地上，它们自己不会排成一个有规律的图案，但是它们可能会慢慢群集在地上的某处。所以人们在随机行动时，有时候也会同时聚集在某个地方。你是否曾经观察过在地铁站等车的乘客都会聚集在一个车厢门口呢？

这种特点产生了大脑重整的结果。有个著名的案例是把23个人聚集到一间房里，想办法找出两个生日是同一天的人。我们认为，依靠吓人的直觉是最快找到这两人的方法。就像在足球比赛结束时，场上的23人（两队各11个球员加上1个裁判）必须跟每个人都握一次手，所以总共会握253次手（也就是说有253个可能的生日组合），因此这23个人有极多的组合。

当然，这就代表着在所有的足球比赛中，场上有两个人可能是同一天出生的。也许他们还会互相拥抱对方。而这只不过是生日罢了。现在，让我们思考一下这两个人会有多少共通点呢？

把所有的可能性都展开来看，再把两个熟人之间可能存在的共通点都想一想，或者是想想你跟某个陌生人可能存在的共通点。一旦你把所有可能性加起来，你就会开始怀疑伦敦地铁站每个座位上的人、在雾中瘫坐在公园板凳上的人、座位下那个被遗弃的超市购物袋跟你的潜在联结可说比宇宙中的星辰还要多。不知为何，有些事情你会察觉、会遇见，有些事情你遇到了，但却不知道自己遇到了。想想狄更斯总是从他无尽的人生事件中撷取有趣的故事情节这件事吧，在这些事件的背后体现了完美的现实主义。假如诺姆通过了狄更斯小说主人公的试镜（如果真有这种事情的话），唯一的理由就是他经历了一段非常了不起的巧合。否则，我们就会选择其他人的故事了。

对巧合最后的解释是“巨数法则”（law of truly large numbers）。有些人认为，任何发生概率看似不大的事情，只要时间够长，终将会发生。因此只要给它足够多的机会，即使概率再小也会发生。我们以某一人家的三个小孩为例，第一个小孩在某天出生了，第二个小孩在同一天出生的概率是三百六十五分之一，第三个小孩在同一天出生的概率也是三百六十五分之一，汇总起来他们三个在同一天出生的概率就是十三万五千分之一。这种情况非常罕见，不过英国有数以百万计的家庭拥有三名18岁以下的儿童，所以我们可以预测大约有八个家庭，他们的小孩在同一天出生的，而且每一年都会有新的案例出现，例如在英国，2008年1月29日[11]、2010年2月5日[12]和2010年10月7日[13]都曾发生过这样的例子，这还只是登记在案的数据而已。

假如记忆深处的巧合并没有在你身上发生，那才是真正奇怪的事，只不过这些事情很难长留你心。当你走过一个电话亭，电话突然响起，你接起来，发现这通电话确实是找你的[14]，你会很惊讶吗？

这些细节很容易让我们坐立不安。“你是说明信片吗？真想不到，在比利牛斯山？嗯，在任何地方都有可能。”不过很多其中的细节还有商量的余地，而且很多可能的事情就是会发生。只要想想在这个世界上你认识多少人就知道了，再想想你与这些人或多或少有一定的关联，比如念过同一所学校、是朋友的朋友，或是家人的朋友等。这中间有成千上万的可能。或许对待巧合的最好方法不是思考那些事情有多么罕见与特殊，而是我们错过了多少这种所谓的巧合。假如你会跟陌生人闲聊，那么可能会发现地铁里坐在你旁边的人，原来是你失散多年的兄弟，而你以前甚至不知道他的存在。巧合就是一种简单的提示，告诉我们自己生活在无尽的可能性之中。这样的想法让我们遇到事情时会更加处变不惊，也让这个世界更加美好。①

我们可能永远无法将巧合从小说那种明显的设计中解放出来，不过或许我们应该让它简单明了一些。唯一的问题是，假如我们失去了对巧合的惊奇感，我们是否也会失去了对这些故事的痴迷呢？

① 这里有些不错且公允的数学问题能够让你弄明白，多少人在什么情况下正好能够跟你搭在一起[15]。假设任何两个人都有C分之一的匹配机会，比如讨论同一天生日的概率时C就等于365。接下来，一个团体里面有N个人，如果他们的匹配概率是50%，N必须要落在$1.2\sqrt{C}$的附近。对于生日的匹配，大约是$1.2\sqrt{365}$，即23人，如文中所述。如果是95%的匹配概率，那么我们就得将这个数字增加近乎两倍，达到$2.5\sqrt{C}$。因此假如我们的N等于$2.5\sqrt{365}$，即有48个人，那很可能会有两个人的生日是同一天。

第 8 章

性

凯尔文日记，年龄：十九又四分之三岁。

起床，头痛。

凯丝在床上，还在赖床。“嗨，凯丝！”做爱。

看报纸，似乎有点熟悉。上周的报纸。

拉开窗帘，好天气。拉上窗帘。

床边桌下还有半罐时代啤酒，喝掉啤酒，做爱。

睡觉。

起床，饿了。

下午三点，找到袜子，去辛格先生那儿。

买了两人的饭：罐装弗赖本托斯即食牛排腰子馅儿饼、两根巧克力棒、时代啤酒。

吃巧克力棒，吃凯丝的巧克力棒，喝啤酒。

回家，嗨，凯丝。

把牛排腰子馅饼罐头放入烤箱。25分钟，等了很久，开始烤。

做爱（沙发）。

眯一下（沙发）。

起床。

奇怪的味道，刷牙，奇怪的味道还在。

想起罐头。将罐头拿出烤箱。

罐头非常大，而且又黑又红。在煮前忘记依照说明刺穿罐头。

刺穿罐头。咻咻声。罐头飞行速度很快。

罐头在空中乱飞。我闪。罐头撞上橱柜。凯丝没闪开，肩膀被到处乱飞乱弹的火热罐头击中。

罐头在地板上不停地旋转，直到嘶嘶声消失。

凯丝躺下，呻吟着。

看到内裤，红色，相当不错。

提议做爱。没有做爱。

拥挤的医院。

晚上十点，到家，没有凯丝。凯丝父母带走了凯丝，凯丝锁骨骨折。

吃罐头，还不赖。打电话给埃玛。

* * * * * *

老实说，什么能吸引你的目光？是十万分之五点六的数字还是厨房中的弗赖本托斯即食牛排腰子馅饼罐头？前者是2011年英国新增梅毒感染患者的比率，而后者就只是影像，一个对草率行为的比喻，却让人印象深刻。

危险的视觉影像总是比数字更形象具体，因为它们用声音、颜色、动作和暴力刺激着你的感官。它们还狡猾地倾斜了危险的呈现方式，让我们看到了后果，却常常忽略了它的概率。

这正是我们在探讨意外的章节时提到的后果和概率的分歧，那时诺姆对于梭鱼可能会咬掉他的“小鸡鸡”这件事念念不忘，虽然可能性不大，但如果发生了，这就是全部。对危险的想象通常也是一样，那是发生坏的“如果”栩栩如生的画面[①]，而不是一个可能性。滑雪从概率上来看，应该只是单纯的滑雪，既安全，又有乐趣。（我们可以这样说吗？）但我们更可能会描述一些恐怖的景象，比如一只脚打上了石膏，或是滑雪板的旋转和落下悬崖的雪。我们并没有“看到”概率（也就是“事情可能会怎样”），我们只“看到”了后果，这就是人们常说的，冒险的情景指的是事情发生的最坏情况。

广告商和政府都知道，当他们想左右人们的行为时，会说这是有风险的。他们在劝说我们购买比较安全的商品时，通常会播放最糟糕的“如果”影像。

英国关于性爱风险最有名的影像，是1987年艾滋病墓碑的广告：当烟雾散去后，出现一个像是山上炸落的岩石所刻制的墓碑，然后响起才华横溢的演员约翰·赫特（John Hurt）令人战栗的声音：

有一个现今已带给所有人威胁的危险，

① 视觉呈现数据的制作是一个例外，数字的图像化是引人注目的，可以参照戴维·麦肯德斯（David McCandless）的网站《美丽数据》（*Information is Beautiful*）。

这是一种致命的疾病，无药可救，

病毒通过与带原者的性爱行为传播，任何人都有可能得，不论男人或女人，

目前确认已经有小部分人感染，而且正在传播，

如果你忽视艾滋病，就有可能断送性命。

此外，在当时政府讲述其他危险的影片中，有一部是关于交通安全的，它采用了一把榔头砍进一个桃子的影像：

这有可能发生在任何地方、任何人身上，

平凡的街道上，

不注意的时候，

咔！榔头击中桃子。

还有一个关于犯罪风险的影片，是一只鬣狗在车子附近徘徊。这些都是非常生动且吓人的，也都是后果性的，不是可能性的。[①]但是，应该如何呈现一个千分之一或是其他概率的影像呢？这并不简单，也无法栩栩如生地展现。数字并不像桃子或人类一样可以“咔”的被血肉分离，或是像鬣狗那样咬人。相对来说，要表现一个最糟的“如果”是简单的，只需要一个受害者，接下来是对旁枝末节的辅助描写，就好像墓碑、鬣狗、桃子等对你的影响。回想一下，诺姆想象水库中梭鱼的牙齿和玻璃般眼睛

① 在国家数据馆（National Archives）中，你可以看到艾滋病的影片，如《桃子和榔头》（*Peach and Hammer*，1976年拍摄）和《鬣狗》（*Hyenas*）[1]。

时的无能为力，这种对后果的想象也向他展示了危险的概率。

这种个人的认知，比公共宣传影片和精选的影像效果还要好，你不这么认为吗？“这是我的亲身感受……”我们使用这些语言来增加自己的权威感。但是，权威和公正，不需要加以筛选吗？当然需要了。

就拿你进行了没有保护措施的性爱这件事来说，像凯尔文和凯丝一样，如果这件事没出什么错，你一方面会感到放松，另一方面也可能会觉得风险没有这么高。接触危险会产生一种效果，使人们觉得比较安全。“看吧，没问题的！”有一个说法是，罕见事件作为小样本是歪曲的，即坏的结果并不典型，比如二十年才会发生一次的事件，当你侥幸躲过了几次，你就会觉得从今往后将永远安然无恙，平安无事的机会是二十分之十九，也就是95%。

事实上你不应该仅凭一次经验去推测所有事情的真实概率，但你还是会根据选择过的大量经验去推测，这时你可能会低估发生意外的可能性。“做爱吧，不会有孩子的。”凯尔文可能会这样说，几次性爱之后，他“可能”还是没有孩子。所以当他需要支持时，他就会这么想，这种风险，他可以承受。

另一方面，一旦事情出错，人们便会高估事情再次出错的风险。例如50次不安全的性行为会导致性传播感染（Sexually Transmitted Infection，STI）发生，人们可能并不清楚这个概率，那么大致可以这样说，假设100个人各发生了5次性行为，大约有10个人会患性病。这10个人可能会说：“哎呀，我只做了5次，怎么会这样。”所以他们不觉得概率是危言耸听，而另外90

个人则可能认为危险几近于零:“反正没有发生在我身上。”

所以个人经验会导致误差。这再次说明,我们需要更有力的数据,而不是提高实际做爱的经验值。

性行为,就像其他有趣的活动一样,明显具有危险性:从怀孕(假设一位女性和一位男性发生性行为,她又不想怀孕的话)、潜在危险疾病、轻微的过敏、心脏病、倒塌的床所造成的创伤、精神受创(事后连一个电话也没有),到有可能在公共场所被逮到的尴尬。

让我们以没有保护措施的性行为为例。凯尔文每次浪漫的相遇以怀孕收场的概率是多少呢?出于显而易见的原因,这项研究很难在实验室里进行。新西兰有一项研究,只允许受试者一个月进行一次性行为,当然,退出率相当高。欧洲有一项研究,或许是最接近成功的,他们招募了782对年轻夫妻,这些人没有采用人工避孕方法,而是将每次性行为的数据详细记录下来(数字相当可观),直到有487对受孕①[2],每个女人的排卵期都由预测得来。

这项研究的底线是只有单一性行为的年轻夫妻,平均拥有二十分之一的怀孕机会。这里假设机会发生在随机的任意一天,就像你年轻时随时可能做的某件事一样。

---

① 预测受孕机会最简单的方式是只考虑月经周期,在每个周期中进行一次性行为,观察后发现最有可能受孕的日期是排卵日的前三天,有二十九分之八(29%)的性行为会导致怀孕,但这只是在三分之一的月经周期中有性行为,所以以一个更复杂的数学模型来计算全部数据发现,受孕的高峰期是排卵日的前两天,约有25%的概率,这个数据与之前的预测相似。在整个周期中,要完全地避开这个高峰,平均受孕概率是5%。

人们称研究人口变化的人为“人类学家”，人类学家用“受精率”来表示在一个月经周期怀孕的概率。一般而言，高收入国家的平均值是15%—30%，因每对夫妻的状况而异。

我们以计划要孩子的夫妻的平均性行为为例，每个月受精率为15%，即有85%的机会不怀孕，一年就有0.85×0.85×0.85……（总共乘12次），也就是大约14%的机会不会怀孕。经过一年的尝试后有100%减14%，即86%的怀孕机会。而希望怀孕的年轻夫妻在经过一年未避孕的尝试下，成功概率是90%，这与受精率18%的数据大致相同。

如果不避孕的话，受精率可以由大样本人口数预测出来，这种方法在欧洲现已不常使用。从法国1670—1803年10万个新生婴儿的登记记录，可以分析预测出每月平均23%的受精率[3]。

但是假设你真的不想怀孕，受精率会因不同的避孕方式减少了多少呢？一般来说这要在一年内采取较强烈的避孕方式才能得知，当然，强不强烈，得看你有多小心才行。避孕药、子宫内避孕器、皮下埋植和注射据说有99%的避孕效果，因此一年之后应该有少于1%的使用者会怀孕。男用避孕套在正确使用时，约有98%的避孕效果。带有杀精剂的子宫隔膜和宫颈帽有92%—96%的避孕效果，所以采用这种避孕方式在一年后仅有4%—8%的机会怀孕[4]。避孕产品的缺点通常由人自身导致，比如你在星期五晚上将小药丸丢进水沟里，或者忘记了、弄丢了，等等，避孕效果就会大打折扣。

有一种比较的方式，是考虑一个采用各种避孕方式的女

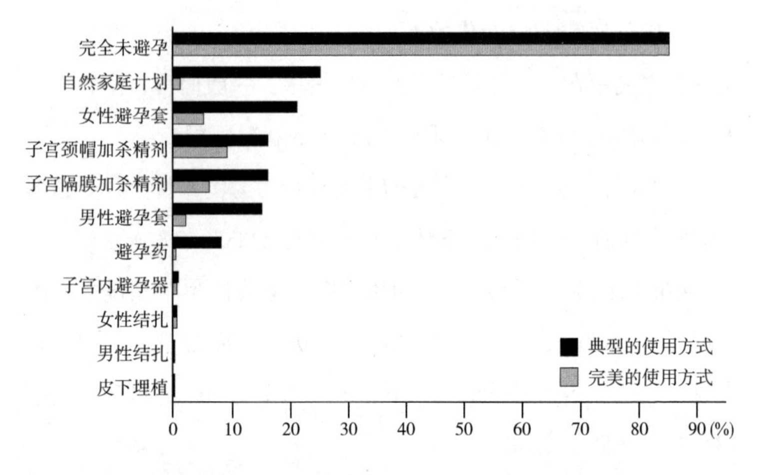

采用不同避孕方式的女性经过一年后怀孕的百分比 ①5

性，在无节制的性生活中，最终怀孕需要多久的时间？采取女性结扎方法的话，大概是200年吧？失败概率是每200个妇女每年会有一人次怀孕，即如果有200位女性尝试这种避孕方式一年，则预计其中有一位怀孕。皮下埋植避孕的怀孕失败概率太低，无法计算出准确数字，预测数字为2000个妇女每年会有一人次怀孕。

如果女性没有采取避孕措施，她们最终会拥有很多孩子。法

① 这里显示，先前已生过孩子的妇女采取子宫颈帽避孕法的怀孕概率应该是两倍，也就是说如果你已经有一个宝宝，子宫颈帽的效果就只有一半。而自然家庭计划的“完美使用”比率，是1%—9%的怀孕机会，依使用方式不同而有差异。而使用避孕套的失败概率的数字计算排除了使用杀精剂的方式。其他的数字，英国国家卫生与临床优化研究所（National Institute for Clinical Excellence，NICE）指出，皮下埋植的失败概率小于每五年每一百位妇女0.1的数字，甚至比我们这里所采用的数字更少，是NICE资料显示的效果最好的避孕方式。注意，这里并没有列出可能造成的不良反应。

国的数据显示，20世纪70年代，20—24岁结婚的女性平均有7个小孩；尼日尔（Niger）和乌干达（Uganda）的数据也差不多。总生育率（Total Fertility Rate）是如果终其一生维持目前的生育率，每一位女性预计拥有子女数的平均数字。英国花了200多年时间降低总生育率，从1970年的5.4降到2010年的1.9。与此同时，其他国家只用了一个世代的时间就达到类似的数字，如孟加拉国仅花了30年，就从1980年的6.4降到2010年的2.2。①还有一些国家，特别是东南亚的富裕国家，有着非常低的总生育率（新加坡只有1.1）；一些中欧的国家，例如捷克共和国是1.5，甚至低于人口更替所需要的数字。

对年轻的女孩来说，怀孕通常不是一件好事。1998年，英国有4.1万名15—17岁的女孩怀孕，即1000人中有47人，或是21人中有1人。想象一下学校会变成什么样子。英国政府决定在2010年达成将这个数字减半的目标，在2009年，数字已降到1000名女孩中有38人怀孕，成果虽然显著，却只是终极目标的一小部分罢了。然而地区间的数字有相当大的差异，温莎（Windsor）和梅登黑德（Maidenhead）的1000人中有15人，曼彻斯特（Manchester）有69人，就是说，每年每15位15—17岁的女孩中就有1人怀孕。而低学历地区和沿海城镇，传统上的比率都很高。大雅茅斯（Great Yarmouth）每年17人中有1人怀孕，黑池（Blackpool）是每16人中有1人[7]。

在这些怀孕的年轻女孩中，将近一半的人会去堕胎，但仍

① 汉斯·罗斯林（Hans Rosling）通过Gapminder软件生动地描述了这个趋势[6]。

有许多婴儿出生。在一份2001年发表的报告中[8]，英国每1000名15—19岁的女性中有30人分娩，列为欧洲最高；而在联合国列出的高收入国家中，只有美国每1000人中52人分娩超过这个数字。相较于韩国、日本、瑞士、荷兰以及瑞典等国家，这是颇令人震惊的，这些国家的青少年分娩率低于每1000人中7人的数字。

当然，我们也可以把这些危险的概率倒过来看，变成对那些计划要宝宝的人的希望，怀孕不总被描绘成一种风险，也是一件好事。

世界上有些难以启齿的疾病和传染病，如艾滋病、梅毒、淋病、衣原体感染、肝炎和其他性病，其中某些是致命的，某些是令人不悦的，这都可能由没有保护措施的性行为导致。不过有些性病即使在有保护措施的情况下，还是有可能传染给你的伴侣。时常进行男性与男性间的性行为以及注射毒品的青少年和非洲黑人、加勒比海黑人风险较高，他们持续不成比例地被感染，女性的风险高峰期是19—20岁，男性则会晚几年。

过去十年间被诊断出的各种性病，数字节节上升，部分原因是人们行为的改变，而绝大部分是因为我们通过筛选计划去检测了更多的人，并采用了更精确的检测方法。

下面两个曲线图揭示了丰富的人类行为和世界事件的联系：战争、观念转变、艾滋病和医学发现（全部通过性行为的风险表露出来），然后得出了结论［注意，青霉素（penicillin）不久之后便广泛地使用了］。

时至今日，你因为和一个受感染的人发生性行为而可能感染

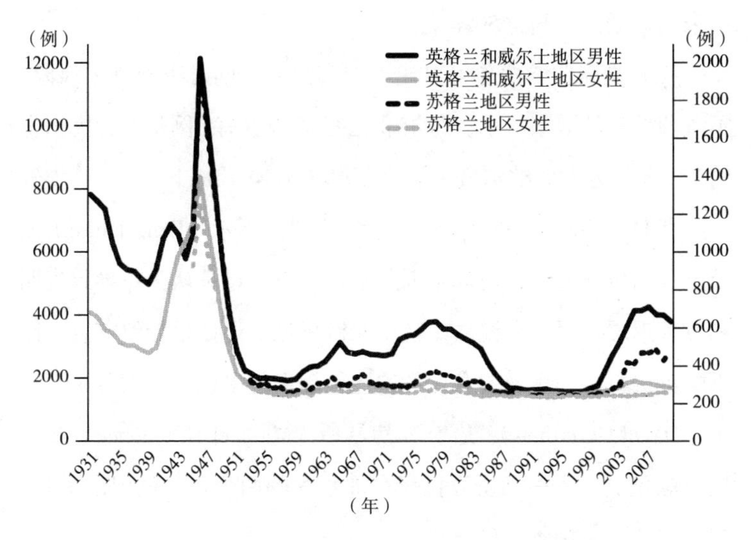

在英格兰和威尔士（左侧 Y 轴）及苏格兰（右侧 Y 轴）
诊断出男性和女性感染梅毒的历史数据

了疾病，这并不是医疗部门花很多精力想要了解的，它取决于你的家庭背景、父母有什么疾病以及你得了什么病。

简单地说，一位女性和男性在一起，她患艾滋病的风险约为0.1%（也就是说，如果她和100位感染艾滋病的男性发生性行为，她有十分之一的机会变成带原者）。而一位男性和女性在一起，他得病的机会是0.05%，或者说是每2000次事件中有一次感染。如果是男性和男性在一起，风险会上升到1.7%，还要看你是施予者还是接受者，不过，有太多的案例说明只要发生一次就足够了[9]。

再次强调，这些风险随不同因素而异，比如受感染者血液中病毒的强度。就淋病来说，它在异性情侣间感染的风险，所报告出来的数据几乎高达50%[10]。

我们要记住，性爱可以让人充满活力，同时也充满了风险。不久前估算的数字显示，每45例心脏病中就有1例是性行为引发的[11]，有些名人如纳尔逊·洛克菲勒（Nelson Rockefeller）、埃罗尔·弗林（Errol Flynn）、法国总统菲利·福尔（Felix Faure）以及至少两位教皇，据说都是因此逝世。自慰过去认为会导致失明和发育迟缓，对这个说法姑且持保留意见，但如果导致窒息，则不建议进行。因性爱窒息死亡的记录越来越多，比如大卫·卡拉丁（David Carradine）、迈克·赫琴斯（Michael Hutchence）和一位英国议员。有一项研究仅仅在加拿大的两个州，就记录了117起此类死亡案例[12]。

最后，性行为毫无疑问也能为我们带来快乐。凯尔文显然不是一个谨慎的性爱对象（参见前文弗赖本托斯罐头的暗喻）。不同的举动会使得性行为和风险变得复杂，凯尔文就有很多，而且他特别缺乏自我约束力（参见吃了凯丝巧克力棒那部分）。

这些行为的第一个目的是实现愿望，就好像只要希望愿望会成真，愿望就真的会成真，就像“一切都会没事”的态度一样。如果看到小孩说：“老爸，我可以开你的车吗？我不会撞坏的！”那还挺有趣的，不过若在大人身上看到就不怎么有趣了，而且这时常发生。让人不理解的是，我们知道自己的问题，却依然故我。就像在巴迪·德希瓦（Buddy DeSylva）的歌《愿望将成真》[电影《爱情事件》（*Love Affair*）插曲]唱道：“愿望将成真，只要继续许愿，希望就会出发。”而后这变成对著名的学术名词“理想的最终状态”（desired end-state）的偏见，你把风险

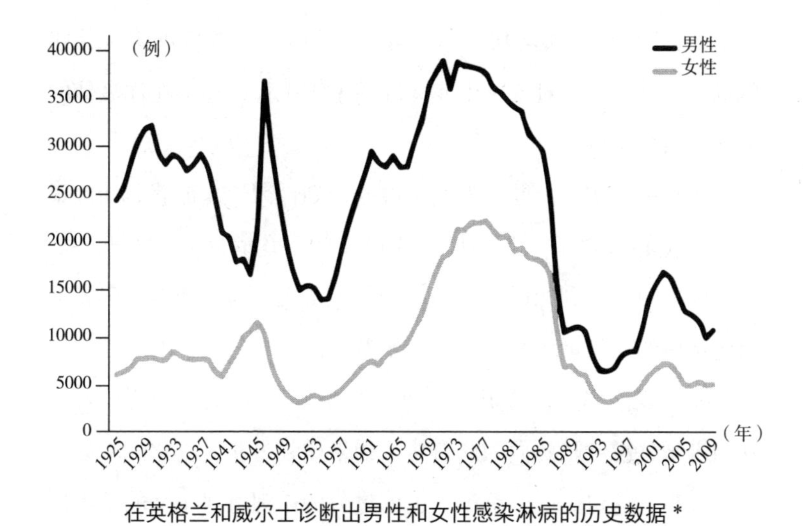

在英格兰和威尔士诊断出男性和女性感染淋病的历史数据 *

算得比较低，只是因为你希望它低，而且没有比这个更好的理由了。“你不会怀孕，一切都会没事的！”人们总是这样重复告诉自己，同样用这样的方式来降低离婚或是失业的风险，毕竟他们不想这些事发生。

我们可以称之为正面思考，但是请将下面的案例记在心里，它将“一切都会没事”的意义量化，成为有用的信息。在建筑业，项目评估师总是过分乐观，一个建筑方案能有什么东西出错呢？据我们所知，非常多！评估师当然也知道，但他们还是倾向于低估这些风险，低到财政部门要求他们进行正式的调整[13]。至于在发展新设备的成本投资上，即使你觉得已经将所有可能出错的部分考虑进去了，还是有可能需要增加10%，甚至是不可思议

---

* 来源：英国健康保护局，2012年。

的200%，所需时间增加10%—54%。即便是一栋标准建筑，账单也会增加24%。对于一个非标准的土木工程，还会在你最佳的预算上增加44%。

还有一个相关问题是人们常说的计划性谬误，最著名的例子是，37位心理学系学生预估完成论文的平均时间是33.9天，如果每件事都不顺利的话，最多可能是48.6天，在这个事件中，他们比预估的时间平均多出了一个星期。

据说我们都是“希望坚定的”支持者[14]，因为希望代表着更好的未来，也鼓励我们为此奋斗。如果这是事实，进化的幸运强化了乐观。这也是一个猜测。也许过分的乐观将凯尔文的基因散播得又远又广，那不是他想要的，他是乐观主义的错误范例。

另一个对过分乐观的解释是，你对自己的了解多于对他人的。当我们在缺乏行为统计时，遇到某个人突然遇到的风险，我们可能试着描绘一个典型的情况，却只得到一个粗糙可笑的画面。典型的例子是一个怀了孕又到处乱搞的人，她是谁？“这个嘛，她喝醉了，然后四处找人，她又不在乎，这是她自找的。”换句话说，当我们想到怀孕的风险时，我们不会想到统计的平均数，我们会倾向于想象一个极端的案例，然后再把自己跟这个例子对比，然后可能会说：“那是别人身上才会发生的事，我才不像他，所以我会没事的。”

这个故事带给我们什么样的启示呢？性具有强大的刺激力量，其风险往往会迷失在道德、希望甚至仅仅是图方便中，尤其是在我们讲给自己的故事里。

第 9 章

药　物

普登丝一口饮尽混有丁醇（butanol）、异戊醇（iso amyl alcohol）、已醇（hexanol）、苯乙醇（phenyl ethanol）、单宁酸（tannin）、苯甲醇（benzyl alcohol）、咖啡因（caffeine）、香叶醇（geraniol）、槲皮素（quercetin）、3-没食子酰表儿茶素（3-galloyl epicatchin）的鸡尾酒。

深褐色的液体在口中流动，以一种渴望、优雅的方式流进食道里。化学合成物渗透她的身体，散发出的温暖与镇静让她感到舒适。她深知效果如何，在短暂的生命中，早已依赖它们。她的眼皮垂下，靠回椅子，将空杯子放回桌上，平静地长叹一声。

“再来一点儿吗，小普？”诺姆问。

* * * * * *

在一个阴沉的下午，凯尔文从未感到如此阴郁、心烦意乱。所有的色彩消失了，从他身边抽离，从他路过的橱窗中消失。当他过马路时，混乱的交通让他头疼，疯狂的影像似乎将血液中的红色也过滤掉了。

除了痛，没有其他感觉。数小时前肩胛骨间开始出现的疼痛，随着他前进的每一步，由肋骨开始蔓延，就像穿着十吨重的铅背心一样。他想呻吟几声，来舒缓口中的金属味，失眠、嗜睡、恶心、脱水、烦躁、焦虑、流泪和筋疲力尽，现在，他需要用药来减轻痛苦，但药都吃完了。“现在”是他仅能考虑的事。

凯尔文将他所有的青春都用来及时行乐了。18岁时，他从迷幻药到可卡因无一不吸。在一个假日的狂欢舞会上，他凌晨5点做完爱后，一口气嗑了半克药。在那股狂热过后，他发现街灯都变得和平时不一样了，相当怪异。他很享受这种感觉，因此持续嗑药数年，直到心脏跳动异常、手脚抽筋疼痛后才收敛了一点儿。他停用了纯的、粉状摇头丸，改用其他东西抑制疼痛。疼痛使他更加依赖药物了。

他知道该去哪儿找药，只要6点带着钱到那里就行了。他到了，带着疼痛，流着汗闪进店里。被他称为“这男人”的人就在那里，他十分确定。每次都是同一个男子，穿相同的外套，在相同的地点。他们互相点了点头，那男人有货。凯尔文把现金递给他。

男人说着千篇一律的话，每次都是相同的嘲讽语气，他确信凯尔文会再度光临。“我要把重复处方单和收据放在袋子里吗，先生？”他说道。

“麻烦你了。”凯尔文回答，像个婴儿般摇着他的维柯汀（Vicodin）离开，还没走出药商视线之外就笨拙地将药片从袋子里倒出。

******

“你为何要吃那些药？”普登丝问。

“哦，好吧，你知道的……概率的平衡由风险认知加权……”诺姆说道。

“噢，我的老天！”她说道。

这次又是凯尔文唆使诺姆的，但诺姆的狂野想法也实在是无聊得可以。

“所以问题是如何以中度的目标风险体验危险。”诺姆说道。在经过反复琢磨选择后（例如如何把每个微死亡下的快乐最大化，等等），海洛因（Heroin，别名Horse）和摇头丸（Ecstasy）就成了最后的选项。

“你是认真的？”

“原则上，两者都有可能造成死亡，但重点是坚持在一个目标基准上进行实际计算。”

“真的吗？”

“当然，原本药物的取得是个问题，不过我在大心俱乐部（Big Lurrve Club）外认识了一个男人，他很多疑却很有用。他在史密斯药局拿了葡萄适（Lucozade）、海洛因和吸食器，还弄了个处方单给我。”

“然后呢？”

“你看到海洛因了吗？每350个使用者中就有1个严重不适的案例！很明显，从逻辑上来说，我用药过量而且乐不可支了。”诺姆说。

“所以你就得把串烧舞曲放得这么大声吗？”

* * * * * *

人们从有情绪开始，就不断服用能够改变情绪的东西。人们在欧洲新石器时代居址中发现了残留的罂粟皮。南美洲土著长久以来将古柯叶作为轻微兴奋剂，通过嚼食它来抑制疼痛。人类几乎将所有可食用的东西都发酵制成了酒。

药物有许多种，关于每种药物的风险与益处众说纷纭。在这个章节我们将在与风险有关的想法中选择最广泛、最难驾驭且最为多样的意见①，看看这些不同意见如何与数字一致。

关于鸦片的争论从未停息。鸦片在18、19世纪有不同的角色，它是令人振奋的，是药物也是魔鬼。一些作家将其浪漫化。塞缪尔·泰勒·柯勒律治（Samuel Taylor Coleridge）在写下《忽必烈汗》（*Kubla Khan*，1979年）诗篇前，就曾服用鸦片酊（laudanum，来自拉丁文的laudare，“赞扬”之意）—— 一种含有10%鸦片酊剂的药酒。他说：“构思……是由于服用2克鸦片带来的某种幻想而产生的，代价是痢疾。”这种行为直到被一位来自波洛克（Porlock）的人打断前，效果都还不错。

与之形成对比的是狄更斯（Charles Dickens）的著作，在《艾德温·德鲁德之谜》（*The Mystery of Edwin Drood*，1870年）中，约翰·贾斯帕（John Jasper）在肮脏的鸦片窟中醒来，旁边是流着口水的拉丝卡（Lascar），还有一个憔悴的女人和一个被神或魔鬼震撼的中国人。贾斯帕是一名唱诗班的指挥，但在狄更斯手中，鸦片使他堕落[2]。奥斯卡·王尔德（Oscar Wilde）在《道林·格雷的画像》（*The Picture of Dorian Gray*，1890年）中写道：“人可以在鸦片窟里出钱买到遗忘，在藏污纳垢之所疯狂

① 参考戴维·纳特（David Nutt）[1]的著作，你可读到对非法与合法药物不同观点的生动描述。

地犯下新的罪行，以此磨灭对旧罪行的回忆。”

商界和政界的态度也改变了，他们不再只是禁止或谴责①。药物生产从家庭手工业成为真正的工业，大约从1827年亨瑞奇·默克（Heinrich Merck）将吗啡商业化开始。他将吗啡从鸦片中萃取，奠定了默克（Merck）制药公司的基础。如今，英国与中国的贸易不平衡，是因为英国出口威士忌到中国；而19世纪的东印度公司，向中国运送的却是鸦片，因此还引发了两场战争。

海洛因，也被称为二乙酰吗啡（diamorphine），于1847年伦敦的圣玛丽医学院（St. Mary's Medical School）首次由吗啡中取得，于1897年经拜耳（Bayer）制药公司再次发现，并被当成非成瘾性止痛药与咳嗽药销售。同时，可卡因也由古柯叶中提炼出来，一款给儿童使用的产品甚至宣称："可卡因让牙痛停止——立即见效！"弗洛伊德是可卡因众多的推崇者之一，福尔摩斯也是，虽然这件事饱受华生医生的诟病：

> "今天是哪一个？"我询问道，"吗啡还是可卡因？"他疲倦地从刚翻开的陈旧黑体字卷宗中抬起眼皮。"可卡因，"他说道，"7%的溶剂，想试试看吗？""不想，真的不想。"我粗鲁地回答道。[3]

今日，现代的福尔摩斯代言人、医疗剧《豪斯医生》（*House*）

---

① 药物自由主义化的例子是2003年的许可法（Licensing Act），其中松绑了持有许可证场所的营业时间，英格兰与威尔士在2005年甚至许可某些场所持续营业（类似的改变在苏格兰于2006年实行）。

中的格瑞利·豪斯医生，像凯尔文一样使用甚至滥用维柯汀——一种止痛药与麻醉药。关于药物的讨论甚至可与政治家谈论战争媲美，浪漫和英雄主义与文明的终结并排而坐，在星辰间与贫民窟中。

我们可以比较下面两篇摘录的文稿，第一篇是一名男子在麻醉药品互助会中的口头证词，他的女儿和兄弟皆死于药物滥用。在这篇文章中，药物几乎生来就是毁灭人生的：

> 我爸爸总是使劲踢我妈妈，我和弟弟身上满是鲜血，所以我们藏在床底下，觉得安全时再爬出去。而我爸爸总是不停地说我不是个东西，然后他把所有的焦虑、问题和负面情绪施加到我身上。这使我变得非常偏执，对轻视我的人非常愤怒，然后学会了如何使用暴力以及混入人群中并且隐藏得很好。我8岁时开始用药，抢妓女的狄匹潘浓（一种止痛药）……20岁时人生就毁了，要在监狱待13年，而我不知道我在干吗，所以跟其他身份的人混在一起，还留了胡子。而我的母亲怎么说呢？她说："最好带点嗑海洛因的工具给他，然后把他干掉吧。"（大笑）

另一个来自亨特·汤普森（Hunter S. Thompson），这位药物上瘾者还是《赌城风情画》（*Fear and Loathing in Las Vegas*）的作者，他的写作方式带有新闻工作者的风格：

> 我喜欢在大街上吞着毒品看看会有什么事情发生，我

> 会重踩油门然后碰碰运气。就像坐上赛车一样，那一瞬间你用时速190公里进入转弯处，飞沙遍野，你会想："上帝啊，冲吧！"接着继续前进直到撞上东西，金属开始飞散。如果你身体足够好，可以自己爬出去，但有时候这一切会在急诊室结束，有些穿白大褂的混蛋会把你的头皮缝回去[4]。

这里又出现了从"致命的"到"获得生命肯定的"各种观点。对于正处于危险之中的事情的概念也与往常不同了。现在不仅只威胁到健康，还涉及人际关系、雇佣关系、犯罪、砍伐雨林和种植古柯树，但这些事情对吸食毒品的人来说实在太遥远了。

对许多人而言，药物滥用只会让他们联想到二手针头、肮脏以及电影《猜火车》（*Trainspotting*）中所提到的事。对另一些人而言，它和企业商标如影随形。某些成瘾药物，例如可卡因之类的止痛药在柜台就可取得；其他比如酒吧中的酒精则可能会变成你人生的好伙伴。凯瑟琳·坎普（Cathryn Kemp）说道："从前我认为药物成瘾者都是社会边缘人。他们有着凶狠的眼睛、光头并住在肮脏的地下室中。"这种想法直到她也成为其中的一员后改变了[5]。她开始成为合法的止痛剂——被我们称为"芬太尼"（Fentanyl）——的信徒，这种药配上一杯酒成为一天结束时放松心情的安慰，接着变成依赖，进而开始服用最大建议剂量的十倍，再后来成天只想着下一次用药、仅为了药物而活、对家人发怒，最后成为上瘾者，不得不经历极其残忍的戒断过程，所有一切都通过漂亮的包装以及完全合法的渠道由当地药局出售，跟凯尔文的"货源"很像。

《泰晤士报》(*The Times*)在2012年刊登了一篇题为《深陷镇静剂成瘾陷阱中的百万人丑闻》的报道，谈论道："即使镇静剂成瘾受害者的人数明显高于沉迷于非法药物的人数，但英国国民保健局却无力对那些受害者提供有意义的帮助。"因为镇静剂和止痛剂不像海洛因，并没有确凿的公众活动信息说明它会让人变成一摊烂泥。

那普登丝、诺姆与凯尔文算是使用者吗？他们和广大读者可能不同意你的说法。他们在危险的严重性上有区别。哪个最糟？含酒精饮料、止痛剂还是可卡因？普登丝所选择的提神茶（但并非正常贸易的茶，因此有些人说她的茶上瘾在社会上也是有害的）应该跟诺姆尝试摇头丸画上等号吗？而摇头丸对那些自认为只在余暇时使用，因而成功保住工作与和谐的人际关系的使用者而言，比一杯茶只危险一点儿而已吗？

知识改变了，信念不同了，商家的态度很普遍，而数字只是它其中的一部分。人们的危险感与个人经验、道德价值和个人偏好密切相关，还与社会规范，朋友间交往的规则，他们的收入、种族与年龄，以及社会整体有关。而规范有时是自由选择的，有时则不是，例如他们会因为社会压力而借助酒或药来强迫自己随波逐流。

通常违禁药使用者的第一道防线是，大家对酒精的态度证明了用药与伤害并没有绝对关系，非说二者有关这只是伪善者借题发挥罢了。在数十年间，尽管政府更常提及药物使用的危险，而最有可能产生危险与上瘾的两种药物（烟草和酒精）仍旧合法，即使是在20世纪80年代和90年代初期的英国，狂饮的情形越发严重时也没有改变。因此有人曾说："整个世代都学会了如何嘲笑与忽略政府对于这个主题的所有建议。"[6]而其他人也不总是以讽刺的语调讨论"可观的药物成瘾"问题，比如中产阶级使用阿片类药物的可待因（Codeine）来解决失眠问题这件事。毕竟，有什么是比一夜无眠更不幸的呢？但可待因的依赖症十分丑陋和危险。由此可知，法规的制定和我们的态度与风险以及危害程度有极大的关系。

尽管数据已经证实了一切，我们可能还是会说这一团乱中有少许部分在本质上是错的或是不合理的，虽然可能不那么诚实或自知就是了。最简单明了的是，危险仅是骇人听闻的复杂对话中的一部分。当药物使用成为生命中受重视的一部分或重点时，我们要如何说明药物使用的风险呢？因为这是权衡个人危害与社会危害的问题，有时我们的生活方式深受药物以及由它们所带来的犯罪问题的威胁，但有时你也可能会依赖它们，比如星期日中午在酒吧喝几杯或是观看赛马时抽根雪茄。额外一提的是，在如何将危害最小化的激烈争论上，大家会提出通过禁止、合法化或是与药物相关的答案，再经过一番争论，最后给你一张糊弄人的处方。

价值的问题总是让哲学家头痛。最主要的观点是，风险能够也应该可以落入同样的哲学范畴，因为价值传统和数据的力量相互抗衡却同等重要。关于违禁药物使用的争论是如此激烈，这几乎让所有认为数据就可解决问题的人感到惊讶。

或许这一连串令人头昏眼花、与信念情感等相关的测试，正是你响应诺姆的方式。当他忽略所有纯粹用数据展示的重要事物，直接往那最令人兴奋的世界迈进，这合不合法？他是这个星球上唯一理智的人吗？普登丝不这么认为。以他为例，他这种逻辑究竟是不是疯狂的呢？

人类学家玛丽・道格拉斯（Mary Douglas）对风险的主张有许多不同意见，她认为“不要这样做，有危险”是常见的狡诈社会控制手段。若行为冒犯到我们，不论是何原因，我们会警告大家说有不好的事会发生，并且称此为“风险”行为。她在调查工作中发现，有些部落的妇女曾被告知若对配偶不忠就会有极大的流产风险，这使得原本是自然状况的风险成了必须小心注意的道德利刃。这种风险很明显是虚构出来的，其真正的目的是社会性的，是一种对不忠的警告。在道格拉斯早年职业生涯中，她认为这些事只有原始人会做，现在已由科学取代。不久之后她指出，不论在哪个文化与年龄层中，人们全都会这么做。

但无论何时，当一个人寻求控制时，另一个人便会反击。亨特认为即使消耗更多的违禁药品都不会改变他的想法，因为其他人想阻止他的举动，反而让他更坚定地吞下它们。他对于药物的狂热描述听起来像是对大多数意见的对抗反击。他将前往拉斯维加斯的这段旅程描述成一种“扭曲”，这也成就了他的美国梦，众多的梦之一。

亨特不是你每天都得碰到的风险承担者。他提出抵抗控制最好的方法，就是维护你自己的控制权，即使失去控制也不放弃，你有没有感受到他的与众不同之处呢？违法事件跟风险承担者脱不了关系，至少对某些风险承担者来说是这样。不过，突破限制本身就是一件让人兴奋的事。

所以在任何量化的危险程度统计数据出现之前，我们需要一些灵活的提示，不同的人该适用积极或消极思考解读，应视其赞成程度，同时也必须了解他们附加在风险上的价值而非随他们的意愿而定。他们的行为会影响其他人。所以计算药物的风险是个人判断也是鲜明的社会争论，充斥着更多的价值取向与偏好，像统计数据、证据为基础的活动一样。

在此提醒，一旦社会学家、人类学家、心理学家和其他专家对你讲述上面的数据，你会觉得很需要它们，即便没人能够制定出妥善的政策，至少也会协助你坚定内心的想法。可是，那些数字在哪儿呢？

让我们关注一下镇静剂与可卡因那令人上瘾的特性在20世纪初期因使用不当造成犯罪行为这件事。犯罪行为的认定让预估药物所造成的危害等级变得十分困难，因为首先你需要知道是谁在使用它们。如果承认使用它会让你变成罪犯，你在一开始就会保持沉默。

当英国犯罪调查组织（British Crime Survey，BCS）在调查非法药物使用时，他们是保证匿名的[7]。响应者因此扩大到英格兰与威尔士的成人（16—59岁），预估他们3人中有1人在一生中曾使用过非法药物，而有大约9%的人在过去一年中曾经使用过。

约有3%，即100万人曾使用一级药品，如海洛因、吗啡、甲基安非他命、可卡因或强效可卡因、摇头丸和迷幻药。在16—24岁的年轻人中，约有20%在过去一年曾使用违禁药品，17%使用大麻，4.4%使用粉状可卡因，还有3.8%使用摇头丸，海洛因只有0.1%（1000人中有1个），可能因数字太小，所以很少有来自此类人群的完整回馈信息。与15年前的1996年相比，药物的整体使用有所下降，尤其使用大麻明显下降，但可卡因与美沙酮却增加了。男性使用者是女性的两倍，并不感到意外的是夜店与酒吧的客人与违禁药品之间是有关联的。

这些药品有何不妥？它们用错时确实具有危险性。曼彻斯特的专职医生哈罗德·希普曼（Harold Shipman），在1998年因以粗劣的手法伪造一名受害者遗嘱而被逮捕前，已在他的"谋杀"生涯中替200多名病人注射了致命剂量的二乙酰吗啡（即海洛因）。还有许多知名人士，不论是否故意，皆因使用药物不当而死亡，从贾尼丝·贾普林（Janis Joplin）到比利时的修女歌唱家珍妮·戴克（Jeanine Deckers）皆然。

但要弄清多少人因此而死并不容易。一般而言，即使药物并非唯一致死原因，若死亡证明提及药物，就表示这起死亡事件会计入与药物有关的官方死亡数据中[8]。2010年在英格兰与威尔士共有1784起死亡事件肇因于非法药物的不当使用（其中不包含酒精中毒），与上一年相比有小幅下降，却是1993年的两倍。

男性用药的高峰是30—40岁，共有544起死亡案例。每年约150微死亡，大约一周3微死亡，高于该年龄组的平均数，成员从瘾君子到教区牧师。海洛因与吗啡几乎占一半（791名），可卡因与144起死亡事件有关，安非他命56起。在2001—2008年，与摇头丸相关的死亡事件从平均约为50起下降到只有8起。

我们采用英国犯罪调查组织的估计数值，可以得到年度风险的粗略概念，并以微死亡来描述不同药物使用者。从2003—2007年[9]，可卡因与强效可卡因每年平均涉及169起死亡事件，所以预估有79.3万名使用者处于一年平均213微死亡的风险中，约平均一周4起。

摇头丸有54.1万名使用者，每年约为91微死亡，即平均约一周两起。2003年的摇头丸市场约为4.6吨[10]，大约1400万片，或是每个使用者平均使用大约26片。这可换算为每片大约3.5微死亡。

大麻较少直接导致死亡，但大约有280万使用者面临每年平均16起与此相关的死亡事件，即每年6微死亡。

但这些与一年平均766起与海洛因相关的死亡事件相比，可说是微不足道的。海洛因每年造成19700微死亡的结果（一天54起），好比每天骑563公里的摩托车，或是每天处于大麻一年风险的7倍之中。不过这个看起来相当高的数字，是依据英国犯罪调查组织的使用者数字来估算的，所以是一个被高估的风险。

除了死亡以外还有许多危害。例如，大麻吸食者发生精神病类疾病的概率，是非吸食者的2.6倍以上[11]。海洛因注射者可能会通过非无菌针头染上艾滋病或肝炎。他们可能有脓疮，因污染物而受感染，除了依赖和戒断的风险外，也不要忘了鸦片在排便上造成的不良影响：

约翰·莫迪玛（John Mortimer）（致其父亲）：您曾吸食鸦片吗？

他父亲说：当然没有！那只会让你便秘而已。你看过那个流氓柯尔律治的照片吗？嘴巴周围一片绿，他一定跟厕所不熟。[出自《我的父亲》（*A Voyage Round my Father*）]

毒品的潜在影响从“恶胆”、暴力，到倒下的雨林泛起层层涟漪。这是一种在危害间进行比较的另一种方法，对不同人有不同意义。这真的能做到吗？曾有人尝试比较过，现在就让我们用该方法试试看，包括在每一种药物上放置单一、概要、令人作呕的数字。最近一项研究观察不同药物的危害，包括合法的酒精与烟草，在这些影响中加入死亡率、对身体和精神健康的损害和依赖以及资源的损失，还有对社会的危害，比如伤及他人、损害环境、造成家庭窘境（危及家人关系）、国际性损害（破坏热带雨林）、造成经济与社群的影响[12]。每种药物在每个方面皆有计分，不同的危害则根据它们受批判的程度加权，并计算总危害分数。配合其他指标，哪些单一要素该混合或加权皆可讨论。

研究得出的排名是，酒精在最上方，计72分；然后是海洛因与强效可卡因，分别是55与54分；烟草第6，计26分；尽管摇头丸在英国是一级药物，却只有9分，几乎位列清单之末。我们可以说，这排名是有争议的。

非法药物与有益身心健康的活动相比所引起的争议甚至超过它与合法药物的比较。戴维·纳特教授，当时是滥用药物顾问委员会（Advisory Council for the Misuse of Drugs，ACMD）的主席，他有篇论文专门比较服用摇头丸与“马毒”（equasy），也就是骑马上瘾。他宣称二者都是年轻人自愿的休闲活动，也都具有一定的危险性[13]。他并未担任该委员会主席太久，不是因为他那些荒谬的数字。它们并不荒谬，但如果要我们自行重复类似的论述则有风险，甚至说要把他论述中探讨的这两种伤害的威胁提出来再讨论也具有风险。他的政党上司似乎认为将骑马与药物并列并非好的政见。

纳特教授指出，“马毒”的危险是他由一名30岁出头的女性在其转诊时得知的。这名女性因为“马毒”脑部受到永久损伤，导致出现人格严重改变、焦虑、心烦躁郁等冲动行为，导致不良性关系和意外怀孕。她失去了体验乐趣的能力，并不太可能重返工作岗位。他写道：

> “马毒”是什么？是会产生肾上腺素和内啡肽的一种成瘾行为，在英国数以百万计的人身上发生，包含儿童与青年。而且有严重的后遗症——一年约有10人因此而死，并有更多人像我的病人一样产生了永久性的神经损伤。估计每350个人之中就有一人会遭到严重的不良后果，且无法预测，在承受较多风险的、有经验的使用者身上更有可能出现。它还与每年100多起交通事故有关……成瘾，已被定义为“需要持续使用”，成为法院认定的离婚协议中的支持离婚的部分理由。根据这些危害，滥用药物顾问委员会很有可能建议将其归入药物不当使用法案进行控制，有鉴于其危害似乎比摇头丸更大，我们或许会将其归入一级药物。[14]

他得到的结论是，对相关药物的危害进行更理性的评估是有可能的，但在讨论药物问题时应在不考虑社会中其他危害成因的情形下进行，这可给予药物一种更与众不同、令人担忧的地位。

这地位是否是药物所应得的？若我们认同的话，就需要解释原因，不用说，这是因为药物对我们的伤害比其他东西大，毕竟单单就药物的危害而言就不是我们所能承受的，更别说是可量化的风险了。

最后有一个来自华生医生的警告，他在《四签名》（*The Sign of Four*）一书中，目睹了好友福尔摩斯沉迷于（当时完全合法）药物的境况：

> “但你要想想！”我真诚地说，“衡量一下你的代价！正如你所说的，你的大脑啊，可能会因此觉醒并且感到兴奋，不过这是一种病理学的病态程序，这牵涉到了身体组织的变异，而且会留下永久的缺陷。你也很清楚，你马上就会眼前一片漆黑。这游戏不值得让你付出一辈子依靠烛火生活的代价。为何你要这样做，仅仅为了那一闪即逝的愉悦感吗？如果风险是让你赔上与生俱来的强大力量，这样值得吗？”

第 10 章

重大灾难

凯尔文沿着陡峭的小路飞驰而下，在一扇门前停下来，敲敲门。诺姆紧随其后。有些不赞同凯尔文的人对他的评价很低，觉得他心术不正。他认为所谓气候恶化只是那些古怪的环保主义人士控制别人的理由罢了。激进分子都是控制狂，绿色和平组织不过是图雷特氏综合征（又称抽动症）患者罢了。至于关于北极熊的问题……只是用来勒索那些穿皮草的人而已。

“鲸鱼本来就应该妥善利用，”凯尔文说，“为什么不呢？我们需要肥皂啊。”

他俩通过毛玻璃往里看，模模糊糊看到一位穿着宽松裙子的女士。她摇摇晃晃地走到门口，先拉上门闩，将门半开，带着警惕的微笑，留着灰色的“鲍勃头”，差不多60岁左右。

这是他和诺姆人生中的第一份工作，许多人的第一份工作可能都是令人绝望的烂工作，他们也不例外：打着让世界变得更好的旗号，在郊外的小区挨家挨户想尽办法拉着永远不会成功的生意。

诺姆不客气地说，大部分人都接受了气候恶化由人为造成的观点，凯尔文应该反思一下公司对他进行洗脑的说法。不过凯尔文说这只不过表现出人们都是智慧很高的，从他们的想法就可以证明这一点。

“您好，我是波先生，”凯尔文一边说一边把手往门里伸，“这是我的同事，埃德加先生。”

“有事吗？”

“我们代表伦敦动物园。”

“喔？”

“您昨晚看电视了吗？”

“什么节目？”

“关于动物园那个，讲企鹅的。”

“我昨天看的是英国广播公司（BBC）的节目，是《东区人》（*EastEnders*）。”

“哦好，您最好也听我讲讲关于企鹅的事。”

“嗯……我不知道。企鹅怎么了？”

“动物园要歇业了。”

“歇业？”

“这就是我们为什么出现在这儿的原因。要关门歇业了，企鹅的生存气候、栖息地受影响了。都市的热气跑进了摄政公园（Regent’s Park），你懂的。”

“对哦，那之后怎么办？”

“请少安毋躁。这就是我们希望您能够提供帮助的地方，也就是我们恳请您的事。”

“帮忙是吧，我懂了。”

“您是我遇到过的最善解人意的人了，”凯尔文说，他身体往前，像牧师对待穷人般握住她的手，“您家后院有一个很棒的花园，地基很高，不会积水对吧。”

“对。”她边说边让他们进门。

“就是这里，这花园真的很棒，对吧？”

“嗯，我喜欢这个花园。”

“非常完美，我会帮你登记下来：两只。”

“两只？”

“明天早上。”

“不好意思，我没有要买……”

“不、不，是免费的，完全免费，您只要提供地方就行，您真是太慷慨大方了。”

“咦？我并没有……”

“不用担心，企鹅需要的所有东西我们都会准备好。大概8点到好吗？”

“呃，不用……”

“送两只企鹅到17号来，埃德加先生。”

“这里一定有什么误会，不好意思……”

“这里有很多阴凉。”凯尔文说完后便转身，“而且它们喜欢吃木斯里[1]。”

“我自己都吃玉米片呢。”

“玉米片也可以。不过别给它们吃太多，不然它们会变胖。

---

① 木斯里（muesli），又叫什锦早餐，是指以生麦片、水果和坚果为主的一种早餐。

埃德加先生，快，我们还有64只要处理。——您人真的太好了，企鹅在这里一定会过得很开心。”

说完他便走人了。

“不！你不能这样……”老太太在后面喊道。

凯尔文沿着斜坡往上走，诺姆小跑跟在后面。

“真的不行。不能这样……喂！”

两人飞也似的走着。

“喂！那个……停下来啊！”

他俩头也不回地跑掉了。

* * * * * *

同一天早晨8点39分，卡塔利娜天空勘察计划（Catalina Sky Survey）的成员理查德·科瓦斯基（Richard Kowalski）在亚利桑那州的图森（Tucson）附近，用莱蒙山山顶的1.5米天文望远镜进行观测。

他有点困惑，近地天体SO43的轨迹跟他预期的似乎不太一样，可能是什么地方弄错了。他发电子邮件给马萨诸塞州的微型行星中心，想问问他们是否有兴趣确认一下这些数据。

* * * * * *

用企鹅要弄一位年长女性跟气候变迁这类重大风险有关系吗？有很多。[①]不过在探究这个问题之前，我们得先抛开对这些风险的固有看法。因此，先忘记所有你原本对气候变迁所抱持的

① 重大风险是指对人们影响巨大的事情，比如气候变迁、新型疾病、自然灾害之类的事情。

想法，接受我们的说法，当风险来临时，采取极端的看法：从没什么好担心的，到跟我们平常所想的这就是生命的终结。全球变暖是否是一场骗局呢？或者我们马上就要被烤熟了呢？大家都不会同意这个看法。①

一派人士认为绝大部分科学家研究气候变迁时，认为人类对地球温度确实正在逐渐上升负有责任，这是很严重的事情。他们认为怀疑论者是错误的，认为他们是阴谋论者、疯子，不然就是收了谁的钱才说这种话，等等。

那些怀疑论者，也对这些现象做出回应，最终还是回归相互谩骂。他们说大多数合格、有能力且诚实的科学家认为人类造成的气候变迁就是让空气变热而已，其他的说法都充满了阴谋论，都是疯子，不然就是收了谁的钱才说这种话，等等。

他们讨论的是这个议题中最基本的问题：地球是否变得越来越热了呢？忘掉人们是否对这件事负有责任，或是我们需要做什么事情来补救吧，只要思考这个最简单、可量化的细节就是，这个世界是否越来越热了呢？但还是有人不同意，他们认为真正的科学站在对立的另一面。

这并不是说气候变迁全都是主张的问题而已，而是表现出对于危险的不同主张怎样在同样的证据下发挥良好的作用。因此，

---

① "大家对气候威胁的信念呈直线下降，英国的统计数据可以证明这件事，"《卫报》（*The Guardian*）报道："31%的人说气候变迁是'注定'发生的，29%的人说'看起来可能会成真'，还有31%的人说太过夸大了，这个选项跟去年相比增加了50%。只有6%的人说气候变迁不可能发生，还有3%的人说他们对此一无所知。"[1]大约一年后，又称"大众普遍相信气候变迁会造成更多暴风的产生"，只有14%的人认为"全球变暖不会造成任何威胁"。

在大家都认为证据是至关重要的争论之中——而证据其实就是最基本的科学真相时——是什么驱使着持某种看法的人去谈论他们应该怎么做呢?

答案是微不足道且显而易见的:每个人都有自己的偏见。人们只看他们想看的,科学真相也一样。不过有个更有趣的答案始于一件事实,就是我们看待重大风险,比如气候变迁等事情时,通常很少依据事实,而是依据“我们是谁”。凯尔文的政治倾向、对自由的热爱、对政府的怒气、对冒险的喜爱与冲动,甚至是对守旧老派的郊区居民的憎恶,并不是出于巧合才与他对气候变迁的信念相符,而是因为这一切都是通过其信念延伸出来的。他们还会奚落被与他们对立的一伙人“欺骗”的那些人。这就是我们对于重大风险的真实看法,而这常常是被我们的政治策略与行为诱导出来的,即使我们坚持建立在我们信念上的基石是科学与客观的、不掺杂个人色彩也一样。更有甚者,还会发誓自己相信自己所相信的,因为那全是真实的,不然为何要这样做?至少这是我们告诉自己的故事。每个人都会被个人或政治上的包袱所左右,我们传播的故事就是关于他们的愚蠢和衰败的。

这不只是我们不喜欢或是不赞同的那一伙人提供的线索,这些东西似乎也告诉了我们另一阵营在政治上的伪装。这就是为何凯尔文会对那名年长女士如此无礼的原因:如果她愿意相信那些关于企鹅的屁话,那她可能就是一个环保主义者。

我们在毒品那章已经提过,价值观能够控制人们的危机感。气候也一样,不过证明它的价值是比较困难的事情,少有人愿意承认他们对气候变迁的危险性观点,他们甚至连世界越来越热这种铁一般的事实都不愿承认，这些都是出于他们政治上的伪装。

这里是要告诉你这个过程是如何运作的。气候是一个非常庞大复杂的系统，你几乎不可能知道它下一刻如何变化。说服他人可能会发生什么变化，有可能；要确定答案，不可能。而最小限度的怀疑就能创造出异议的空间，这时就能偷偷混入自己的价值观。要知道实际的运作方式，就让我们先快速离题一下，用工程学上的微观尺度，即人们熟知的纳米科技——“灰蛊”（grey goo）的概念来举例吧。你对纳米科技的了解有多深？假如你跟本书两位作者差不多的话，那就是不太了解：只知道一些谣言、一些神秘和大略的东西，仅此而已。

下一个问题是，你对于纳米科技有什么感受？假如你跟大部分思考这个问题的人一样，尽管一点事实根据都没有，还是可能拥有一些观点，也许是“兴奋”，或者是“焦虑”。你甚至可能会依照自己的想法做出推测。把这本书当成自己写的，多讲一些，想略过某些东西不谈也可以，说你想说的吧。大部分的人都能够做些延伸。因为我们就是通过这些模糊的已知事实来形塑最初的主张的。

耶鲁大学教授丹·卡亨（Dan Kahan）是“文化认知计划”（Cultural Cognition Project）的项目负责人，研究人们如何形成对于风险的主张[2]。他为我们讲了一个故事，2006年，他们大学提议要建设一个纳米科技研究设施，而加州伯克利官方的反应如下：

> 他们以前从来没听过纳米科技……这个城市主管有害

废物的官员立刻着手进行调查……“我们用抛出一大堆问题作为开场：‘纳米微粒是什么鬼东西？’”监管机构很快就能从中学到东西，但只是皮毛而已：“纳米科技能够冲击人类的健康问题。”这个城市的环境顾问委员会（Environmental Advisory Commission）的报告指出：“这是一种非常复杂，尚在起步阶段的技术。”尽管如此，他们担忧的是纳米微粒可能会“渗入皮肤与肺部”，并且可能会“阻挡或妨碍人类细胞必要的反应”，政府方面依序预先做出了诸如此类的推断。[3]

在几乎一无所知的状态下，这个城市的监督机构依然能够对于风险形成一种看法。直到出现任何其他的线索之前，他可以直接做出这有风险的决断；另一方面，只要出现其他合理的线索，他也可以做出这是安全的决断。因此，是什么关键因素让他下定决心呢？卡亨说，这无关证据，他们并没有充足的资料，也没有任何说法证实纳米微粒是危险或是安全的。决定的因素在于他们的文化倾向。

很可笑吧？无论人们对风险一开始的直觉是什么，更多的信息只会让他们更加确信自己是正确的。卡亨与他的项目继续对1800名美国人提出关于纳米科技的问题，发现无论赞成或反对，都是发自内心的情绪反应，他们知道得越多，就越坚持自己原本的想法，他们说的“除非证据确凿，否则……”常常只是在他人面前的伪装罢了，而且他们的内心可能已经把门关上了，却又说自己可以接纳外界的意见，结果根本不会听从真相，只会被对他们来说更重要的文化态度牵着鼻子走。

卡亨的研究团队表示，人们倾向于“用一种确认符合他们情感与文化习性的态度”来吸收新知识。换句话说，在最开始他们会将事实过滤，让事实符合他们的信念与直觉。信念无法轻易跟着事实走，但它会决定什么是事实。因此与其问纳米科技是否危险，不如问：“你对纳米科技有什么想法？”

有时候人们说他们只是不知道怎么去思考罢了，问题太复杂了，所以我们转向求助专家。不过我们仍然在探索（谁会去思考这件事呢？），大部分专家所给的答案依然不能脱离我们的生活方式和政治倾向，而且我们还会依此判断他们是否专业。假如你是一个大胡子嬉皮士，而我是一个穿着西装、留着整齐短发的人，无论你的能力或想法如何，我都不太可能对你有太好的评价。我们也是凭借他们跟我们是不是同一国的，来评断那些专家的专业性，同一国的人往往会分享他们的文化观。再者，卡亨的实验也证实了一个想法：他给大家看了几张假冒专家的照片，其中一个人是大胡子嬉皮士，另一个是穿着西装、留着短发的人，两个人都拥有无懈可击的学历证明，看大家觉得哪一个才是真正的专家，大家都会小心翼翼地选择。社会心理学家称这种现象为偏颇吸收（biased assimilation）。这种小伎俩自然难不倒博览群书、实事求是的人。卡亨除了这个发现以外，他还发现科学素养越高的人，想得就越多。

他认为，所有人都可以归入某一种态度和信念之中[4]①，而且

---

① 卡亨的研究被大量应用在探讨风险的文化性理论上。对他影响最深的著作是玛丽·道格拉斯与亚伦·维达夫斯基（Aaron Wildavsy）的《危机与文化》（*Risk and Culture*），该书描述了美国对于核子能源以及空气污染的争论。就相互（转下页）

一旦他知道你对纳米科技的想法后，也会对你对气候变化、核能发电、枪支管制等事情的看法有一定程度的了解。更重要的是，无论你的立场是什么，你都会相信真正科学上的共识——而不是那些疯子和阴谋论者——是站在你这边的。这就是当卡亨提到文化认知时，他真正想要表达的意思。

有一种分类方法，将人分成“个人主义者”和“共产主义者”，然后用一条线隔开。个人主义者倾向于驳回那些环境风险的主张，卡亨说，因为“接受这样的主张就暗指为了个人，要去调整市场、商业模式以及其他经营方式”，而这正如凯尔文不相信“绿色行动”一样，他认为每一次危机的开端，都是从跟大家说什么事也不要做开始的。

另一方面，卡亨认为，共产主义者痛斥商业和工业是“自私地寻求不公道的生产力形式，因此迅速接受这样的活动是危险并应该得到监控的”。

当然，这些都不是准确的论述，其中存在大量的例外。我们不是说气候变迁的怀疑论者有粗鲁无礼的蛮横行为，不过凯尔文

（接上页）矛盾的生活方式而言，一方面是对灾难感到恐惧的平等主义者与那些相信这会带来不平等的自由企业；另一方面是阶级严明的个人主义者，想要在公众干扰的状态下阻挡自由企业[5]。玛丽·道格拉斯认为我们在别处也看到过各种心理学上对于风险的观点，只是大家为了主张他们的文化观罢了，事情到此为止，不过她对结论更有兴趣。玛丽·道格拉斯对于风险的看法，请参照第9章讨论社会控制的部分。此外，也可看看乔纳森·海特（Jonathan Haidt）[6]的著作《正义的心灵》（*The Righteous Mind*），他主张我们对于气候变迁等主题的观点（跟大部分其他的政治议题相同）都是从小部落、道德观点组合来看的。这些概念跟卡亨使用的文化理论有异曲同工之处。海特认为，“道德上的束缚与蒙蔽”代表大家宁愿依赖道德也不相信科学证据，这也是你这边团结在一起让另一边的人看起来像蠢蛋的方法。

否定气候变迁的部分理由却是他不喜欢这种带有政治色彩的解决方案，这种倾向过于官僚，存在过度监控、过分批评私人企业。假如这也代表着更多的控制，那么这件事绝不能成真。卡亨说这些对立方的问题，对气候变迁做的任何举措都是不必要的，因为他们太过于科学，也因此让他们有机会去找那些私人企业的麻烦。

巨大风险灾害可能会危及成百上千甚至数以百万计的人，它容易产生文化认同，部分是因为灾害的证据必然在某方面是不确定的，因为我们没有办法拿地球重新做一次实验或是在没有工业革命的情况下收集数据。

另一部分是因为危机可能会发生在多年以后，对后代的影响程度远大于对我们的影响，而人们对于这会对未来造成多大的影响各有不同的看法。因此气候变迁就像其他风险一样，是受概率影响的，而关于它在下一个世代的潜在成本，有些人很在意，也有些人毫不关心。事实上，我们可以用简单的数字来表达对未来的看法，也就是大家所熟知的"贴现率"（discount rate）。假如有些事情会在50年后发生，而它对我们的重要性跟现在发生一样的话，那么它的贴现率就是0。我们不会因为未来才会发生这件事而帮它打折。

不过这样形容无法说明我们之中大部分人会遭遇的状况。假如你现在或下个月会得到5英镑，大部分人都会认为未来的5英镑较不值钱——因为那是未来的事。这样一来，就等于他们把这5英镑先打了折扣。每当决定各种社保方针时，英国国家卫生与临床优化研究所预设的贴现率是3.5%，这代表20年后一年的人生价值大概只有今年的一半。医院决定把他们有限的资金用在年长者还是年轻人身上时，他们会说年轻人还有大好未来，因此更重要些。不过，假如未来会被大大地打折，他们便会将重点放在年长的人身上，因为会将当下的时光加上较高的权重。没有太多的未来可以轻易借助正在变老这项优势，让他们在争取资源上有比较少的不利条件。但如果在零贴现率下——暗示着未来几年跟现在的价值是相同的（即未来的价值是没打折的）——所有国民社保的资金应该花在年轻人身上，因为他们剩下的时间较多，比较符合效益。

当经济学家调查气候变迁时，他们常常会使用较低的贴现率（比如0.5%）来反映人们对长远未来的关注。同样，在决定要把核废料倒在哪里时，假如贴现率较高，我们可能就会随便把它们用桶装起来丢在某个洞里面，以我们这一生来看，这样处理已经很不错了。不过这个贴现率让科学家或统计学家来看，可就行不通了。

英国国家风险清单（The UK National Risk Register）[7]通过只关注未来五年可能会发生的灾难来规避上述观点。他们围成一圈思索死亡与灾难发生的原因，然后欣喜地估算人们未来的处境将会多么糟，接着把这些想法做成一张表，灾害严重程度从1到5，其衡量标准基于人性而非统计数据，所以这些事件是未来可能发生，而非已经发生的。事实上，用来支持这些数据的最好说法，就是即使没有实际数字，政府还是不得不优先制定关于这些问题的政策，怎样都比什么都不做要好。他们坚持这是有根据的推测，而非单纯的预言。

这些重大危害，比如发生心脏病的精确风险都是很难量化的，不过它们是对政府的警告。再次强调，某件事情在你心里的严重程度要看你的文化观。你对罢工活动感到恐惧，因为那些激进分子让整个国家瘫痪了；或者说你觉得一点危险性也没有，这只是老百姓捍卫自己的权利罢了，如果他们被公平对待，这种事情根本就不会发生。这就是本书不断强调的重点，它让你在研究风险的时候渐渐认识到，有些关于风险的争论，其重点并不在风险本身。

英国国家风险清单

发生概率／严重程度	二万分之一到二千分之一	二千分之一以上到二百分之一	二百分之一以上到二十分之一	二十分之一以上到二分之一	高于二分之一
5				全国性的流行性感冒	
4			沿海地区洪灾 火山岩浆喷发		
3	重大工业事故	重大交通事故	其他传染性疾病 内陆洪水	极端太空天气 低温与大雪热浪	
2			由动物传染的疾病干旱	火山爆发 暴风雨和强阵风 公众骚乱	
1			非经动物传染的疾病	罢工	

英国国家风险清单只把这些威胁做了广义的分类。按他们的说法，“火山爆发”的风险是二百分之一到二十分之一，这代表未来5年此事发生的概率为0.5%—5%。不过这是非常不精确的：位于冰岛的火山在近1000年来只爆发过2次，假如我们非常粗略地认为平均每500年爆发1次，那往后5年的爆发概率就会

是1%。提醒你，这件事对我们的“冲击”是相当大的：上一次爆发是在1783年，冰岛20%的人因此丧命，火山摧毁了所有农作物，二氧化硫云笼罩了整个欧洲，硫酸造成欧洲的农作物多年歉收，间接导致了1789年的法国大革命。所以这是一种值得多加关注的灾害。

上述其中一种灾害发生或是将要发生时，有些人便会站出来为大家预告这件事。处理这类事情[8]有一定的规范，例如聆听民众的意见、建立互信机制、苦民所苦、举措迅速、重复播放信息、教授防范知识、端正视听，不要只是单单做保证，得努力掌握任何突发状况才行。

2011年5月初，德国北方爆发了严重的食物中毒，引发了致命的溶血性尿毒综合征（hemolytic-uremic syndrome，HUS）[9]，他们似乎并没有按照上述建议行事。当地实验室在检测一批西班牙有机产品时，发现了大肠杆菌（E.coli），并且在5月26日宣布此为食物中毒的来源，结果掀起了全民抵制西班牙蔬菜的风潮。尽管西班牙农业部绝望地拍摄了一部大嚼黄瓜以证明他们蔬菜安全的影片，但依然没有任何帮助。真相是，虽然实验室发现了大肠杆菌，但这并不是造成50人死亡事件的主要原因。西班牙当局完完全全搞错了方向，后来他们终于追查到源头了，罪魁是一批海运到埃及的葫芦巴种子（fenugreek seed），但这时已经是6月底了。谁还记得追究这件事呢？

另一个关于发布危险信息的恐怖案例是，2009年发生在意大利拉奎拉（L’Aquila）的地震。在发生了一连串小震动和一些家里装了设备的外行人预测会有一次大震之后，3月31日，民事保护局（Civil Protection Agency）为了取信于大众，坚持请专家们进行了一场关键性的会议。这场会议的结论是："我们没有任何理由认为一连串小型地震事件能够视为强烈地震的前兆。"不过在随后的媒体招待会上，副局长伯纳德·圣贝纳迪诺（Bernardo De Bernardinis）为了安抚民众，将这段话转译为这些地震"不会带来任何危险"，而且科学界不断证实这是"对我们最有利的状况"，因为群震有利于地球能量的释放。"回家吧，喝杯小酒放松一下。"他在面对媒体采访时这样说。

后来发生了惨不忍睹的悲剧。4月5日晚11点，突然有一阵强烈的震动，家家户户都必须决定是待在室内还是迁到市区的广场上，这是一般人遇到地震时应该采取的反应。但大多数人都牢记"科学界"对他们保证的"留在室内就好"，结果在凌晨3点30分，具有毁灭性破坏力的地震爆发后，许多平房都倒塌了，309人在睡梦中被压死。

六个顶尖的意大利科学家和圣贝纳迪诺都遭到起诉，并在意大利接受审判。这些科学家并不是被控诉预测地震失败，从而导致大家觉得大地震此时不可能发生，这跟英国新闻媒体的报道以及人们原本的猜想都不同。这场审判的焦点放在他们究竟向大众传递了什么信息上。尽管他们的专业知识并不能确定大地震是否会发生，那他们是否表现出，或是说他们之中是否有人表现出成功预测了不会发生大地震的举动呢？假如是这样，他们就是没有照着灾难准则说的去做。

关键的问题在于，科学家跟政府官员认为民众想要听什么。常见的回答（而且常常是科学家说的）是人们总是渴求确定性，而这往往也是不切实际的。在拉奎拉，对那些科学家提出控诉的声浪一直没有平息过，但反过来说，那些科学家自己也不希望看到的事情，就是明明有许多不确定的因素，但他们却必须隐而不发。他们因此被指控，在有些人眼中是一件很讽刺的事情，就像国家在拷问伽利略一样。有些民众居然要求那些无法下定论的科学家帮他们预测未来。真正的问题几乎是与此相反的。

大地震的目击者吉多·斐瑞凡提（Guido Fioravanti）讲述了当晚11点，他在第一次地震时打电话给他母亲时的情形。

“我还记得她声音中的恐惧。”他说，“换成别的情况，他们应该会逃走，不过那天晚上，她和我父亲不断告诉自己那些人说的话，最后选择留下。”他的父亲死于地震。

另一个目击者说：“（那场会议传达出的信息）在某种程度上，剥夺了我们对地震的恐惧。会议上那些科学家极度肤浅，他们背叛了我们谨慎的文化，以及父母教给我们的代代相传的智慧与经验形塑出来的良好判断力。否则，我们一定会睡在外面。”① 事实上，他们选择待在房间里。

正如大多数人的推测，初级法院判定所有指控罪名成立，所有被告因过失杀人被判处六年徒刑。截至撰写本书时，被告还在上诉。其中一名被告指出，他曾经提出拉奎拉是意大利地震风险最高的地方，会造成这样的死伤，建筑物的质量也是值得商榷的因素。

---

① 对于拉奎拉地震为何出现意外以及那些科学家被控诉的各种说法之间的细微差异，请参考《自然》（*Natural*）杂志中斯蒂芬·霍尔（Stephen Hall）[10]所撰写的文章与接下来的讨论。

安抚性的发言究竟该不该受到谴责呢？英国电视台气象主播迈克尔·菲什（Michael Fish）在1987年10月乐观地将海啸发生的可能性打了折扣，随之而来的暴风断送了18人的性命。1990年，英国农业部部长约翰·格默（John Gummer）为了证明英国牛肉的安全，强迫他四岁大的女儿科迪莉亚在摄影机前吃下一个牛肉汉堡，结果当年在英国有100多人死于克雅氏病（Creutzfeldt-Jacob Disease，CJD）。

当然，想要在保证一定没事跟预警之间找到一个平衡点很难。就好像对次贷危机或是鳕鱼枯竭的警告总是无人理会，但是对糖的潜在危险、“千禧虫”的问题却总会有一些夸大的言论产生。

因此尽管意大利法庭的指控过于粗鲁，这不啻是个于民有益的警告：学者和政府必须尊重人民的情感与智慧。人民在危机下如何行动需要完整的信息与指导，而不是简单的安抚与“拍胸脯”保证，他们关心的事情必须得到认真对待。

第 11 章

分　娩

“呃……”她说。

诺姆翻着他的笔记。

“嗯……”他紧闭双唇。

“你什么时候才能找到？”

“等等！”他边说边翻着笔记本，“找到了！‘在2242位自然分娩的妇女中，第一胎（para 0）[①]平均分娩时间为8.25个小时，第二胎（para 1）是5.5个小时，第三胎以后（para 2+）是4.75个小时。’你是第一胎。”

他露出笑容。

“哦，天啊！”

诺姆花了好多天来收集这些数据。

“另一个……”

他把他所有的数据都做了脚注。

“哦，天……啊……”

---

① 意指之前没有生过小孩。

为了方便查找，所有数据都依照首字母顺序排列。

“呼，呼，呼！”她不断吐着气。

他已经告诉过她，在关键的时刻死亡的概率。

她抓着他的袖子。

他还对各种麻醉的风险概率了如指掌。

“你再多说一些……我就……嗯……啊……”

“关于暴力威胁……在‘V’条目，第12页，”他念道，“依据她的心理状态所做的风险因素评估为‘人身伤害——低，语言暴力——高（可能是依照个人性格做出的对照分析）。’”

“你……混蛋！笨蛋……嗯……啊……”

“太棒了，就是这样。”他想着。笔记掉到地上，这时，差不多是她该叫的时候了。

“哞哞哞哞哞哞哞——”①

他趴在地上，奋力地整理他的数据。

“动物的叫声，动物……”他喃喃自语着。笔记散落一地，他找不到关于这部分的资料……

---

① 直到20世纪为止，文学作品都将生孩子描述成最神圣的事情，而且大部分从男性的角度出发，就像凯尔文和可怜迷糊的诺姆一样。维多利亚女王曾经出乎意料地坦率表示：“我觉得当我们的本性变得如此像动物并不让人欣喜时，我们多半很像母牛或母狗。”［引自海伦·拉帕波特（Helen Rappaport）］[1]。女性作家在某种程度上把自己当成主体，描述也会因而更加清晰，拜厄特（A. S. Byatt）在《宁静生活》（*Still Life*）中写道：“对这种痛苦的描述，不再从他人的角度书写，而是将她当成一个整体，全部的她，头部、胸腔、被重击的肚子正被抓开、发热、撕裂，发出动物般的嘶吼、咕噜声，支离破碎无止境的叫嚷、喘气叹息。”[2]或是西尔维娅·普拉丝（Sylvia Plath）的《隐喻》（*Metaphors*，1959）：“我是……一只怀孕的母牛。”

"就快了，"助产士说，"你表现得很好……"

诺姆想，这要看她衡量的标准了。表现，表……他真应该用订书机把这些数据表格订在一起，看看时间，如果数据正确的话，他老婆差不多保持在平均生产时间。在放置仪器的推车下面趴着的他正要问助产士，她刚刚说的是什么意思，笔记上关于为新生宝宝注射维生素K的随机控制实验的后设分析映入眼帘，他听到了水流出的声音，助产士轻轻拍了拍他的背。

"诺姆诺姆，是一个男孩！"

宝宝出生了！

"一个漂亮的男孩。"她说。

诺姆太太怀中抱着宝宝，脸上挂着感动的笑容，助产士笑得像西瓜一样甜。

不过现在，"漂亮"的宝宝有点儿像一颗丢到墙上的西红柿，美的标准总是很诡异。

寄件者：普登丝

收件者：诺姆

附件：健康与安全管理，给工作中的新妈妈与准妈妈（雇主指南）。

诺姆，太棒了，真是一个宝贵的时刻，但是千万要提高警惕，附件中的指南是健康、安全与环境体系（Health Safety and Enviroment Management System，HSEMS）给新妈妈的至理名言，请特别注意以下几点：

——拿/带重物，

——长时间地站/坐，

——暴露在传染病中，

——工作压力，

——工作场所和姿势。

爱你们，保重喔。

小普

“剖腹产这件事啊，”凯尔文在酒吧中喋喋不休，“其实就是他们没法把东西塞回去了，我跟你说过吗？不，不是宝宝，你这个笨蛋，是其他的东西。他们会花好几个小时在那上面，出于安全的理由选择剖腹产，是不是这样？所谓高科技，其实就跟你的蛋蛋一样莫名其妙，知道我在说什么吗？我的意思是，告诉那个蓝色连体套装里的小家伙，没有你的位子了，我又不是宜家的橱柜，懂我的意思吗？我的意思是，对你这新来的小家伙来说，会有更多空间吗？你说怎么可能会塞得刚刚好呢？那该死的超市购物袋里看起来没有空间了，不过他们就是有办法再塞进一些东西后看起来还是一样空空荡荡、左摇右晃的，懂吗？是谁用那台该死的时光机回到过去了？才两个小时耶，兄弟，再来根雪茄？我好惊讶她没有渗出健力士啤酒，甚至是说假如你剖腹后还剩下一些玩意儿，不管它还有没有用处都跟你那些宜家的东西——你怎么叫那些东西——一样，反正你没办法把那些剖腹后剩下的东西放在罐子里丢到仓库吧？好吧，你也许可以……不过，嘿！医院那些家伙就是这样搞的，是不是？把你剪成一小块一小块的，然后把一些放到罐子里做成标本，腌起来，一些以后做手术时用，一些做成腌制食品，这完全是一场骗局！喔，亲爱的，你不会知道的，好吧，别放在心上，那些先生或女士会不会突然把那些东西丢到果酱罐里去呢？我们应该在意吗？想要减肥啊，最好还是节食吧！再来点炸猪皮吗？无论如何，这些渣渣，就生物学来说，你怎么看？他们一定会用好好把它们包起来放回去这种话搪塞，但这一点儿都说不通。哈！你会相信吗？我觉得只是随便补补而已啦！诺姆，再来一杯好不好？上啊，战士！干杯！”

******

成为母亲，是女人在这个世界上最自然不过的事了，但是否也是最危险的事呢？在2010年，全世界约有28.7万名妇女死于分娩过程中，每480人中就有1人，即2100微死亡[3]。这个数字相当于一个英国公民每6年发生严重死亡危机的平均风险量，简单地说，就是把这6年的风险浓缩在几个小时之内。

即便如此，这些数字又有什么用？对在产房中陪伴的诺姆来说，又能有什么用呢？也就是说，在决定要不要生小孩时，那些有选择权的人有多少次真正计算过生育风险了呢？毕竟这对女性，尤其是对发展中国家的女性来说，几乎是最危险的事情了。

危险性可能会让我们的决定有些许不同，这是概率在真实生活中局限性的良好示范。如果你觉得诺姆的举动看起来很荒唐，或像个局外人，这是有原因的。如果情感和冲动对诺姆来说比在推车下捡拾数据表格更重要的话，肯定因为那只是一般的风险。

在某种程度上，数字告诉了我们一些非凡的故事，它们也是无数努力探索和关注的焦点。在某些国家，比如乍得（Chad）和索马里（Somalia），生育风险在全球平均值的5倍以上。在这里，产妇生产时的死亡率达到惊人的1%，即100次生产中就有1次死亡，即1万微死亡。它可能被认为是自然概率，也是行之几千年的残忍行为，也是本书谈到的风险最高的活动。纵使这数字可能在某种程度上被医疗权威机构以一些非自然和历史的风险数据加以修改，但生产致死的自然发生率无疑还是最高的。

对发达国家来说，即使产妇的死亡率已有显著的下降，但仍是缓慢的、不稳定的、伴随着痛苦的。就算在上层社会，生孩子这件事也是危险的，看看教堂里的纪念碑就知道了。在150年前的英国，200位妇女中就有1位因此死去，大部分是感染或是产褥热（puerperal fever）所导致的。

早年在一些慈善医疗机构生育的风险也比较高，甚至比石器时代100人中有1人死亡的记录还糟。在1841年，在家中生孩子实际上比较安全，助产士无疑让人感到害怕，但一些慈善医院的医生却更容易让人致命。伦敦的夏洛特皇后医院素来以“妇产科临床教学基地”而闻名，在那里每100位生育妇女中就有4位死亡，在夏洛特皇后医院生孩子的风险相当于4万微死亡，比自然生产死亡率还糟糕4倍，甚至比在阿富汗当一年兵更危险（2011年时约是5000微死亡）[4]。对生产的母亲而言，医院甚至比现代战区更让人无法信任。敌人是谁？是医生和医院而不是分娩过程杀死了大部分的母亲。如果我们将这些死亡率和自然死亡概率相比，可以发现在这些机构中，四分之三的死亡事件是直接由医疗专业人员造成的，这比塔利班恐怖分子更为恐怖。

1848年，维也纳一个匈牙利籍医生伊格纳·塞麦尔韦斯（Ignaz Semmelweis）是个特例。他将两个诊所进行比较：一个由经过训练的医科学生操作，一个由助产士运作。结果医科学生造成的死亡率是助产士的2—3倍，平均10%，是石器时代的10倍。1842年12月，一个月之内，在239次生产中就发生了75起死亡事件，这个让人无法置信的概率，几乎是每3个妈妈中就会有1个在生产中或生产后死亡，这间医院简直是一个屠宰场。

塞麦尔韦斯医生验尸后发现，这些学生和教授在接生时竟然都没想过应该事先洗手。他们带着尸体的病菌，这使得产妇在街上生产都比让他们接生安全。有些妇女甚至偏好在有学生临床实习那天生孩子。当塞麦尔韦斯医生提出洗手并加氯消毒的要求后，死亡率在一个月内由18%降至2%。

由于提出医院有害健康的犀利见解，塞麦尔韦斯医生被解雇了，后来他搬到匈牙利佩斯州（Pest），不断受到不认同者的干扰。他开始写信抨击欧洲著名的妇产科医生，说他们是刽子手。他变得反复无常，让人难堪，最后被送到精神病院两周后死去。死因是被他的看护毒打一顿后受了感染——一个残忍的巧合，享年47岁。30年后，在上千个不必要的死亡事件发生后，细菌理论才被建立起来，塞麦尔韦斯医生才获得平反。

那么现在呢？根据国家统计局的说法，每年在英格兰和威尔士约有50位妇女在分娩过程中死亡，大约平均一周一位[6]。产妇死亡调查报告（Confidential Enquiry into Maternal Deaths）从1952年开始每三年发布一次，现在已经升级为产妇和儿童健康调查报告（Confidential Enquiry into Maternal and Child Health）[7]。它指出，如果我们把直接死亡如失血过多和间接死亡计入的话，真实的数

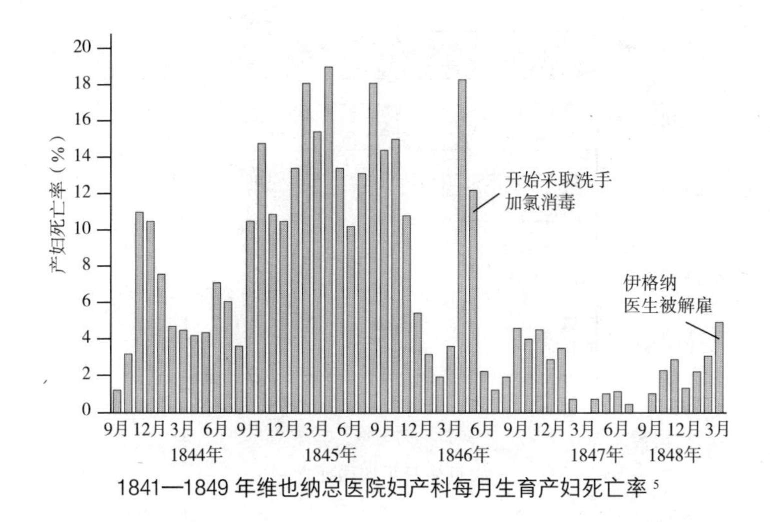

1841—1849 年维也纳总医院妇产科每月生育产妇死亡率[5]

字应该更多，大概是现在的两倍，这让生育问题变得更糟了。①

这个调查还发现，在英国维多利亚时代每年约有150名婴儿没有母亲，因为母亲们已在分娩中死亡，最常见的直接原因还是感染。但是现今每年怀孕人数超过了70万人，最常见的间接原因是心脏病，每年15—20人因此死亡。因为有心脏病的女性在怀孕时，压力随着宝宝的成长会越来越大，就像《弓箭手》（*The Archers*）的剧情一样。

在联合国的报告中，英国每年有92名产妇死亡，死亡率约为九千分之一，从历史上来看是相当不错的数字，但还是有大约120微死亡数值，跟骑摩托车从伦敦到爱丁堡往返的微死亡值一样。

与大多数其他国家不同的是，英国近20年来生育风险并没

① 由patient.co.uk.提供了术语和统计上的指导[8]。

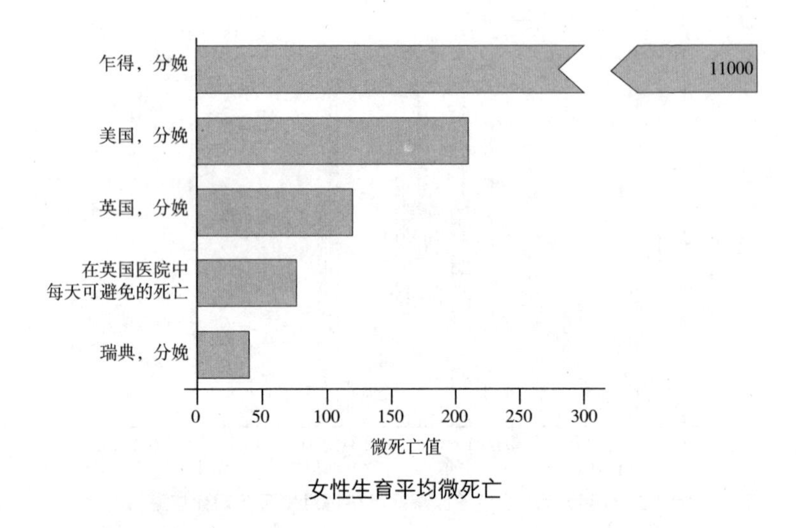

女性生育平均微死亡

有下降，明显的社会阶层依然存在，较低社会阶层的生产风险是较高阶层的5倍之多，年纪较大的产妇也有比较高的生育风险。

就联合国公布的各国比较数据来看，瑞典只有40微死亡，是英国的三分之一，正如塞麦尔韦斯医生所说，关键问题在于清洁卫生。在美国，男人想要陪产的话，必须穿一件长袍；但是在英国，家属可以直接进去，即使刚从花园过来的也一样。即便如此，美国产妇死亡率的官方数据为210微死亡，依旧是瑞典的5倍多——在国际排名上和伊朗处于同一个水平[9]，尽管这些数字不可避免地存在争议。

美国喜剧演员琼·里弗斯（Joan Rivers）曾说，她觉得最理想的生产状况是“在第一次阵痛时就把我打昏，然后等发型师来了再把我叫醒”，这也是德国在20世纪初所发生过的事。一种称为“暮光之眠”（twilight sleep）的麻醉方法，使妇女甚至不记得生产过程。麻醉的普及是在1850年左右开始的，在此之前，妇女不可避免地都要遭受“夏娃的惩罚”，就像《创世记》中所说的：“在悲伤中迎接新的生命。”

生产的恐惧一般被称为“婴儿出生恐惧症”（tokophobia），在英国有一个叫作“出生创伤协会”的组织，他们表示焦虑和恐惧并不罕见，虽然“恐惧症”这三个字不讨人喜欢，就好像对安全感到忧心一样，却不用过于担心。

他们认为即便是生育的这种恐惧，也值得尝试去克服，特别是当他们拿出简单计算过这种伤痛的数据之后。也就是说，这么做值得吗？很明显，最后会有一个好处——得到一个宝宝。这个诱因让数百万男性和女性接受了这个风险，即使他们忘了采取避孕措施，对此也并不内疚（我们已经在第8章讨论过了），虽然风险极高，但也是值得的。

事实上，证据显示人们越期待可能获得的好处就会越降低所预测的风险，也就是说，对某些人来说利益大于风险。这些人会认为风险对他们来说非常低，对其他人也是。一个不完美的经验法则是，你期待越多，担心就越少。但是，为什么好的部分会使坏的部分减少呢？补偿？是的。风险心理学家保罗·斯洛维克（Paul Slovic）把它叫作“情感启发法”（affect heuristic），即如果你喜欢一个东西，你就难以发现这个东西可能会伤害你。

如果像凯尔文的老婆一样，采取剖腹产的方式会比较安全吗？恺撒大帝就是剖腹产生下的，这几乎成为一个神话，因为那时只有在母亲死亡或是濒临死亡时才会剖腹，但恺撒的母亲在他长大后都活得好好的。第一位在剖腹产之后还能活下来的妇女，是16世纪一位帮猪结扎的男人的老婆，他的职业或许让他具有一定的解剖学知识。暂且不提神话，恺撒的后代似乎对剖腹产非常热衷，因为现在罗马将近一半的宝宝都是经剖腹产生下的，80%都在私人诊所。官方记录显示，剖腹产的死亡率为170微死亡[10]，比顺产几乎提高了一倍。但风险是有争议的，特别是难以将操作本身的风险和是否由剖腹导致的风险区分计算。

当然，所有事情都可能出现问题，有些问题虽不会导致母亲的死亡，却仍然会造成严重影响，最常见的是产后抑郁症，它影响了10%—15%的新妈妈。这又是另一种风险，老问题又来了，从益处中看到风险是多么的困难。尤其是在所得利益非常大的情况下，认真看待我们自身可能并不利于指引我们对未来的感受。“我知道我想要一个宝宝，而且我非常想要，当我想到这件事就觉得很开心，当我想到不能有宝宝时会不开心，所以拥有一个宝宝将会让我快乐。”谁会说你错了呢？但是失望的风险也不小。我们应该试着说服人们认真看待风险，特别是应该在出现产后问题时提供帮助，但不应该期待自己能够改变人们的希望和行为。

第 12 章

赌 博

诺姆对赌博的热忱是从一次大乐透前所未有的连续无人中奖，导致奖金累计到1400万英镑后开始燃起的。他计算后认为，如果买下所有的号码组合，得奖就如探囊取物一般轻松。如果再获得所有小奖，获利会高得不得了。他的眼神闪闪发光。这时候的诺姆看起来，就像兰博一样威猛。

“天哪！”他说。

当他在早餐时说到怎样去借1400万英镑时，他太太就像没听见一样。

“我说……”

“我知道……”

“我已经算好了，”诺姆说，“这是非常理性的策略！”

“我觉得你可能忽略掉赌博的某些细节了。”她说。

“这是万无一失的生意呀！”

“正如我刚才所说的，你可能……”

“一定会赚大钱。”

当然，实际问题是怎么把所有号码都买齐。假设买一张彩票需要30秒的话，就算彩票机夜以继日不停地打印，也得花上大约7000天。不过要衡量这个计划是否可行，主要还是看他有没有发现自己忽略了什么细节，而这个细节会让他就此打消念头，再也提不起劲儿来。[①]不过一想到赔率，就没有任何理性可言了。

******

让我们把时间拉回到一年前，作为这个讨论的开端吧。在一场家庭婚礼的接待处前有一台老虎机，有名少年在它前面试图将爆米花卖给凯尔文：

“嘿！小哥！这位小哥！”

“为我玩一次好吗？福星！”

“你今天运气真好！”

“你的技术超级棒！”

“看你的金黄色头发和水蓝色眼珠，这简直就是天使的扮相啊！”

“快！还有机会，小兄弟，继续吧！加油！”

然后灿烂的灯光开始闪烁，硬币不停地掉下来，旁边发出阵阵欢呼声。

结尾是这样的：

“才50便士？至少1镑吧，兄弟？别这样，再多一点儿，看看，里面是1.23磅的分量，别这样，才出50便士？”

“我不喜欢爆米花。”

“那你喜欢什么？牛奶？还是全部，全部算你5镑就好？别

① 猜猜看诺姆这个计划的瑕疵在哪？然后再看看这一章后面我们的讨论吧。

这样，拜托！ 5镑，就当是借我的，我会赢回来还你！这是我应得的，5镑就好，兄弟，拜托！”

后来呢？他原本把回家的车钱放在裤子后口袋以防万一，不过事实上好像也并不安全，最终他还得走很长一段路回家。回到家后他只看到一张纸条，上面写着，在听了这么多谎言之后，我决定走人。那可是一千元啊！两天就花光了，一千块就跟空气一样消失了。而他真的努力过了！上帝啊！他甚至先拿一半的钱去采购日常用品以防万一，不过马上又把那些东西卖光了换现金，因为最好的停损时机永远不会来，永远不会有人嫌自己赢太多。而且他的信用卡已经刷爆了，所以他又伤心了一回，现在他只能睡在衣服堆中。他父亲已经帮过他一次，而他马上又再犯了，心中好像被凿了许多个洞一样。当他对着镜子咒骂的时候，恶心与自我憎恶的感觉纷纷涌上心头，觉得他拥有的一切全都离他而去，他才24岁，输光光了。但他还是想抓住梦想的残骸，于是拨打匿名戒赌协会（Gamblers Anonymous）的免费热线，在满是尿臊味的电话亭中哭诉他的遭遇。这是个悲伤的故事，也是他选择的人生。

* * * * * *

凯尔文不想要那个家伙的爆米花，他想看大屏幕上一赔四的“奶酪皮”在7点30分开始的英国雷丁白金赌注杯上的表现。就要停止下注了，那些狗似乎也紧张了起来。他有些得意忘形了。诺姆说他真是个傻瓜，根本没考虑概率的问题。不过仅仅过了一天，“白雪公主”以不可思议的一赔七的赔率、以稳定的尾速后来居上，并在660米障碍赛中取得第一名，这让他赢得了

81281.52英镑的奖金。这笔钱几乎够买一辆玛莎拉蒂了。可是到了周末他打破了自己的规矩，押了4万元在女子网球赛中一个名不见经传的俄罗斯选手身上，只因为他听说这人打得不错，这就像一头穿着芭蕾舞裙的驴子一样蠢透了。不过那又如何？至少他前一把赢了，这代表他什么也没输掉，只是把原本的玛莎拉蒂换成保时捷或是宝马335i罢了。他改变原来的计划，买了辆保时捷，把它开上船，在运河上悠游着，然后整晚开着它到处兜风，看看还会不会赌上第三方责任险。

* * * * * *

> 那时，耶稣说："父啊，赦免他们吧！因为他们不知道自己在做什么。"士兵们抽签分了他的衣服。（《路加福音》23：34）[1]

我们不知道人们从何时开始将不可预测性作为一种制定巧妙决策的正当手段。不过类似求取耶稣衣服的行为到现在还是可以在学校入学许可、陪审团的抉择、海上遇难时决定谁吃食物，①或者是买车的时候看到。

那些去越南打仗的年轻人，都是从一个装着满满生日纸条的箱子中抽出来的。不幸的是，在1996年，相关人员按月份依

① 举例来说，在彼得·史东（Peter Stone）的《抽签的运气：乐透在决策制定上扮演了什么角色？》（*The Luck of the Draw: The Role of Lotteries in Decision Making*）一书中，主角与他人争论，利用乐透在公众决策制定上已经察觉的问题是，他们会积极地预防自己在这项决策中扮演实际角色，不过这项特征也有其"净化效果"（sanitizing effect）[2]。

序将签放进去，却没有摇晃均匀，于是那些较晚出生的人就倒霉了：12月26日到31日出生的人大部分都被抽中了[3]。

乐透奖应该让大家都有同样的机会才对。这种随机数的做法会让大家相信世界上有神、命运和运气的存在，因此大家常常会在赌场或竞赛中看到许多怪诞的仪式和吉祥物。诺姆为了打败乐透，要玩自己的把戏，不仅要打破概率，还要让这个做法跟运气一点儿关系都没有。这听起来确实很了不起，不过这样做快乐吗？这还是一件有趣的事情吗？也许这就是诺姆太太想要表达的意思。假如你否定人生本来就是一场乐透，那你是不是也扼杀了人生呢？

那些用来供人们休闲娱乐并将随机性具体化的设备，至少已经有五千年的历史了。根据现有考古发现推测，古代埃及漫长的冬天夜晚，人们会围坐在一起玩桌上游戏，移动步数用距骨当骰子来决定。距骨就是后脚跟的骨头，四面都可以稳稳地立住。假如你买了条羊腿，稍加注意就可以找到距骨，然后做个骰子，用来玩游戏或求神问卜。希腊人与罗马人也做这种事。后来人们开始依据骰子的数字用钱下注，从决定游戏玩法到游戏真正开始[4]，几乎都用骰子来做决定。就连《圣经》上都说："那些士兵通过投掷骰子来决定耶稣的衣服究竟归谁。"[5]

后来赌博变得十分热门，罗马人试图限制大家只能在星期六从事赌博游戏。就连克劳狄一世（Emperor Claudius）都深深为之着迷，他还写了一本书，叫作《如何赢骰》（*How to Win at Dice*）。人们还是持续不断地下注，还开始有了赔率。在1588年的巴黎，你可以用一赔五的赔率押西班牙的无敌舰队是否会侵略英格兰，虽然这很可能只是西班牙暗地里刻意的鼓吹罢了[6]。不过值得注意的是，赌博一直到16世纪文艺复兴时才开始减少，这时候还没有人开始分析有关赌博的数学问题。也许他们还是坚持认为最后的结果是由外部力量，即命运之类的东西决定的。人们认为理论与实际之间的鸿沟还是太大了，成功锁定一个数字（计算出概率的方法）似乎还没出现[7]。

计算概率的第一本书是由意大利人吉罗拉莫·卡尔达诺（Girolamo Cardano）在1525年完成的。他是一个着迷于赌博，但是并不迷信的人[8]。他提出一种能够计算有利结果的想法。他提到用两个骰子、六种方法可以掷出七点，把所有可能的机会分开计算的话，总共会有36种可能，并用这样的计算方法找出用两个骰子掷出七点的概率是六分之一。这个想法现在看来再普通也不过了，不过在那时是非常卓越的成就，尽管他的理论中还存在着许多错误。他认为距骨四面的其中一面必定会贴在地上，所以每一面贴地的概率几乎是相同的。不过有一个简单的实验可以证明距骨跟骰子的状况不同（因为距骨并不是规则、平坦的）。他还认为掷三次骰子足以让特定一面出现的概率控制在50：50，比如六点，只要出现一次错误就会让他损失大把钞票。你也可以试试看（只有在不重复的情况下，概率才可能是50：50）。

舍瓦利耶·德米尔（Chevalier de Mere）是一个洞察力极强的赌徒，在1650年前后的巴黎，他认为在他的赌局中，假如押自己在四次掷骰子的机会中掷出一次六点，用这个条件来看，概率稍稍对他有利。然而假如他一次掷两个骰子的话，如果要赌他能在24次掷骰子的机会中掷出一次双六，那么概率会稍稍不利于他。在一个偶然的情况下（或说是命运的指引下），他这个问题引起了两个有史以来最聪明的数学家布莱士·帕斯卡（Blaise Pascal）和皮埃尔·德·费马（Pierre de Fermat）的注意（后者是著名的“费马最后定理”的创造者）。他们证实了他在第一个赌局中有着52%的获胜概率，在第二个赌局中有着49%的获胜概率[9]，所以舍瓦利耶从大量实验和昂贵学费中得到的想法确实是正确的。他也对这两位数学家提出了他的“点数问题”（problem of points）：假如某场赌局提前结束，那么台上的赌金如何分配呢？这就是今天，当板球赛提前结束、分配得分时所使用的“达克沃斯－刘易斯计算方法”（Duckworth-Lewis method）。这个方法是由统计学家发明的，因此也和大家料想得一样难以理解。

用科学方法评估概率已经让大家失望好几个世纪了，而18世纪是大家宁愿用勇气与直觉下注也不想去计算概率的黄金时代。这是一个充满了“离奇古怪投法注”的时代。1735年，比克堡伯爵（Count de Buckeburg）就因为赌他可以倒着坐在马上从伦敦骑到约克而赢了一大笔赌金[10]。此时还有大笔赌金押在了板球比赛上，造成可想而知的结果，就是“假球丑闻”在19世纪初屡见不鲜。两支球队常常在全场观众与国王的注视下，尽其所能想要输掉比赛，他们在场上的表现让所有观众匪夷所思[11]。

最终在1817年，国王下令禁止设赌局，1826年乐透彩也被禁止了，1845年制定了博彩法案（Gaming Act），规定赌债不可用法律力量强制执行。板球就这样变成了典型的绅士游戏。

与此类似，由于最近的重度赌徒主导打假球以及比赛的每个细节都可以拿来赌，所以就有人贿赂球员，让他们搞砸特定几个关键时刻，也就是在重点时刻造假[12]。

维多利亚时期的人在道德上憎恶赌博，而且直到20世纪60年代自由化之后，赌博才逐渐变成一项受到关注的娱乐活动。现在，依照“明智博彩协会”（Gamble Aware）的统计[13]，在英国每年有73%的成年人曾经参与过赌博，而且还不包含购买乐透彩。这个数字几乎是一半的成年人口数。英国博彩委员会（Gambling Commission）估计这些人在2009年和2010年大约输掉了60亿英镑（不包含乐透），平均每人（包括男人、女人和小孩）100英镑。大部分人不会输这么多，因此肯定有少数人将大把的钱倒进了赌场里。

两个统计学家曾经合写过一本非常详尽地介绍概率理论的教科书:《好赌博，如何好》（*How to Gamble if You Must*）。这本书让无数赌客失望透顶，后来换了一个专业的书名——《概率性程序专用不等式》（*Inequalities for Stochastic Precesses*）[14]。怎样才是好的赌博呢？怎么个好法呢？我们讨论的不是企业在金融市场上的豪赌，也不是需要技术的游戏比如扑克，更不是运动博彩组织雇数学博士并使用纯熟的数据模型。我们指的是为那些非常天真的赌客所设的赌局。

以官方的角度而言，乐透彩倾向于不让人觉得自己在赌博。例如英国国家乐透协会就不在博彩委员会的管辖之下，但尽管如此，它每年还是要让大家花掉将近60亿英镑。只要你从49个数字之中选出6个数字，这6个数字跟当天开出的头奖号码相同，你就能赢大奖。这其中总共有1400万种可能出现的数字组合，所以每一张彩票中奖的概率都是一千四百万分之一。这相当于一名50岁的妇女在15分钟内死于任何原因的概率；或者是骑自行车进行一趟1.6公里的旅程，在路上被撞死的概率；又或者是本书作者戴维在接下来的7分钟内心脏病突发或是中风的概率，比买乐透彩票所花的时间稍微多一点儿。不过周末开奖的乐透彩每周大约都会卖出3000万张彩票，平均每次应该有两人中奖才对。而且在这段时间购买的号码里，重复的号码应该先删除。不过没人会抱怨乐透彩，除非他们打了乐透疫苗才有可能清醒吧。

如果没人中头奖，奖金就会越滚越多。这样持续下去，奖池的金额就会慢慢高到比买下每个号码组合的金额还要高，像是英国乐透头奖奖金曾经超过1400万英镑。这会是一个相当有趣的命题（正如诺姆在开头发现的）：只要把所有的数字组合买下来就好了。虽然这个策略实际操作上很困难，但这个方法也能把所有小奖一起赢回家。

这样的事情真的发生过。1992年，爱尔兰的乐透彩最高奖金达到170万英镑，要确保一定会中奖而买下所有组合只需要973896英镑。都柏林有个联合商会打算买下80%的数字组合，不过彩券公司并不想让他们得逞。诺姆那精美计划的瑕疵之处就在这里。最后他们虽然真的赢得头奖，但必须跟另外两个得奖者平分奖金，所以头奖的部分会小赔一点。好在他们还赢得了所有小奖的奖金，最后算是小有利润。诺姆知道他一定会中头奖，但不代表其他人就没机会中奖。乐透彩仍然是乐透彩。

这就是这个点子的问题所在：高额的奖金会吸引大量的彩票销售，这就增加了跟他人分享头彩奖金的机会。就拿美国大百万乐透彩（mega-millions）的一元乐透来说好了。2012年3月，它的税前头奖彩金高达6.56亿，但购买乐透全餐只需要1.76亿。最后，共有三人中了头奖，所以买乐透全餐的风险其实是相当高的。

虽然这样做有可能会小赔一点，但却透露出乐透显然是一个洗钱的好地方，而世界乐透协会（World Lottery Association）也研发出一套程序来让彩票销售员防范这样的事情发生[15]。

假如你想要拥有最佳的赔率，就随便去英国国内150家赌场中的一家看看吧。你有可能会输钱，不过欧洲轮盘桌上只有一个零，当庄家转到零的时候，就代表了通杀（美国式的轮盘桌上有两个零）。这让赌客拥有2.7%的微弱优势，也代表赌场在轮盘上的平均回馈率是97.3%。相较之下，英国国家乐透的回馈率是45%，这个数字听起来不是很漂亮，不过已经比其他乐透要高得多了。

赌马和其他运动是英国8000多家投注站的主要项目，它的奖金率在88%左右，而固定赔率投注终端机（Fix Odds Betting Terminals，FOBTs）虽然将轮盘的回馈率设在97.3%，让轮盘的热度高于比赛的投注，却也越来越多地被指称鼓励了赌博。投注机让轮盘有高回馈率，但是它的节奏非常快且极容易上瘾（戴维可以证明），他们也因此获得惊人的收益。在英国，一家投注站只允许放置四台机器，因此投注经销商只能不断地迅速扩大规模，只为了多装几台。不过这对于投注的累计金额并没有造成戏剧性的影响，对赌客来说，投注在运动上，只要投下很少的金额，经过串联许多场比赛后，就很容易将赔率拉得很高，只要过关就能够成功得到高额赌金。就像挑选19支足球队串在一起，如果这19支球队都获胜了，那你就能够得到58.5万英镑，但你初期投入的赌金只需要86便士而已[16]。

近来赌博也慢慢变成在家里上网就可以进行的私人活动。2008年，5.6%（十八分之一）的成年人会玩在线（非乐透）游戏。这些网站会提供一个链接，此链接藏在网页的底端以躲避明智博彩协会以及匿名戒赌协会的追缉，这种充满问题的赌博方式估计对1%—3%的成人造成了一些困扰，数量多寡要看你的消息来源了。近几年来，“病态赌博”（pathological gambling）已经被视为一种精神失调症状了，假如你在下列问题中超过五项打了钩，就要接受正式的治疗才行[17]：

——全神贯注于赌博之中（例如随时都在想着过去的赌博经验、赔率、接下来的赌注，或是去哪里找赌资）；

——需要用大量的金额下注以达到渴望的兴奋感；

——不断用一些无用方法来阻止自己、悬崖勒马或是停止赌博；

——试图减少或停止赌博时，会不断感到烦躁；

——把赌博当成一种逃避问题或是排遣烦躁不安的心情的方法（例如在感到无助、罪恶、焦虑、沮丧的时候）；

——输钱后，常常会找一天再去赌，想要扳回一局（即追输不追赢）；

——对家人、治疗师或是其他人说谎，隐瞒自己赌博的事实；

——做出非法的举动，例如伪造、诈骗、抢劫或是滥用金融工具来筹措赌资；

——因为赌博而在人际关系、求学与职业生涯上面临很大的危机；

——依靠他人提供金钱以缓解因赌博造成的陷入绝望的财务状况。

这些简明的叙述中其实包含了许多悲惨的遭遇。为何很多人明明知道平均而言，庄家一定是获利方，还是总想着靠运气来赌博呢？问题就在于虽然我们理性上知道这些只是运气罢了，无法靠努力来扭转概率，但还是认为自己会有好的结局，或认为可以控制事情发展，而且“差一点就赢了”这个想法对于观看足球之类的比赛来说至关重要，使自己更能融入这场比赛。

英国国民健康服务（National Health Service，NHS）是全国唯一一家能够提供针对赌博问题诊疗的机构，还有少数私人诊所能治疗此类问题[18]。这说明赌博问题越来越被正式视为一种成瘾症，跟酗酒或药瘾一样。不过如果它在医学上被视为成瘾症，那接下来会轮到谁呢？购物狂吗？

人们真的会在理性指引下把赌博当成购买退休金的替代品吗？假如他们真的如此，那才是不理性。或许赌博不是坏事，但是我们如果不把它当成一种投资策略，当然就不会因为赌博把自己搞得家破人亡吧？其实，赌博可以是件很有趣的事情。

所以我敢说，你一定跟凯尔文一样，想要一辆价值10万英镑、超级炫酷的玛莎拉蒂。不过令人难过的是，你手上只剩1英镑了。假设你是个相当冷静且理性的顾客，只想下在最好的赔率上（不可否认的，这是一个不太真实的人格特质，也就是为何诺姆会忽略赌博的重点）。假如你买了一张乐透彩票，选择了六个号码，其中五个号码跟开奖号码相同，第六个号码跟特别号（另外加开的号码）相同，差不多就能赢10万英镑的奖金，这个概率是二百三十三万零六百三十六分之一。

或者是你可以跟凯尔文一样去赌赛马或是赛狗：挑六场比赛，每场比赛都挑一只赔率中等、大概是一赔六的马。如果每只马都依序跑赢的话，累计下来就会给你7×7×7×7×7×7的赌金，大约11.7万英镑。考虑到每个赌注庄家的利润大概占12%左右，实际概率大约是二十三万分之一，比乐透高10倍。

假如你找到一家赌场可以让你一次只押1英镑，那就将它押在1到36之间的某个幸运数字上。如果赢了，你可以把这36英镑继续押同一个数字或换个数字。如果又赢了，你可以继续把这1296英镑换个数字押，或者继续押同一个数字，其实换或不换都不影响概率，不过不知为何，换个数字上赢钱的概率好像比较高。这次又赢了的话，你就有46656英镑了，现在我们把这些钱全部押红色。如果红色又赢了，你就有93312英镑，差不多可以购买那台玛莎拉蒂了。以上状况发生在欧洲轮盘上时，因为它只有一个零，所以概率是三十七分之一乘以三十七分之一乘以三十七分之一乘以三十七分之十八，也就等于十万零四千一百二十分之一，比赌马的概率大约高两倍。

因此，我们可以知道，想要用1英镑得到闪闪发亮的玛莎拉蒂，最简单的方法就是去赌轮盘。但或许从现在开始存钱是更好的主意啦！

第 13 章

平均人

诺姆的人生缺少什么吗？他已经38岁了，却对这个问题一无所知。但是他确信只要他看到自己所欠缺的，马上就能认出来！他觉得有点儿沮丧，也并没有那么沮丧。他很善于控制自己的脾气，所以只感到适度的沮丧。用中等的情绪来处理事情，几乎也成了他的沮丧点之一了。你知道人生……嗯，在哪里吗？他一边想，一边把椅子往前拉，看着窗帘陷入沉思。

就像任何普通人一样，诺姆的内心很清楚，他比大部分人要优秀，但如何证明就是一个大问题了。他努力保持一些看起来很显眼的时髦习惯，比如穿条纹袜，或者是做任何事都充满余裕，一定要看起来很悠闲，我发誓！还有无论别人怎么说，都要做自己喜欢的事。他一边想着，一边把东西放进购物袋中：两品脱纸盒装的中脂牛奶、预先包装好的火腿薄片、早餐麦片和柯尔马即食炖鸡（清淡风味），还有一条牛奶巧克力[1]。不过诺姆最近几天似乎想要发愤图强：自我突破一下。于是他在Boden catalogue（英国连锁服饰专卖店）挑选了一些有个性的衣服。不过他还是少了一些……你懂的。

他翻看那个旧信封的背面，然后在顶端写上“诺姆”，特地在名字下方画了条线，还画了两次。左边写上“收入”，右边画了一条线指向“28270英镑”。他盯着这个数字，良久。

这个数字有种古怪的亲切感。他确认了一下，没错，他是对的！这数字是英国人的平均收入[2]。真好笑，跟男性正式员工的平均收入一模一样！

“身高，”他继续写，“1.8米。”他又查了一下国家统计局的网站，也跟平均数字差不多。他并没有感到太惊讶。

体重：略高于80公斤。他看着这个数字，又想了想，还是决定查查看。果不其然，又是平均值。

每周工作时数：39。经过短暂的查询后……他把椅子反过来坐，咬着铅笔思索着。

结婚的年龄……每天喝多少咖啡……这已经超过“有点儿”古怪的范围了。

他继续一边在信封上用潦草的笔迹写下其他数据，一边咬着笔在谷歌上搜索。所有数据都指向同样令人不可思议的答案。

拥有第一个小孩的年龄……他有点害怕搜索出来的答案了。通勤时间、看电视的时数、鞋子的尺寸、补牙的数量……他痛恨思考，不过他觉得答案好像早就烙印在他的身体之中了。哪有人的所有数据都正好是平均数？！

多年来诺姆都渴望能够干一件大事，创造出一个可以让他显得与众不同的时刻，每个人都会这样想吧？他可以通过再工作得努力一点儿来达到这个目标，可是这样好像不太帅气。或者换个方式，好好观察这个充满自卑的世界，评估一下怎样才能够提升自己：比如听听电视主播的语法正确不正确，还有评价一下摩托车骑士的速度——这些开快车的笨蛋，还有那些慢吞吞的饭桶！但想了想，他发现自己还是待在这里，高不成低不就地什么都没做，这让他觉得有些害怕。他得去看一下《每日邮报》，他也确实看了《每日邮报》(他太太买的)。

有办法对抗命运吗？他受到了这个想法的诱惑。是的！要反抗，把那些令人窒息的命运、平庸普通、极度平凡全部抛开吧！要任性地做一件独特的事，嗯，什么事都可以，像……像是……喝个烂醉好了。

诺姆拿笔轻轻敲着他的牙，然后又看着窗帘沉思。这是一件丢脸的事吗？他不太确定。中间有许多事情要慢慢消化才行，这种奇怪的情形究竟是怎么造成的呢？他又继续敲着他的牙。突然间，他停了下来。

他重新坐好，露出笑容，把手交叉在头后，笑得越来越灿烂，就好像知道了问题的答案一般，感到了然于心的欣喜。

“哦耶！”他说，跟约翰·梅杰(John Major，前英国首相)的语气一模一样。

* * * * * *

诺姆那充满光彩的叙事与自我探索，就是他的行为方式——看看他是多么的普通与平凡！不过正因如此，他才独一无二。这听起来好像不太合理。怎么会有普通人是独一无二的呢？

诺姆就是，因为他的“一般”可不是普通的一般人的特质，而是将所有人的特质全都混合在一起后才塑造出来的。所以，他的所有状况都不适用于其他特定对象，至少对一般的个体来说并不适用，只会发生在独一无二的诺姆身上。

他永远是个“平均男”（我们就知道这么多），不过我们不知道他究竟是多么平凡，他自己也不知道。他总是站在最中间，是平庸的典范，可能会开一辆福特轿车，偶尔去伊维萨岛度假。当然，这一切都没问题，不过做这些事会让你感到异常满足吗？诺姆会。

或许你对未来感到担忧时，成为“一般人”是一种有用的怪方法，特别是当你指望那些数据带给你帮助的时候。这本书探讨的所有关于风险的数字，事实上全都是平均数。

所以当我们提到假如你每天多吃一根香肠，患直肠癌或胰腺癌的概率就会上升20%的时候，这并不代表你将会遭遇这种风险，而表示平均每个人都会是这样的概率。因此，平均风险（或说风险，所有提到的风险数值都是某个团体的平均数）用来描述诺姆的未来比描述任何其他人的未来都要适合，所有人和那些某些地方不同于平均数字的人都是一样的。是在讨论我吗？总的来说，不是。但在诺姆身上，答案则为是。这有点像小朋友想象这个世界是以他们为基准而打造的一样。对诺姆而言，就是这样。对于一个无法下定决心尝试马麦酱的人来说，他是如何追求个人满足感的呢？

诺姆，这个不做突出的事情、很容易就提出自我矛盾想法的人，就是一般人的典型代表。他是每个人，却又谁都不是。他没有任何卓越之处，不过准确地说，这也是他的卓越之处。他既是经典的又是一次性的（请在他身上任意使用你熟知的矛盾修辞法）。他的雕像应该被立于乐购超市之外。

不过这个想法还是有些问题，请容我们稍后再谈。此刻，我们先让诺姆沉浸在他那奇怪的荣耀之中吧。

平均人物的想法是事事都平凡，而这个统计学理论大概是19世纪的比利时统计学家阿道夫·凯特勒（Adolphe Quetelet），在近150年才发明出来的。他相信一般人必要的人格特质，也就是被他称之为“l’homme moyen”（平均人）的特质，在收集人口资料，从中发掘信息，将它制成图表后，就可以看出其中潜藏的样貌、高低点和规律。

凯特勒写道：“假如一个个体在任何时代拥有所有平均人的特质，他就代表了优秀、美好和美丽。”[①]

快，给诺姆来个特写。作为平均先生，他比大部分生活规律、步调统一的人对未来抱有更大希望。假如他真的要当一个完完全全的平均人，那他将会有一个睾丸和一个乳房。这就是将所有人混在一起平均后会发生的事。你会发现把所有数据平均分配是没办法塑造出一个完整的人格的。不过凯特勒，这位杰出的统计学家并没有因此放弃这个想法。他相信平均数并不是抽象的东西，并认为平均数字反映出的纯粹的身心能力等待我们去探索，其中也包含道德的能力。

自我感觉良好，确实是每个人身上都会有的毛病。通常，当我们说没人能在每个方面都非常平均时，就决定了说话的人所面对的风险。或许他们有点超重，比别人富有或是贫穷，有点儿容

① 凯特勒的“l’homme moyen”是从测量变数的平均值衍生出来的，这个值也会渐渐遵守常态分布。

易紧张，睡眠质量有点儿差，高了点儿，行动迟缓了点儿，有点儿缺乏运动，对蛋糕毫无招架之力……你或多或少都会从祖先身上继承这些特质，而且谁知道这些特质会不会给他们的后人带来不一样的改变，让他们因此比一般人更有优势或劣势，也因此对他们的生死存亡起到决定性的作用呢。

还有其他问题，即一般人如何定义人生的前景。有些想法或数字平均起来其实还挺可笑的，就像“会不会有人脚的数目不是平均数？”这种问题。事实上，假如没有运用某些逻辑谬误，就算是诺姆也无法在每个方面都是平均数。随便举个例子，他不可能活到他一生的平均年龄的岁数吧？

他也不可能同时拥有男性的平均体重和31岁男性的平均体重，除非这两个数字神奇到一模一样。不同项目就会有不同的平均数，而我们会同时归属于许多项目，有些平均数是不兼容的。换句话说，诺姆无法真的当一个平均人，他只能在某些子集中当平均人，有时候是小的子集，正因如此，他在其他子集中对别人来说，就不是平均人。常常有些平均数是无法作为单个男人或女人来真实呈现的，因此很难针对所有风险。所以我们在描述他所遇到的危险时，适用的对象很可能并不存在于这世界上。

以上各种问题，如果告诉诺姆的话，可能会让他觉得很恐怖，所以我们别说破了。在任何事件中，纵然平均的概念在理论上是不完美且无法恰当地符合复杂的人生，但这样做还是足以在诺姆决定实际问题时，给予一些指引。我们走着瞧吧！

无疑，平均数之中还存在着许多变量。大部分人并非平均人，我们都偏离了标准（norm），即偏离了诺姆的行为模式，而这些基于凯特勒“平均人”理论的随机数偏离包含了更多对于人生的真实意义。这个概念也改变了个体对风险的预期。

要举出与这种平均概念矛盾的最好例子，我们就不得不提到美国古生物学家斯蒂芬·杰伊·古尔德（Stephen Jay Gould）。他在人生巅峰时期，是两个小孩的父亲时，被诊断出患有腹部间皮瘤（abdominal mesothelioma）。这种病是无药可医的，而且确诊后存活时间的中位数是八个月。①我们也可以这样说，患腹部间皮瘤的平均风险是你可能会在八个月后死亡。②

不过这不是所有人的命运。一半人患病之后会死亡，但也有人最后会活下来，这个病并非生死线。古尔德又活了20年，最后死于另一种与此毫无关系的癌症。就像古尔德在他的散文《中位数并非最后信息》中所写的，任何平均数并非不可变，而是一种抽象的概念，现实是“在我们实际生存世界中的那些细微差异、变量以及连续不断的变动”。

在所有的平均数中，所有风险都有细微差异、变量以及连续不断的变动。平均来看，男人的身高比女人高。不过一级方程式赛车的某位老板伯尼·埃克莱斯顿（Bernie Ecclestone）身高大约1.6米，而他的前妻斯拉维卡（Slavica）则是1.8米。一定有许

① 平均值与中位数：将每个数字从高到低排列后，最中间的那个数字就是中位数；平均值比较像把所有数字平均分配一次（换句话说，就是你把所有的数字加起来，然后再让每一个位置都得到同样的数字）。

② 古尔德将他的故事浓缩成一篇简短、杰出的散文《中位数并非最后信息》[3]。想要阅读更详细、更简明的关于平均数的书，可以参看布拉斯特兰德（Blastland）与迪尔诺特（Dilnot）合著的《如何用数字唬人：用常识看穿无所不在的数字陷阱》（*The Tiger that Isn't*）[4]。想要再多知道一点细节的话，还可以看看萨姆·萨维奇（Sam Savage）的著作《平均值的缺陷》（*Flaw of Averages*）[5]。

多读者跟他们一样。

事实上，平均数有时会误导人，它不只对个别人来说有些古怪，对大多数人也一样。在英国，大约三分之二人的收入都低于平均水平（平均在这里的意思是平均数）。假如我们把世界上所有人依照财产多寡排成一排站好，平均数字大约会落在这个队伍的四分之三处。

微死亡或微生存也无法逃过平均数的难题。高空跳伞平均有7微死亡的风险，不过这个数字这么高的原因，是由沉迷于高空跳伞的那些人大量尝试高难度动作所造成的，而发生事故死亡的人几乎全部都是跳伞经验丰富的人。不过，由慈善机构赞助的多人串联跳伞，其风险可能跟喝醉酒走路回家一样而已（只不过应该没人赞助那些醉汉酒钱）。

凯特勒不是笨蛋，这些他都知道。对于平均数的敏感变动他都了然于心。当他在19世纪努力收集各种数据时，人类各种活动经历的巨大差异对他来说必定是非常明显的。现在大家所熟知的身体质量指数（Body Mass Index，BMI），就是一个用来判断人们是否超重或过轻的指数，也称作“凯特勒指数”。

凯特勒身处两种想法之间：一种是人类拥有极大范围的变动性，另一种是这些奇特的变数中似乎隐含着某种要素。正如我们将在下一章看到的，这种要素、平均的概念，能够以非常骇人的方式被准确地预测，不过只有在达到一定的量时才行得通。规模是全人类，通过归纳再归纳，其中的要素就会被萃取出来。不过有个很简单的问题是，对每个独立的个体而言，这个规模无法判断出他们生活之中的变量。除了诺姆之外，对任何人而言，当提到风险时，我们之中没有人能像婆罗门教的教徒那样，达到自知为英雄的境界。

诺姆就是一个典型范例，即使他在逻辑上会有荒唐不合理的时候。但不是每个人都能这样指责他，事实上，没人可以指责他，因为大家都曾经做过荒唐的事。不过这种奇怪的行为是否足以让诺姆走在平均路线的状态中，平安生活在充满危机的世界里呢？或者说，这是否代表着风险对他或者其他人来说，都不算是真正的风险，而他那些愚蠢的胡思乱想才是真正的风险呢？

第 14 章

概率和命运

高高的个子、脸部轮廓清晰迷人，留着一头黑色长发——凯尔文的哥哥凯文，跟他一样对运气深深着迷。凯文除了是巴黎大学社会认知学教授外，还是一个集智慧与美貌于一身的当红电视名嘴。他现在牛津大学做客座教授，参加了由麦当劳赞助的知名公开讲座，运气对他真是情有独钟。

他给人一种喜欢卖弄炫耀的印象，从他最近出版的书《神我之间》（*God/I*）就可略知一二。虽然因此引起不少争议，不过也因为这样才特别吸引观众。在第一场讲座中，就有一个数学家差点儿把一个心理学家一拳撂倒。第二场讲座，一个得过诺贝尔奖的理论物理学家正忙着解决看台下关于弦理论的争执，突然不知道从哪里跑出来一个人扯掉了钢琴的防尘套，然后就开始弹起瓦格纳的音乐来。

第三场也是最后一场，会场里面人来人往，显得有些嘈杂。他讲座的主题是“我不是钢琴上的一个琴键”，这个主题被解读为对“理智”的抨击。还有人听说这个教授会鼓弄支持者开车去撞贝利奥尔学院（Balliol College）的墙壁，以此证明他们是活着的，即使结果可能会导致死亡。讲课一向铿锵有力、话语急促的凯文试图直接切入主题，他把一撮头发别到耳后，金色耳环闪了一下，走上了讲台。

“理智其实是很了不起的，”他一边说，一边用眼神扫过台下的脸孔，“没人可以否定这一点。但理智只是理智，只满足了人类本性的理性方面。一个人的生命之中一定要包含所有的冲动、自由意志和热情！人生不只是算算平方根这么简单而已。”

“在他们的眼中，我是疯子、天才还是傻子呢？”他靠着讲台，盯着台下，观察着群众脑力激荡的模样这样想。

“理智知道些什么？它只知道一些早就已经知道的事情，而当人的理性因子与感性因子在同一时间运作时，会产生一些有意或无意的行为，其中的某些行为是你的理智永远无法理解的。”说完，他用手捶了一下自己的胸膛。

“你们有些人会用一种带着同情的眼神看着我，你们觉得一个顿悟开明的人不会朝着对自己有害的方向走。但我可以，我可能还会故意去追求一些对我不利的事情。这样真的很白痴，非常白痴，但这只是为了能够获得要求有害事物的权利，然后扰乱理性选择的义务。就是因为这样的白痴行为、任性和反复无常，才保留了我们性格中最重要也最锋利的一环，这就是我们的个性、我们的独特性。”

观众中有些人会心一笑，其实也许是讪笑，很难分辨。不过教授没有停下，会场上方的观众席嘈杂声更大了，是有人在打架吗？凯文把演讲推向高潮。

“给我这个世上所有的祝福，给我像大海般的幸福，上面漂着包裹着福祉的泡泡，即使随之而来的是忘恩负义和唾弃，我也会说：‘我全赌上了！’而这只是为了证明一个非常重要且奇妙的事，只是为了证明我们还是人，而不是钢琴上的琴键。只是为了证明我们不像琴键一样完全被物理法则束缚，而不能按照自我意志去追求任何东西。”

此时，他的手指在空中挥舞、轻弹，就像个指挥家，他的蓝色眼睛瞪得很大，头发随着动作跃动，声音也越来越大。

“这还没完，因为物理法则也没办法阻挡概率所带给我们的无限可能性，甚至让我们得以突破条条框框去选择当一个不理智的人。就算我们真的是那堆琴键，就算科学跟数学早已证实过了，我们可能还是不会理性地做出选择，而是去做一些愚蠢的事，例如忘恩负义、故意搞破坏或制造混乱，这一切只为了表达自己的观点，并且证明给自己看我们是人，而不是琴键！”

会场快被掀翻了，一群年轻人往栏杆那儿移动，人们让开了路，这群年轻人开始对着某个重物又推又拉。

“如果你说，混乱、黑暗和诅咒都是可以被计算、被制成图表量化的，那人们就会故意让自己发狂，只为了摆脱理智并且证明自己的观点。人穷极一生每分每秒都在证明自己是人，而不是琴键！”

那些年轻人弯下腰把重物的一端举起，露出了黑色矩形的另一端，一切就在栏杆上蓄势待发，正好就在教授正上方。当头顶的那个重物——钢琴开始一点一点从栏杆另一边凸出来，这个景象显得怪异，前排站着的观众开始出现恐慌和混乱，不时发出尖叫，然后钢琴再度被举起，慢慢倾斜，最后在紧张的喘息和惊叫声中，钢琴的重心越过了栏杆。

凯文连头也没抬一下，完全忽略了那些噪声，继续畅谈他的观点，在与理智的对抗和争论中，对人的冲动给予疯狂的赞美。正当此时，钢琴翻转的速度也渐渐加快，重量完全释放在坠落的力道中，一个巨大的黑色物体轰然落下。

钢琴摔烂后，维持了一刻寂静，琴弦震动的低鸣和教授的手稿在尘土弥漫的空气中飞舞，地面上是四分五裂的木头碎块和金属片。凯文教授这个一直都很幸运的家伙，脸上挂着一丝邪气，把头发往后整理了一下，一只脚踩在那堆钢琴的残骸上，看着台下吓得后退、呆若木鸡的观众，然后奸笑了起来。

一天后，他被一群牛津大学的学者指控无耻地剽窃陀思妥耶夫斯基的理论。他认为这是个可笑的指控，理由是那根本不叫剽窃，因为一个抄袭者会千方百计隐藏自己的秘密，但他却光明正大地展示出来，所以这应该被称为“致敬”[①]。他同时也被警方指控煽动犯罪，对此他引用陀思妥耶夫斯基《地下室手记》（*Notes from the Underground*）里的批判性评价——对理性自我中心的胡言乱语来解释，他说事实上根本没有煽动这回事，因为根本没有人真的开车去撞贝利奥尔学院的墙，这些都只是些滑稽的比喻而已，他被取保候审了。他拒绝配合警方调查一群贝利奥尔橄榄球队的医学系学生试图谋杀他的案件，虽然警方一直怀疑整起事件

① 凯文的很多演讲都参考了《地下室手记》中那名“地下室的男人”（Underground Man）对于拒绝二加二等于四的自由。“我承认两个二等于四是件很正确的事，但如果我们在完完全全论功行赏的时候，两个二等于五有时也是件很迷人的事。”[1]为了反映角色的独特性，陀思妥耶夫斯基书中的其他角色也常常这么叛逆。

都是预谋的，但后来这宗案件仍改以蓄意破坏被起诉。隔天，凯文就辞职了。他说没有任何原因。

* * * * * *

没人知道明天会发生什么事，更别说一年之后了，很多人甚至根本不想知道未来会发生什么事，就像凯文教授。他拥有良好的家庭背景，但更喜欢生活的直觉和混乱，因为既然“选择”是无法预测的，又何必尝试呢？

其他人（比如普登丝）会竭尽所能地掌握他们的人生。

凯文的愿望跟普登丝的恐惧都来自运气。他爱这种带来不确定性的力量，而她就是讨厌这种不确定性。运气就像个无赖，可能会破坏你精心设计好的计划，也可能像魔术师一样从帽子里变出一只兔子来制造惊喜（诺姆介于两者之间，他可以算出正确的赔率来赌一赌跑出来的是兔子还是残骸）。

但什么是运气？从宣称运气的力量没有任何事物可以抗衡，一直到怀疑运气到底存不存在，哲学家已经争论了好几个世纪了。

我们要用一个不一样的方式来问个问题，从实际性的黑暗面来问：为什么那架钢琴没砸中凯文？如果砸中的话，他现在应该已经死了，是什么原因让他活了下来？

凯文回答这个问题的方式是，自由意志与运气这两个人生中极度混乱的表现结合起来，造就了我们是人而不是机器的结果，因为他不同意其中一种合理想法，即把他和没有灵魂的决定论放在一起。当因果关系这种严格的规律隐含着只有一种可能性会发生时，运气和自由意志则用它们的方式来避开这个规律。[1]所以在凯文眼中，钢琴没砸中他是因为人生当中，所有物质与人类之间必定存在一种奇妙的因子，而这个因子击溃了事物之间严格的因果关系。他认为生命本应如此，人生就应该这样，但他其实也曾偶尔怀疑人生是否果真如此。

字典的解释就没有这么戏剧性了，它仅仅把运气叙述成一个平淡无奇的可能性，比如下雨的“运气”是多少？日常生活中我们经常使用运气，然后对它做一些不正确的曲解，例如我们会说“碰碰运气”，就好比一个赌徒，一个风险承担者，知道自己胜算不高，但又怎样呢？如果你想知道运气的故事，可能会有人告诉你一个无意间发生的事件，例如所有情节都牵连在一起，或者一个奇怪的巧合、一个奇妙事件突然发生，越玄妙越好，但其实这不太切题。

如果运气带来的是灾难，比如莎士比亚笔下的悲情恋人豁出性命只想知道情人死没死，或者是在妒火燃烧下用一条手帕制造骗局，我们称之为悲剧。悲剧里关于命运的残忍令人兴叹，而运气则是微小却极其重要的细节。

在所有奇妙的故事中，运气通常被视为夸张的好运或噩运的代名词，或者是胜算不高的尝试和侥幸，但没有像凯文所说的隐含着可以打破因果关系规律的含义。运气代表着一个无法破解的关系链。所以钢琴没有砸中凯文这件事是个意外，琴在空中旋转，

---

① 虽然关于运气是否隐含自由意志尚无定论，但有的哲学家认为运气与决定论都不能与自由意志兼容，因为运气与自由一直都表示生命的过程如果不是宿命的决定就是意外的发生，两种理论都没有让人选择的空间。凯文的想法比较接近美国哲学家威廉·詹姆斯（William James），他通过联结自由意志与运气，认为运气打乱了宿命决定论，进而创造了自由意志可以加以选择的一切可能性。同样的想法也可参考公元前279年的斯多葛学派哲学家克里斯波西（Chrysippus）的见解[2]。

当凯文看似一定会被狠狠压扁的时候，由于钢琴沿着走道边缘滑落的方式等因素，使它擦着凯文的秀发落地，这件事只是个意外。如果从细节来看，钢琴落下的角度、钢琴的质量和被推出去的力量，还有凯文在讲台上那些滑稽的大动作都是这个意外的因素。

有一个对生命不确定性的观点是，不管一件事可不可能发生，其中都有很深层且看不见的原因。用圣·奥古斯丁的话来说就是："我们说的那些因为运气使然，并非不存在，而仅是隐藏起来了，我们视之为神的旨意。"所以钢琴没有砸中凯文是因为上帝喜欢他，至于为什么喜欢他，我们永远都不知道。

德国诗人席勒也说过同样的话："根本没有运气这回事，所有我们看到的微小意外都来自最深层的命运。"每件事都有其背后的原因。

另一个跟运气类似的概念是迷信。人们往往希望通过举行仪式和展示图腾来获得好运，或者争取神祇的恩宠；或者通过神秘的渠道去感应自然界的力量，比如现今我们在运动赛事中看到的吉祥物其实就是"不见血版"的阿兹提克活人献祭。命运喜欢掌握一切，但也喜欢被贿赂。所以钢琴没有砸中凯文一定是因为他在大潮之日的子夜时分杀了一头羊当祭品。呵呵。

即便在两千年前，也有某些理性主义者对于所谓信仰嗤之以鼻。有趣的是，凯文教授应该会喜欢他们的风格。在罗马时代，骰子掷出三个"6"表示金星"显灵了"，西塞罗（Cicero）说："我们要如此无脑地断言这三个'6'是因为金星力量的介入，而不是纯粹的好运吗？"他乐于嘲讽这些占星学家。

西塞罗就像凯文一样，在规律面前捍卫自由。我们看到西塞罗就等同于看到理性主义对迷信宣战，凯文则认为这就像反理性主义者支持混乱和冲动一样。

到了17世纪末，科学启蒙慢慢发展，对事物的合理阐释开始挑战以往神秘的见解，牛顿运动定律的强大解释能力开启了所有事物都是规律运作的广泛观念，至少对于真实世界来说是这样。如果我们可以知道每一个原子的位置与动向，原则上就可以预测接下来会发生什么事。所以，钢琴没砸中凯文是因为这个精准的因果关系链中包含了原子、向量、最初的状况，并加了一些已知的法则，全部过程串起来之后，我们发现其实钢琴就只会“擦鼻而过”。而这当中没有任何一件事情在本质上是随机的，正如统计学家皮耶·拉普拉斯（Pierre Laplace）所说，世界上如果存在任何不确定性，那只是因为“我们无知的程度”使然。这次，无知并不是因为上帝的旨意，而是因为自然法则和状态，“无从得知”与“不知道”还是有差距的。

我们用两个词来总结这两种状态的不确定性。第一个是“偶然”，就像在掷硬币之前我们并不知道会发生什么，它一般也被称为运气或随机性。第二个是“认识论”，即当我们在掷完硬币后不去看它，就已经知道掷出了其中一面，只是不知道是哪面而已，一般也称为认识不足或无知。当然还会有不可避免的复杂情况发生：如果那个硬币两面的图案一样呢？如果是这样，那你刚刚以为是运气的玩意儿就被无知给玷污了。

有一种“不知道”可以用在形容人类有限的知识对上帝旨意的认识上，另一种“不知道”则用来形容我们对自然界规律的有限认知。而二者都告诉我们，当我们了解越多、知道越多，就越会发现人类行为是如何严格恪守宿命决定论的。不管怎样，任何事情的发生都会由一个我们自身以外的原因介入而引起。

这种说法把人们吓坏了，因为这两种形态的无知，一种基于神圣的原因，一种基于自然的原因，都似乎与我们心里以为的自由意志相左。更有甚者，我们的人生和行为看起来并不符合钟摆规律的机制。所以在当下（而且从此之后），大家便开始从科学和宗教的角度去争论到底人类对自己有选择自由的这种意识是否只是一种幻觉。

随之而来的是统计学的黄金年代，人们开始掉入可预测性的深渊，而且越陷越深。从19世纪初开始，人们像是得了强迫症一样，一直在统计死亡数、犯罪记录，尤其喜欢列出自杀的数据。而且居然可以从中发现一个非常异常的规律，即便是在一堆混乱的个体情况之中，也可以发现看似吻合自然法则的规律，这更让人开始质疑运气所能涵盖的范围了。因为即使有上百万个个案，每个都有其特殊的状况，每年仍会有固定数目的自杀人数，仿佛有个规律的力量导致这个结果发生。从大量数据也可以找出其他的规律模式。达尔文的表弟弗朗西斯·高尔顿（Francis Galton）曾说过一句名言："当你从一大堆混乱的元素中撷取出一些样本，然后按它们的量级排列，你会意外地发现这些元素之间呈现了一个很漂亮的规律性，这个规律性就好像一直都深藏其中一样。"有些人因此下了个结论，认为这些可预测的规律模式代表着运气并不存在。

尽管在整体上看人类行为是有规律的，但其实还是不知道这个规律怎么在个人身上体现，因此，就算真的可以大概估计每年有多少人自杀，我们还是不知道具体自杀的是谁。平均数、整体趋势和数值分配都是可以观察到的，但特殊性却是无法预测的。

这传递给我们一个信息，就是我们每个人都只是凯特勒所说的“平均人”的随机偏差值，凯文其实还挺开心能成为这样的一个偏差值的。

在自然科学领域也有类似惊人的发展。凯特勒说他的研究得自于社会物理学，而他在1820—1860年所发表的观点和想法，很可能影响了詹姆斯·克拉克·麦克斯韦（James Clerk Maxwell）对伯努利的气体动力学所做的研究。这个研究主要是把气体由微观上不断运动并相互碰撞的分子群放大，然后观察其整体行为。这个社会学与物理学的并行研究没有受到太多瞩目，但在人类智慧上，这是很了不起的共同进化，而且似乎也提供了一种方式可以把人类经验与物质行为放在同一个基础上进行比较。虽然我们完全无法预测气体中无数互相碰撞分子中个别分子的动向，而且即使这个动向在理论上已经被决定了，概率还是可以成功地解释整体的运动状况，正如概率可以叙述人类行为的整体规律模式。事实上也曾有人认为，如果没有概率，我们就没有办法去鉴别人群或者物理特性之中产生的大规模变化。①因此我们只能呆坐在

---

① “概率对于我们了解自然界事件的不可逆原理是不可或缺的，但如果我们坚持对个别分子运动进行详细描述，那我们就完全无法接受概率了。我们不应该拥有现在这种洞察力，也就是说，这个世界变化的方向都是从不太可能到比较有可能、从有规划到没规划的，因为我们说的是惊人数目的范畴、渠道和冲突。撇开运动的方式不谈，对我们来说，每个被允许的运动都可以有一个完全相反的方向，这简直就是个奇迹，而我们仍然可以进入一个时间不可逆、不会犯错的世界，这个世界存在着一个改变的趋势，而且这个趋势与我们的物理实验相吻合。”引自罗伯特·奥本海默（Robert Oppenheimer）[3]。

一旁看着成千上万个随机事件发生在你我之间和分子之间，但我们却无法一窥大格局的形态。

理论上也一样，所有分子有可能突然全部偏向同一方向，就像小说《银河系漫游指南》(*Hitchhiker's Guide to the Galaxy*)中，那台无限非概念引擎（Improbability Drive）原本是物理学家设计用来把派对女主人的内衣变到离她几米以外使用的[4]。不过在实际操作上，即便部分气体的行为实际上无法预测，但整体气体的行为还是可以被预测的。所以不管社会学领域还是物理学领域，其实都已经放弃试图去预测每一个小单位个体（不管是人或者分子）会发生什么事，但是从平均数的可预测性中又发现了一个新的规律。

每个星期六晚上，数百万人同时屏息以待全国乐透开奖，每个人都希望那个有机玻璃桶里撞来撞去的49颗球可以改变他们的一生，而桶里的49颗球或许就是分子运动的最佳演绎，其中6颗球被选出来决定大奖花落谁家。就像我们在第12章探讨过的，不管你选的是哪组号码，就算是1、2、3、4、5、6，或者其他数字组合，你中大奖一夕致富的概率还是一千四百万分之一。网站上不停地统计哪几个数字特别容易被抽中，38号目前蝉联最容易被抽中的数字榜单第一名。平均值法则是否告诉我们，38号气数已尽，我们不应该再选38号了吗？

但这不是平均值法则的运作模式，平均值法则的真正含义是，无论抽多少次，每一次抽出来的号码都是无法预测且不会被以前发生的任何事件影响的，被抽出数字球的分配有一个固定的规律，如下图所示。所以当这些无法预测的事件全部被摆在一起

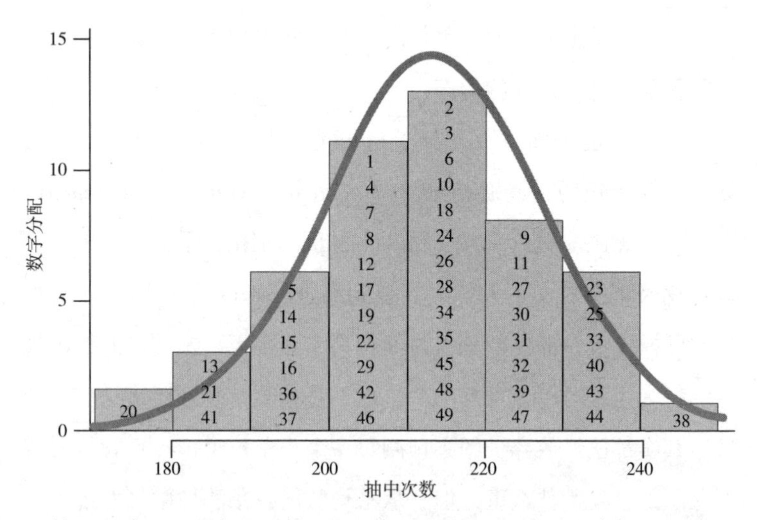

从1994年11月到2012年8月，英国乐透彩1～49号彩球在1740次摸彩机会中，各自被抽出的数字分配*

的时候，就会形成独树一格的结构甚至是形状，就像凯特勒在测量全民身高的时候所发现的常态分配曲线一样。

所以虽然38号出现了241次，几乎是可怜的20号的1.5倍——只被抽出171次，但这就是我们如果回到1994年只用概率论来预期时会得到的结果。当然啦，我们也没办法知道哪个数字会出现最多或最少，我们只能知道某个数字会出现240次，然后某个数字会出现170次。

另一个概率规则的完美演绎是全球最无聊书籍《百万随机数表》(*A Million Random Digits*)[5]。书名就告诉你一切了，一页又一页的数字，看不出任何规律，每一个数字都跟前一个完全无

---

* 图中的常态曲线是基于概率理论做出的预测分布。

关，从1开始、以8结束，结尾的无法预测性活像阿加莎·克里丝蒂完美的侦探小说一样。如果你有失眠的问题，我们建议你听一下这本书的有声版本，相信你会感到神奇的催眠效果，我们还在等待德文版的到来，效果加倍。

但魔鬼就藏在这些随机的细节里，我们预计1、2、3、4、5这样的序列会出现10次（实际上出现了11次）。我们也可以预计有的概率是万中无一的事件，例如同样的数字连续出现7次，结果真的出现了一个令人满意的绝佳例子：6、6、6、6、6、6、6；我们甚至可以计算出完全没发生这种事件的概率是多少，答案是37%，所以我们应该算是运气比较差的。

概率论提供了一个实际的方法，好让我们应付生活中的各种随机事件。但即便是最纯粹的、不可预测的规则也没办法回答我们，到底真实、绝对、不可逆的概率是否真的存在，又或者万事万物都在某种程度上已经被宿命决定了。如果我们都了解所有关于跳来跳去的乐透数字球的事情，我们就能够猜到哪个数字会被抽到吗？很可惜，我们并不能，这主要来自以下两个原因。

第一，量子力学在20世纪出现，告诉我们概率真的存在，至少从亚原子的层面上来看是这样。亚原子的世界中最精华的部分就只能用概率来描述了，海森堡（Heisenberg）的不确定性原理（uncertainty principle）说，我们无法清楚获知一个亚原子粒子的所有信息——简单地说就是它在哪、它要去哪。牛顿的因果定律也不足以解释这件事。

第二（就实际的状况来看，比量子的不确定性更重要），把所有的预测完全抛开，也会产生某些效果，这就是混沌理论。在混沌理论中，就算出现一个体系，也是完全命中注定的，也就是说我们知道这个体系中因果关系链任一点上都不会出现任何随机事件，还会出现某些体系（例如天气）会被微小的变化影响，这些变化小到人们无法察觉，所以我们根本无从得知事件的走向。

最标准的例子是，一只蝴蝶拍拍翅膀，就会导致几千公里以外的地方出现暴风雨。真实的例子是克林特·道森（Clint Dawson）关于森林火灾的实验。克林特是一名火灾行为分析师（Fire Behaviour Analyst），他的工作是预测科罗拉多州内森林火灾。2012年发生的火灾出现了一些预测之外的危险，常常烧得比以往更猛烈。他的计算机分析模块开始失准，原因是什么呢？事件的起始出现了一连串的微小变化，完全出乎意料——谁会想到这是由甲虫的行为改变所导致的？因寒冬到来而大量涌入的松树甲虫群让树木水分加速流失，变得更加易燃[6]。

混沌理论的意思是，规律运作的体系也是无法预测的。简单地说，因为我们永远都不知道是从何处开始，就更别说是预知接下来它们会做什么了。硬要说是因果关系那就搞得太复杂了，这样的系统也可能是被运气所操控的（无论目的为何）。可能有一只蝴蝶在这群年轻人移动钢琴之前落在钢琴上，让他们之中一人分心了，这其实原本只是个小小的意外，但对于凯文来说却是生死之别。

这些在物理上对我们已知的混沌以及量子不确定性的限制，对人类来说有差异吗？对凯文来说，或许哪天某些奇妙的因素会导致他的噩运到来，但他是不是依然相信他的胜算是高的？又或者这些奇异的力量都只在理论探讨上才显得具有意义？当一架钢琴在你头上“悬而未落”的时候，你对自己又有多少信心呢?

所有的风险都是概率，而概率始终是神秘的，不管它是否真正指引人们深入物质本质的架构，或者说，这仅仅是在我们脑中完成的，对生活中的不确定性没什么影响。比较实际的问题是，我们该如何是好：是要努力与无法预测的未来奋战（学习普登丝），还是享受无法预测的惊喜（像凯文、凯尔文兄弟一样），又或者是就此打定主意告诉自己人生就是一场赌局（和诺姆一样）呢?

第 15 章

交通意外

诺姆沿着车厢缓慢地走着，直到找到理想的位置：四个位子，有一个靠窗的座位可以看到窗外正在倒退的站台。他、他的思绪、一本在桌上的书，他喜欢火车——低微死亡的好选择。

一名矮小、结实、笑嘻嘻的妇女，顶着染过的头发，穿着超大的白色T恤，撞进他对面的位置。她把背包塞到桌子下面的膝盖中间，坐定了。诺姆缩了一下脚，拿起他的书。

他注意到：一个宽大、明亮、缝着微笑图案徽章（手工一般）的红白条纹护腕，像在盯着他看似的，套在那个女人手臂的中间位置。

诺姆反复思索着：10厘米宽的护腕……他一直认真过日子，个性包容、理智且令人愉悦……红白色条纹……尽管思想开放，不用说，他会从经历中获得自我成长……缝着微笑图案……相信别人、宽容待人、约翰·斯图尔特·密尔（John Stuart Mill）……戴在一半！

应付紧急情况用的榔头吸引了他的目光，他窝在座位里，几个小时都自顾自地“念着”10厘米、红白条纹护腕、微笑图案徽章和套在手臂中间，她一定很高兴——他毫不怀疑——但他害怕对方会伤害他。

快速思考后，他整理了情绪开始计算风险。一、假设成功避开视线接触；二、中低程度的聊天风险；三、受到明显的威胁，如果不是疯子的暴行，最起码也是让人难堪的奇怪行为；四、（他皱了皱眉头，实在忍不住了）可能发生的阶级矛盾和措辞：她是格拉斯哥人（Glaswegian，对英国人来说，格拉斯哥人就像是乡下人）吗？总之，身处地狱的可能性，大致达到51%。

她手伸进包包里，拽出了什么东西……

52%，诺姆想。

她把一张又大又红的餐巾纸摊开在桌上……

54%。

餐巾纸蔓延到诺姆这边的桌面……

58%。

她的手又在包包里翻，停了一下，接着将东西一样接一样地放在餐巾纸上，英式早餐：沙拉三明治、辣酱、培根、西红柿……

68%。

一个小的猪肉派……

75%。

薯片，波纹巧克力棒、坚果巧克力棒、薄荷巧克力棒。

82%。

一罐强弓牌啤酒。

95%。诺姆低声道。

她将巧克力棒转了180度。

99%，真是该死！

诺姆死定了，他瘫在那里，像在等着眼镜蛇的攻击，而且没人救得了他。他盯着头顶上的灯，唯一的选择是在克鲁（Crewe）站下车。还有比她更可怕的女人吗？她的每一个动作都会停顿一下，然后来一个微笑，每个笑容都让诺姆毛骨悚然。

她拿起啤酒罐，盯着标签，微笑着拉开拉环。

嘶嘶——

她停顿了一下。

拉环拉开后，她小心翼翼地把罐子和巧克力棒一起放在右手这边——套着护腕的那边。她停顿了一下，微笑，拿起罐子用力大吸一口，喉结滚动，放下罐子，停顿一下，微笑。

他想到桌上的猪肉派，拜托，她千万不要发出口水声，一个可怕的念头闪进脑海里：万一她要请他一起……

她感受到了他的目光，皱着眉头拿起罐子。哦，天啊。

千万别说“来一口”，诺姆想着：“嗯，谢啦，我刚吃过，真的，我刚刚吃了很丰盛的早餐，咖啡，茶……柳橙汁，咖啡，真的，谢谢。”

她转向坐在诺姆旁边那位拿着《金融时报》（*Financial Times*）、只能看到手指的男士。

“希望您不介意我这么说，”她操着一口上流社会的英语说道，“这大概是在需求上的衰退，最起码某种程度上是，您觉得呢？年轻人，经济上有点儿凯恩斯式的刺激措施是不会造成什么混乱的，嗯，你可以看看企业投资的数据，投资曲线就像派的底部一样平坦。”[①]

《金融时报》被刷的拉直了一下。

她笑了笑，低头看着桌面，看了一下双手，接着拿起一支巧克力棒，优雅地撕开包装，凑到鼻子下闻了闻，然后拿到嘴边，闭上眼睛。紧接着整支巧克力棒被放进她的臼齿间，她往后坐回去，睁开眼睛，嘴里发出嘎吱嘎吱的声音，仿佛一位面带微笑在自己土地上的碎石子路踱步的地主。

* * * * * *

诺姆到底怎么了？我们的理性楷模变得胆小如鼠了，他原来是良好的典范，对护腕、口音和猪肉派的想象，就让他变得多疑、失去理智了吗？这个嘛，是的。人们对危险的前后矛盾就像对其他事情一样，往往有很好的理由。

他们可能突然间就丧失了勇气，举例来说，英国广播公司（BBC）的记者约翰·萨吉特（John Sargent）曾经报道过越南和北爱尔兰的冲突事件，他在塞浦路斯被劫持为人质，并在枪口下待了33个小时。事件结束以后，他说他再也不跑这类新闻了，他当时真的是“肝胆俱裂”，之后便改跑政治新闻了。

同样的事也发生在戴维·舒克曼（David Shukman）身上，他当过15年的战地记者，“9·11”事件过后不久，他被派去做从塔吉克斯坦到阿富汗的直升机外拍新闻。他拒绝了，他越想越

① 在这件事上她对了一半，凯恩斯式刺激措施并不是我们需要的答案。

觉得紧张，同时也想到家庭所要付出的代价。[1]

人们有更改故事的自由。只要数字不变的话，概率可以用来建议人们维持原状；而要支持那些改变心意的人，就要告诉他们这证明了我们无法理智地判断危险。这里并不是说外在世界发生了改变，比如对诺姆来说搭火车现在变得比较危险，或是战争报道（或战争本身）以前没有这么危险。以概率的角度来说，诺姆的风险无论在遇到猪肉派之前或之后都是一样的，所有的改变都是内在的。

产生内在改变有两个简单的理由，一个是新信息（上一章也提到过），诺姆认识到了他以前所不知道和不曾经历过的关于火车旅行的风险，医生、政府、健康安全局也随着他们经历的教训来更新对风险的建议，但是真正的风险（不论是什么）都是不可知的，因为我们的知识总是不断更新着。他们信心满满地说，让你的宝宝睡觉的时候脸朝下，直到出现完全相反的证据。"如果事实改变了，我的想法也会改变。"经济学家约翰·梅纳德·凯恩斯（John Maynard Keynes）这么说过，但是事实上风险没有最终答案。

另一个让你改变心意的理由是，你看到危险的影子，就像戴维·舒克曼想到他的家人所感到的痛苦，或是像诺姆受自己偏见的影响所做出的行为。

---

① 有个最有名的反映丧失勇气的文学作品也是关于战争的，在约瑟夫·海勒（Joseph Heller）的《第二十二条军规》（*Catch-22*）中，约瑟连（Yossarian）目睹战友的死亡事件，觉得其他人都想要加害于他，包括自己人，虽然这个世界还是一样，但在他眼中却变得更加致命。

所以期待诺姆始终如一是不合逻辑的，这是不正常的，诺姆对生活的基本态度——证据和计算是唯一的真理——将继续存在，或许会感到庆幸，但那或许会带来更多的波动和自身的软弱。尽管如此，他还是得接受这项考验。

但他还是想知道关于旅行的量化风险数据，所以咱们先说火车，再谈公路和航空。

火　车

有个非常糟糕的冒险事例，始于1830年9月15日利物浦到曼彻斯特铁路的开通。政治意见领袖威廉·哈斯基逊（William Huskisson）乘着他的马车前往迎接威灵顿公爵的路上，与对向而来的乔治·斯蒂芬森（George Stephenson）的"火箭号"蒸汽机车相撞，他"受到严重的伤害"，几个小时后便宣告不治。奇怪的是，他的死反而为铁路做了大力宣传，这一课的教训——坐在火车里面看外面比站在外面看火车更安全些——多少还是有些意义的。

火车内也是一个公共场所，车厢中的人与物（包括护腕）造成你死亡或受伤的可能性非常小，诺姆自己脑海里的东西使他战栗，却没有死亡率统计数字支撑。在火车上被谋杀是很吸引人的故事情节，但极少发生。一个比较极端的案例发生在2006年，一名男子在从卡莱尔到德文郡的维京特快列车（Virgin Express）上杀害了一名学生，那个学生什么也没做，只是看了他一眼，于是他就说："看什么看？当心我一刀捅死你！"他说到做到，用的是一把长11厘米的菜刀[1]。

实际上，相对而言不这么暴力且危险较小的事，是在火车上你可能会受到陌生人的碰撞或骚扰。英国在2010年有3300起在火车上侵犯他人的犯罪行为被记录在案，即便如此，这在40万名旅客中才会发生一次，所以在风险平均分配的情况下，如果你每天都搭乘火车，你可以“期待”大约一千年会被攻击一次。

然而，这对诺姆来说只是小小的安慰，他可能会担心这就是他那千年的一次，或许是他的偏见扭曲了他对概率的看法。诺姆所想的“阶级矛盾和措辞”是没有任何统计数字支持的，同样还有脏话、噪声、纠缠或是被瞪了一眼，甚至是某人的汉堡散发出的味道这些让人尴尬的事。但它们确实会发生，所以这些并非身体上的伤害而让人感到不舒服的事，是那些认为在公共交通工具上感到不安全的人真正担心的事情吗？即便在没有暴力风险的情况下，来历不明的陌生人环伺身边使人感到受到威胁了吗？诺姆之所以感到害怕，是因为他无法预测“护腕”的行为，即“疯子的暴行”或是“让人难堪的奇怪行为”吗？我们对坐在我们后面的陌生人的提防，会多过对朋友或亲人的关注程度。一项相关研究指出：“焦虑的感觉和其他心理因素，让某些人在公共交通工具中感到不舒服，在这样的作用下也增加了对自身安全的认知。”[2]

还有一个因素是性别，女性比男性更容易焦虑，而“个人的真实经验”也很重要。提醒你，这些影响所造成的最显著效果，也只能改变我们感觉的一小部分，这就是意外，所以数字确实很重要。

因此，接下来要看更多的数字。排除威廉·哈斯基逊的不幸，火车旅行在接下来的180年间有了显著发展。英国在2010年时，有14亿客运量，是从30年前的8亿开始增加的，即每天有400万客运量，一年总计540亿公里[3]。尽管这代表了每年有6000万人达到平均900公里或是一星期16公里的旅程，但这些充满美好的误导之嫌的“平均数”只是反映了几乎无人能拥有的经历。什么人会一星期搭火车走16公里？这个变异程度很大，从上班族到住在乡下的人都有，但在20世纪60年代因为比钦削减案（Beeching cuts）造成铁路裁撤后，对某些人来说，搭火车旅行变成了一种难得的享受（也或许不是）。

在这个分布的最下层是“火车恐惧症”（siderodromophobia）患者，他们对于火车充满了过度恐慌。通常大多数人对于火车旅行是感到安心和亲切的，就像诺姆一样，因为当一名英国火车的乘客是非常安全的。2010年这一整年，没有任何一名火车乘客因铁路事故死亡，过去的三年也没有，仅有八位乘客死在站台上：一位老先生摔下扶梯，四个人因为喝醉跌下站台，等等。这是1.7亿人次中出现1人次的概率，尽管如此，这并没有反映出经常搭乘火车的乘客的经历。

虽然最近铁路事故呈现零死亡，但并不表示未来风险是零。我们看到过去的资料呈现一个平滑的趋势[4]，表示每年的风险已降至约6%，预期是一年1.6微死亡，这跟33750公里（大约2万英里）1微死亡大致相同，铁路安全标准局（Rail Safety and Standards Board）采用稍微不同的计算方式，声称大约12070公里（7500英里）1微死亡，比汽车行驶每1.6公里（1英里）要安全30倍。

的确，掉下站台这样的事真的会发生，但是2010年所记录的240起重大伤亡事故，相当于每500万客运量中还不到一次。在非高峰时间发生事故的概率较高，可能是因为对火车设施的不熟悉、喝醉或是两者皆有，也可能是他们本身的问题。在2012年，有一位火车警卫被判刑五年，因为他在一个喝醉酒的女孩靠在火车边上时，打信号指示火车行驶，造成那名女孩掉落车厢间并被车碾压[5]。

那么英国和其他国家相比呢？2004—2009年，在欧盟中，英国是除了瑞典和卢森堡（铁路总长仅274公里）外死亡率最低的[6]。2010年印度在仅仅三起铁路事故中就有200人丧生，不过他们每天的载运量是3000万人。英国在发展安全火车旅行的过程中也发生过重大伤亡事件，比如1952年在哈罗（Harrow）和威尔德斯通（Wealdstone）路段有三列火车相撞，导致112人死亡。在第二次世界大战后，乘客的死亡人数每年规律地为50多人，同时有将近200名铁路工人死亡；到了2010年，工人的死亡人数是每年1人。

但就像哈斯基逊最终所知道的，如果你没有坐在火车里面的话，移动中的火车是致命的。英国在2010年，239人死于火车之下，这些人大部分是自杀或疑似自杀，其中31人因合法或非法横穿铁轨而死亡。而非乘客的死亡数字并没有任何改善，几乎和1952年的245人死亡数字一样。在过去十年间，自杀的人数也让人惊讶地维持在189人到233人之间。

在维多利亚时期，造成几个人死亡的火车事故大概只会占据报纸内页的部分版面，但现在火车出轨事件就会被大篇幅报道。

很明显，只计算死伤人数无法获得大众的兴趣和对“灾难”的关心。假设一场意外死了10个人，它所受到的关注度远高于10场各死了一个人的意外事件；一年中有250人死在铁轨上通常不太会吸引大众的注意，但让我们想象一下250人一起的话……

当你决定是否把钱花在安全上时，你会思考政府是否使用了统计学生命价值（Value of a Statistical Life，VOSL；或是预防死亡价值，Value for Preventing a Fatality）的概念。目前投入标准约为160万英镑，相当于用1.6英镑去避免1微死亡，但这无法计算一群人的死亡，因为在某种程度上，群体死亡比个人死亡严重，因此会采取乘法的计算方式来“加重”一场灾难中群体人员的伤亡数，以激发大众的关怀。

虽然铁路通常是安全的，但大众还是希望多花钱让自己更安全些，铁路安全标准局曾聘请一个顾问来帮他们了解个中原因。他总结说，这是一个精神上的问题，一般人常常会有铁路灾难很可能会发生的错觉，认为某个人的行为会导致事故发生，而不愿承受过多的风险[7]。

但往往谨慎也会造成无心之失，在“9·11”事件后，很多人对于飞行安全感到忧心忡忡，所以他们改用开车的出行方式，结果造成在其后一年，死于公路上的人比以往多出1500多人[8]。2000年在哈特菲尔德（Hatfield），因为进行铁轨检查导致时速限制，使得系统阻塞造成火车出轨，4人死亡，事件发生后大家也改用开车出行，结果事件发生后第一个月多增加了5人死亡（虽然数据出处不明）。总体看来，还是搭火车出行比较安全，只要你远离酒精和扶梯，猪肉派和口音倒是无所谓。

公　路

公路无疑危险多了，2010年统计显示，每年死于公路上的风险是31微死亡，外在因素的致命风险约为每年350微死亡（大约一天1微死亡，请牢记在心），也就是说在英国公路上行驶，大约要承担9%的风险。跟火车和飞机比起来，在公路上行驶，每公里的危险高于平均数很多，不管是开车、骑摩托车或脚踏车还是走路，都可能发生危险。

但有多少人相信自己是平均中的一员呢？大多数人都认为自己比较幸运。这种对自己的信心是再自然不过的，可称为“平均数之上效应”（above average effect）或是“优势幻觉”（illusory superiority）[9]。和其他人一样，诺姆也认为自己是比较幸运的人，这种幻觉是有理由的。既然只有一半驾驶是安全的，也就是说这一半的司机都觉得自己安全，但理论上来说他们可能“全部”都错了。即便你是比较聪明的，你可能也不会比较安全，假设你那在平均水平以上的驾驶技术让你变成一个平均水平以上的笨蛋，你也可能因这种自大骄傲而招致更大的灾难。

优势幻觉往往会让人产生控制的错觉。因为我们自己操纵着轮胎（或方向盘），我们会有种命运掌握在自己手中的想法，而不是任由飞行员摆布，一旦他失去对那个邪恶装置的控制，我们便会坠毁。虽然坐在经济舱中，陷入困境眼睁睁地看着飞机下坠，的确让人“感觉”容易受伤，但不能控制并不等同于高风险。本书作者迈克尔对于一个简单的心脏手术完全没有控制权，但他也没说：“让我自己开刀吧！”话虽如此，在路上展现纯熟的驾驭技巧，完全掌握着自己的车子（你自己以为），让你有一种虚假的安心感和自信心。很明显，在路上开车的风险除了取决于自己的技术外，还受到其他酒鬼和疯子司机的影响，还有部分因素与技术无关，而是完全出乎意料的危险，比如突然跑出来的流浪狗。

同样的问题：我们疯了吗？一个克服飞行恐惧的方法是想象飞机由你控制，起飞时把操纵杆往后拉，就像小孩子过家家一样。很明显，我们是在骗自己，而且我们知道，自己并没有那么笨。这种假装的作用或许是在提醒我们，最起码还有别的人在控制飞机，而且这是他们擅长的，而我们也认同这件事。

这样的双重标准是有争议的，当我开车时，我是可以承受风险的，但搭火车或飞机就不同了，这虽然感觉合理，但好像和统计证据相反。这个争议是由铁路安全标准局的道德哲学家证明的，如果是由别人来驾驶，他们理应比我更加小心，这可是他们的工作啊！如果我自己伤了自己，顶多是粗心；如果他们伤了我，那就是犯罪。顺着这个逻辑，报纸以1—12页的篇幅来报道一个铁路死亡事件是合乎逻辑的，它能够责备某个人，而这个意外也关乎公众信心、企业形象和政府责任。与对道路死亡事件简单报道的处理方式相比，这比较像是致命的DIY，是一种基于私人悲痛的重要性小于大众影响而产生的错误判断。

你可以不认同这一点，但当我们探讨那些觉得开车比坐飞机安全的人时，有时可以视为一种他们表达信任或不信任的方式，这比证明他们是否理性要好得多。

最后一个复杂的因素是，如果觉得更安全，就会开得更危险，这是我们所熟知的“风险均衡”（risk homeostasis）概念。这个概念反映了我们自身有一个内在的风险调节器，即我们准备承受的风险水平（或者说是我们寻求或企图维持的一个风险水平，也是我们乐在其中的程度）。当风险改变时，比如说有安全带、安全气囊、较好的刹车系统，我们就会改变我们的行为以维持一定的风险水平，如此一来，当汽车越变越安全时，就有越来越多的人开快车，然后风险就会转移到其他人身上，比如说行人，他们可是没有安全气囊的。

据运输风险专家约翰·亚当斯（John Adams）所说，确保安全最好的方法是在方向盘上放一个尖锥直指驾驶员的胸口，这样不用安全带，应该就可以将一到两位飙车手的风险调节器调整到每小时10公里。达德利·摩尔（Dudley Moore）说过，最安全的装置是在后视镜上放一个警察。这两位专业人士分别表达了让人更小心的方法，就是让他们意识到危险，从而避免受伤。如果要大家小心开车，就是让他们处在更危险的情境下。风险均衡理论也可以在另一方面发挥作用：如果我们保护人们远离风险，后果就是他们会去冒更多的险。心理平衡的运作方式和结果是很难预先得知的，新的安全设备比行为改变更能改善伤亡数字吗？

亚当斯说道路伤亡率下降的原因之一，是某些路段变得过于危险致命，因此没有人接近那些路段。如果真的是这样，这些道路的死亡率下降所反映的是危险性而非安全性。

简单地说，道路上的死亡或伤亡率，取决于所有心理上的选择与诠释问题的态度，这样一来，数据就没有用了吗？事实上，资料所要表达的东西是这么明显，趋势是这么明确，以至于即使数据出现一个大的错误，但在解释上却仍然是明确的。所有的数据都是错的，问题是它们是否错到你无法从中找出结论。

1950年，即本书作者戴维出生的前几年，在英国注册的汽车约有440万辆；到2010年达到8倍之多，相当于由每11个人有一辆车增加到每两个人有一辆车。

一个看似合理的推测是，路上的车辆越多就代表死亡人数越多。但统计数据并不是这样显示的，1950年的致命事故是5012件，到了2010年降到了1850件，以绝对值来看下降了63%。

相对而言，在交通运输量大增的情况下，这样的下降是很不简单的。在1950年每10万辆车对应的死亡人数是114人；到了2010年是5人，大约减少了96%。当戴维回想起他还是孩子的时候，他喜欢坐在自家老爷车的前座，那个时候还没有定期安全检查、安全带或安全气囊，大家都会开车到酒吧，喝整晚的酒，再歪七扭八地开回家，他一点也不感到意外。他的经历反映了从1950年平均每人每年102微死亡下降到2010年每人每年31微死亡的过程。

在汽车的使用者中，死亡人数和60年前的数字一样多。1950年大约一周20人，到60年代上升到60人，而现在又回到20人。拣回最多性命的是行人和骑自行车的人，从1950年的一周60人（虽然在1940年更糟，当时一周竟有120人被黑暗中没开灯的车撞死），到2010年下降超过82%的一周2人。另一个解读这个数据的方式是，每年每10万辆车会造成1位行人或是自行车骑士的死亡（稍后我们会把这个数字和其他国家的进行比较）。

这些统计数据是由计算尸体而来的，虽然有些可怕，但是却简单明了。如果计算意外或是受伤就有点儿难了，因为怎样算是受伤，又要伤得多重才可以列入计算呢？不过还是有记录的。1950年有16.7万件意外事件，受伤事件有19.6万件；2010年也差不多，意外有15.4万件，受伤是20.7万件。

这显示大家一天还是会互相撞来撞去大约400次，但是致命的比例大大下降了，因为有了时速限制、安全装置，还有更加进步和及时的医疗救治水平。

几乎在所有较富裕的国家都可以发现这个趋势：1980—2009年，排除增加的交通运量不看，道路死亡人数在澳大利亚减少了55%，意大利54%，西班牙58%，美国只有34%，在希腊却小幅增加。对于收集这些相关资料的国家，我们以每辆汽车行驶1000公里来看，就可以找到微死亡的平均数：英国是4，美国是7，中国（这里指的是北京的数据）是10，韩国是20，罗马尼亚是40，而巴西是56[10]。

到底是什么人得承受这样的风险呢？在富裕国家，绝大部分是汽车的使用者；而在比较贫穷的国家则是被称为“弱势道路使用者”的人，比如行人、自行车骑士或是全家一起挤在一辆小机车上的人。在泰国，70%的道路死亡是使用二轮交通工具的骑士[11]，见识过曼谷交通的人便不会对此感到惊讶了。

此外，中低收入国家的人民往往也暴露在高风险中。据统计，每年约有140万人死于道路事故，大约每天3500人，其中的3000人死于发展中国家，而这些国家的汽车数量尚不及全球总量的一半[12]。在这些伤亡人数中，主要的受害者都是弱势道路使用者。南非每年有1.5万人，直到纳尔逊·曼德拉（Nelson Mandela）的曾孙女死亡后，统计数字才降了下来。

世界卫生组织（WHO）预测，到2030年，道路伤亡会从目前死亡原因排名表上的第九上升到第五，死亡人数达到240万（受伤人数为2000万—5000万），其中大部分是年轻人，而这也会对经济造成严重影响[13]。世界卫生组织指出，只有47%的国家针对如速限、酒驾、安全带、安全帽及儿童座椅之类的安全措施制定了相关法律，但通常并未强制执行。

个人死于道路的平均风险——英国每年31微死亡——在高收入国家一般为103微死亡，中低收入国家则为205微死亡。奇怪的是，在车辆较少的国家反而风险较高；更让人感到意外的是，在越繁忙的路段每辆车的致死率反而越低，空旷的道路才是真正致命的地方。这种现象还有一个名称是“史密德法则”（Smeed’s law）[14]，它反映出埃塞俄比亚的一些异常统计数字。世界卫生组织的数据指出，埃塞俄比亚2007年注册汽车只有24.4万辆，却杀了2517人，绝大多数是行人，等同于每年每100辆车会造成1人死亡。这样的数字如果在英国，3400万辆汽车应该会导致每年34万人死亡，而不会只有2000多人。

上面故事的教训是，当你知道越快速、越繁忙的交通有越高的风险时，如果我们有钱，我们应该做一些事情来控制风险，风险并不是一成不变的，它和我们的应对与处理措施都有关系。

飞　行

“由于前方遇到乱流，请各位乘客回到座位并系好安全带。”

当飞机剧烈摇晃，机翼上下颤动时，宝宝们号啕大哭，抓着扶手的关节泛白。除了那些已经喝得大醉、吃了药的、睡着的或三件事都做了的人以外，还有人可以保持镇定吗？

对飞行怀有恐惧，或是高空恐惧症（aerophobia）都是正常的。有3%—5%的人是绝对不坐飞机的，大约17%的人是“害怕坐飞机”的，还有30%—40%的人是有中度焦虑的[15]。我们也知道风险专家——理性的典范——是拒绝坐飞机的。

这是一个可以治疗的病症，英国航空策划了价格为250英镑的课程，还包括一个45分钟的飞行体验[16]，但不幸的是，他们并没有公布成功的概率，或是因此神经错乱的人数。

再次说明，飞行是让人感到恐惧的典型因素，因为受困于飞机上，远远地离开地面，完全无法掌控自己命运的感觉迎面袭来。而对飞机缺乏了解也助长了恐惧——到底为何飞机可以飞在空中？如果我们都不再相信它会飞，飞机就会从空中掉下来吗？

我们也见识过负面的影像是如何轻易影响我们的，此外媒体当然也喜欢流连在飞机残骸的照片上，我们还会想到历史上的空难案例，比如巴迪·霍利（Buddy Holly）和曼联足球队。

所有关于航空的灾难片都比不上直接取名为“飞机失事信息”（Plane Crash Info）的网站[17]，这个网站持续更新所有商业航空公司严重坠机事件的数据库，网站上还有触目惊心的照片以及黑盒子的剪辑录音等各种让人感到不安的资料。2011年，网站记录了44起坠机事件，大约每星期一起。乍听之下很糟糕，但这个数字跟2001年的70起相比也算是进步了（当然，其中也包括了“9·11”事件的4起）。

经过他们的分析，航行阶段是整个飞行过程中最安全的部

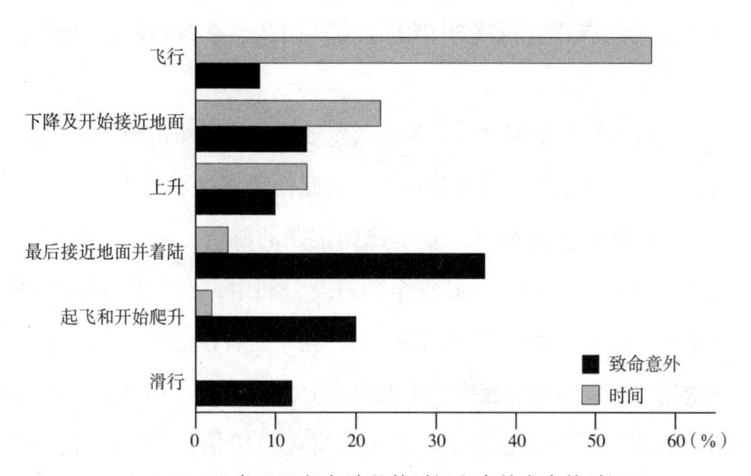

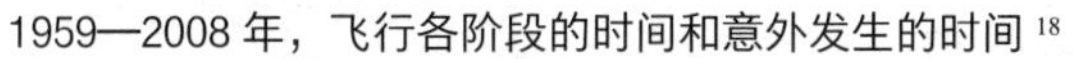
1959—2008 年，飞行各阶段的时间和意外发生的时间[18]

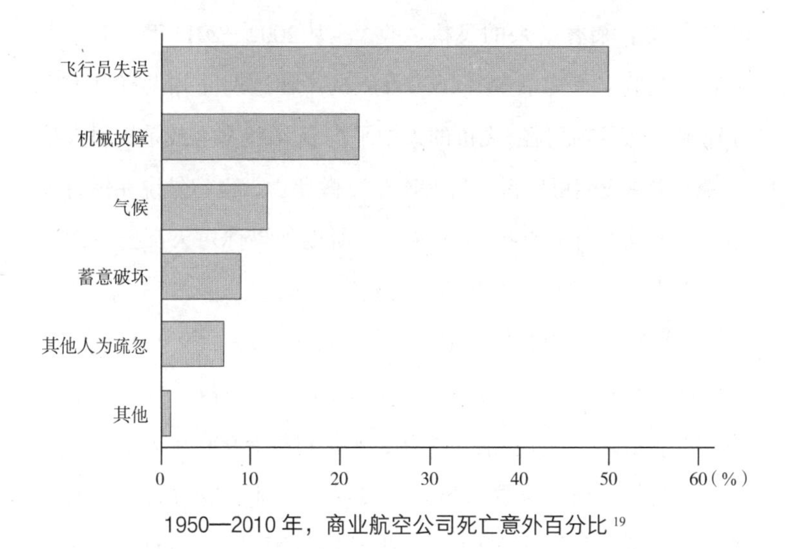

1950—2010 年，商业航空公司死亡意外百分比[19]

分，这部分占用时间最多，也最少发生意外。在起飞和着陆时，每分钟大约有比航行高60倍的危险，因此，在遇到乱流时试着念个咒吧。

飞机失事信息网估计，人为疏忽要为一半的事故负责，无论是飞行员失误还是机械故障。不过对此你无力改变就是了。

或许你可以做些事，就是选择正确的航空公司。飞机失事信息网统计，在30家比较安全的航空公司中，致命意外发生的概率平均是每1100万航次出现1次，其中还有存活率，所以在意外中死亡的概率是每航次二千九百万分之一。而在相对不安全的25家航空公司中，意外概率大概是前者的10倍，死亡的机会高达前者的20倍。

计算微死亡最好的资料，是来自美国国家运输安全局统计的最少有10名乘客搭乘的飞机数据[20]。从2002—2011年，美国每年的商业航空平均最少有1000万航次。在这期间并没有重大灾难发生，每年7亿位搭飞机的人中平均有16位乘客或是机组人员死亡，从中我们可以得出每航次0.02微死亡。也就是说在你有生之年，平均可拥有5000万次航行，所以如果你每天都搭一次飞机，要花上12万年才能遇到一次危险。

你可能会认为我们巧妙地避开了2001年的“9・11”事件，我们通过统计1992—2011年发生的重大意外事故，算出每航次是0.11微死亡，即在你有生之年，平均可拥有900万航次。

但我们如何计算这些风险，以便与其他旅行方式比较呢？是用客运量还是用公里和小时呢？让咱们用一个指针性的悲观数字，就是每航次有一千万分之一的死亡机会，也就是每10航次会有1微死亡，美国商业航空的平均时数是1.8小时，飞行1207公里，可以算出每12070公里或是每18小时1微死亡，这个距离大约是在英国造成1微死亡的开车里程的20倍，火车也差不多。

正如我们所看过的，风险并非平均分布在飞行全程中，在这个基础上，如果你真要为旅行选择一种交通工具，你需要把开车去机场或是骑自行车去火车站等事情都考虑进去。

有一组飞行统计数据和其他的数据不同，它非常特殊：小型私人飞机。我们所知道的“通用航空”（General Aviation）在美国约有22万架注册飞机，每年约有1600航次发生意外，其中300起是致命的，平均一周有6起。过去十年间，平均一年有不少于520人死于小型飞机或是直升机意外中，占所有航空死亡的97%。

这样算起来大约每100万飞行小时有13起死亡事故，约是商用航空的150倍，也就是小飞机每6分钟1微死亡，大约飞行24公里，与走路或骑自行车1.6公里是一样的风险。

我们在英国也看到了一样的现象。在2000—2010年，航空公司有9人死亡，直升机34人，通用航空飞机202人[21]，可见飞机越大越安全。所以现在对于前面所说的统计数据和心理学问题又有一个疑问：小飞机的飞行员因为可以自己掌握控制权，所以会感到比较安全吗？如果你认识一位飞行员的话，去问问他吧。

最后一个看法是，即便机翼保持稳定，乱流还是很危险的。到2012年8月为止，美国商业航空有13人因为乱流受伤，其中12名是机组人员[22]。所以当安全带警示灯亮起时，请将安全带系上，并且为自己只是一名乘客而不是推着饮料车的空中小姐而感到庆幸吧。

第 16 章

极限运动

车辆慢慢驶过了世界闻名的“巨魔的阶梯”（Troll’s Ladder）第11个发夹弯，沿着那些石冢往上爬，同时小心避开沿途散布的石块，最后终于爬上圆锥状的山顶——比斯潘峰（Bispen，又名主教峰），它的形状像一个倒插的甜筒冰淇淋。

这里的空气非常稀薄、干净且寒冷。下方的山丘与花岗岩中间的湖泊发出闪闪亮光。往上看，薄薄的云朵俯视着整个山谷。在这里，人似乎全都消失了。除了这片壮阔的景象、遍布大地的灰色与绿色阴影外，什么都不存在。

凯尔文站在山顶，和曾站在这里的其他人一样，独自害怕地站着。接着，他奋力向前一跃。

从上往下看，他正有技巧地下落；从下往上看，他像慢慢地被蓝色的天空融化一样。跳跃不久，他看时间差不多了，便将手脚张开伸直，展开像蹼一般的飞行衣，对抗着各式各样的噪声。现在，他自由了。

“你就是那种爱去哪就去哪的人，”他们正聊起在山上穿飞鼠装玩极限跳伞的事情，“就是……那种成天只知道去冒险的人。”

快要接近终端速度时，他像飞机般俯冲滑翔出去。他们前一次跳伞时，事先清理了场地，但他觉得那样太无趣了。于是他倾斜肩膀，转向朝着悬崖滑去，计算一下他的行进路线好避过坚硬的石子路，朝着那群树枝间透着太阳光的灌木丛和树枝荒芜分叉的树群前进。当陆地突然出现在他面前时，他受到闪烁的光亮和突然出现的阴影影响，跌进了低矮的树丛，到处乱撞，在山谷与岩石裂缝之间跌跌撞撞。另外，空气怒吼震动不已，使他就着风势扭来转去，被刮得遍体鳞伤，顺着这个路线跌在地上。①

他们把这个行为称为"虫子嗡嗡撞大墙"，伸出双手，指着一片指甲。"搞砸的话你就百分之百死定了，"他们说，"咔嚓，就像这样。"凯尔文很了解，他知道这件事就是这样，就跟我们都知道死亡是真实存在的事情一样。

"你有病！真的有病！"当凯尔文以时速160多公里爆炸般经过那些在"巨魔的阶梯"围观的人群时，他们带着赤裸裸的嫉妒与惊讶的赞叹喊道。凯尔文呼啸而过，剧烈的撞击就像是能把你家墙壁敲出一个大洞般，而且是以人类的躯体造成的，太酷了！

* * * * * *

在几分钟前，凯尔文在森林上方大声吼叫，像只拥抱空气的飞鼠。他不是真的在飞。"更像是用某种风格往下坠落。"他们这样说，"这简直是世界上最荒唐的活动了！"

---

① 一定要看看影片，你才会知道什么是最令人大吃一惊、大开眼界、最有代表性风险的举动，才会知道极限跳伞是多么难以实际体验的活动！[1]

当他越来越接近湖泊时，凯尔文将手臂和脚跟拉回来，摆出站立的姿势，但仍以极快的速度掠过湖面，他又拉了一下绳索，打开降落伞，突然从剧烈的速度慢慢缓和下来。一切只剩下凯尔文开怀大笑的声音，以及无比兴奋之情，当他控制自己的方向，在湖岸着陆时，他沉浸在极度的愉悦中。

当他降落下来时，他想他们会说，这是不可能办到的事情，喔喔，猜猜看发生了什么事情？他办到了！他感激那些觉得他发疯的人。他觉得自己就像是拿着父亲的左轮手枪玩俄罗斯轮盘的格雷厄姆·格林，也有点像把自己当成正在弹钢琴的陀思妥耶夫斯基一样几乎无法置信。

“你有病吧！凯尔文老大！”当他拖着降落伞朝着他们走回去时，他们说。

“兄弟们！”

“天啊！你真的有病！”

“耶！”

“干得好！”

无怪有人说：曾经贴近死亡，才算是真的活过。

******

现在，穿着飞鼠服跳崖的竞赛一年会举办两次。这是一场不可思议的竞赛，最快到达地面的人就获得胜利。这个活动被称为“定点跳伞”，是由最勇于尝试冒险的德国人保罗·福尔顿（Paul Fortun）创办的。你一定会觉得他对此项活动毫无畏惧，不然他怎么可以这样一次又一次地跳下山崖呢？不过，在2012年他曾说过：“每次往下跳时，我跟大家都一样，总是感到非常害怕。

我想，如果你不害怕做这类事情，那又为何要做呢？”[2]

这个想法完全颠覆了预警原则，因为有可能出错，所以我们才会去做。“这个活动就是要去品尝恐惧和失控的状态。”他说，“我爱死这种感觉了！”

这本书的大部分都在讨论致命的危险，并且把这种危险当成一件不好的事，但危险也是一个能够让你大声尖叫的事。奇妙的是，那些喜欢这项活动的人，既痛恨也不需要去量化风险。保罗·福尔顿与凯尔文从事这项活动并不是因为观察到他们做这件事的死亡率跟其他人大不相同，而是因为大家的死亡率都差不多。这就是他们喜欢这项活动的原因。①

当人生是残忍且短暂的时候，人们每天都处在疾病、饥饿与冲突的风险之中时，你可能会猜想，没有那么多人会选择站在山峰上或是跳下山崖这类很容易造成伤害的体育活动，毕竟这个世界上已经有够多伤害人的事物围绕在我们身旁了。在16世纪初期，拳击比赛时是不戴手套的；而在那些没有裁判和规则的混乱足球比赛（或者更精确一点儿，称之为斗殴比赛）中，也常常发生人员死亡或残疾的状况；那些有钱人还会进行马上格斗（中世纪的时候）以及（再晚一点）从事全速奔驰的篱笆障碍赛。

对于19世纪欧洲那些较富裕的市民来说，当生活变得更加舒适温暖以及可预测后，1857年的伦敦，登山俱乐部就此诞生。他们的会员标准是：“曾经登上合理数量的壮观顶峰。”当时英国

---

① 虽然这并不寻常，但总体来说，假如人们喜爱承受风险之中所得到的益处，他们会倾向于认为客观上风险很低，就算风险真的很高，他们也只会觉得更加兴奋而已。

支配了整个登山活动的发展，并且要求会员穿着极不合适的衣物攻顶。这些绅士们（以及一两位女士）拥有许多动机：有些人有科学上的需求，有些人则追求一种心灵与自然的结合，还有少数人则是热衷于“从指尖传来阵阵寒冷的危险感”。[3]

登山在过去是一项冒险的行为，时至今日危险性仍旧不减。姑且不论跌下山谷的可能性，缺氧、低温、暴露在强风与太阳下等各种困难都需要克服。不过我们很难把上述风险用数字量化。虽然我们可以用相对简单直接的方法——计算尸体来得出数字，但我们是把这个数字跟所有登山的人数相比，还是只跟那些把攻顶当成例行公事的人相比呢？另外还有个问题，就是无论怎么测量，我们都得知道有多少人去登山才行，不过你很难找到这些数据，因此最后的统计数字必定是非常粗略的。

到2011年为止，已知有219人在攀登圣母峰的途中死亡，每25人成功登顶就会有1人死亡。1990—2006年，我们认为有2万多名登山客登上海拔超过8000多米的喜马拉雅山，估计死亡数为238人，每次登山的微死亡数为1.2万[4]。另一项研究报告指出，1968—1987年，533名试图登上海拔7000米以上高山的登山客，有23名死亡（二十三分之一），相当于每次登山4.3万微死亡[5]。这个级别的登山客运动的风险，比“二战”时期执行轰炸任务的飞行员还要高，或者说大约等于一般人117年发生一次严重意外的概率。

说到花式跳伞，有一阵子很多人害怕从飞机上跳下去，不过也有些人喜欢在飞行中跳伞，不然就是喜欢被抛出去。伊卡洛斯（Icarus）用假的翅膀飞翔并发现鸟类，飞行的危险性可说是显而易见。

降落伞是18世纪末发明的，滑翔翼的出现则再晚一百年，此时正好是发明家期盼能展示他们个人大胆想法的时代。1912年，弗兰兹·瑞切特（Franz Reichelt）原本是一名裁缝，有一次他发明了一件可以穿在身上的降落伞，样子看起来介于超大号雨衣和可充气的救生艇之间。只有傻子才想尝试这个东西。

他后来得到官方认证的“傻子证明”了，因为他异想天开地要在埃菲尔铁塔上测试它。后来他真的毅然决然爬上塔顶，穿着这件降落伞，谁劝也不听。在记录这场测试的影片中，你可以看到这位主角前进又后退，心跳加速，鼓励自己跳下去，接着摆动着双翼，像只被枪击中的鸟一样，直直坠下。虽然在影片中，我们听不见围观群众的声音，但实际上一定是尖叫声不断，大家抢着上前去看躺在冰冷石子地上的尸体[6]。后来，警察看起来似乎在测量他坠落砸在石子地里的深度。①

跳伞比赛始于20世纪30年代，美国跳伞协会（US Parachute Association）估计，2000—2010年，平均一年约有260万人次进行跳伞[7]。但它仍然不全是安全的，这段时间有279人死亡，一年约25人，每次跳伞大约10微死亡。进一步调查这些意外的细节后，发现这些死亡者主要是跳过1000次伞以上的狂热分子。跳久了，可能就会尝试更多高难度的动作。初学者反倒很少出事。

我们可以视瑞切特为世界上第一个进行定点跳伞的人。定点跳伞的概念是跳伞者选一个定点作为跳跃点，而不是从飞机上

① 只要在优酷网上搜索发明者的姓名，就可以看到这段影片。——译者注

跳下。不用多加说明，大家也知道这是非常危险的行为，虽然有些人会惊讶，以同一座山为基准的话，从上面跳下来，其实比爬上去要安全一些，尤其是特别高的山。挪威的谢格拉伯顿石（Kjerag Massif）就是最安全的跳跃点之一，它拥有深达1000米的陡峭山崖。理论上，这样的距离让跳伞者拥有充足的时间，能够在任何不可避免的问题发生时，尽量减小坠地时的冲击。尽管如此，在十余年的时间，有20850人次跳伞，还是发生了9起死亡和82起非致命的意外事件[8]，大约每2300人次跳伞，就会有1人死亡，即每次跳伞430微死亡。而且这还是最安全的点之一。基于某些显而易见的原因，定点跳伞并不是一项全民运动，不过有记录以来也造成了180人死亡，很多是由穿着像在空中飞舞的松鼠的飞鼠衣所造成，那样子其实有点像可怜的瑞切特最早坚持的装扮。

假如没人发现其实人也可以悠游在空中的话，那么大家可能就只会悠游在水里了。雅克·库斯托（Jacques Cousteau）在1943年发明了“水肺”技术，将水肺潜水转变成一种休闲活动。英国潜水协会（British Sub Aqua Club，BSAC）现在已经拥有超过3.5万名会员了。该协会将所有因潜水而造成的死亡事件仔细记录下来，1998—2009年，总共有197起死亡事件，平均一年16起[9]。他们估计这段时间内，大概拥有3000万的潜水人次，因此平均致命风险大约是每次潜水8微死亡。不过这是平均而言，英国潜水协会的会员每次潜水大约5微死亡，非会员则是10微死亡。

潜水跟现代登山与跳伞运动一样，都是依靠科技持续的发展来减少过去存在的危险。相较之下，跑步似乎自然且温和些，是一项谨慎的运动。不过正如费迪皮迪兹（Pheidippides）在2500年前发明的长距离跑一样，在他为了宣布马拉松之役胜利的消息跑了42公里后，他的脚极度疼痛，并力竭身亡。1975—2004年，美国有350万人尝试过马拉松，其中有26件猝死事件[10]。因此从事马拉松运动平均7微死亡，跟水肺潜水和花式跳伞差不多。近来的焦点都放在过度饮水的风险上，在2007年伦敦马拉松的参赛者中，就有1人因此死亡[11]。

大部分假日运动都不太可能夺走你的性命，不过受伤就很常见了。

曾经有人收集了民众因为休闲活动发生意外而送到医院治疗的数据，并称之为“休闲事故监测系统”（Leisure Accident Surveillance System，LASS）。数据记录举例来说，2002年，有620人在骑车上学时受伤[12]。

不过这只是英国17间医院急诊室的资料而已。如果类推到全国，估计骑车上学时受伤的人数应有12700名。该系统也估算出高尔夫俱乐部约有6500起意外发生，而且所有运动加在一起约有70万的受伤事件，其中占大多数的是球类运动引发的受伤，这个数字让你有足够的理由待在家里看电视转播的足球赛了吧？该系统甚至分辨出每项受伤事件的详细原因：标枪有200件（你最好别知道细节）、跳绳有1600件、板球有1.7万件、足球有26万件、滑板与冰刀加起来有3.4万件，还有钓鱼钩造成的3200起事故、弹力堡（一种小朋友玩的充气式游乐器材）造成了5800起事故，以及164起板球球门柱造成的受伤事件。

作者迈克尔曾经向一个新进训练者（traceur）——一个跑酷

（parkour）或者称为自由跑的实践者，询问关于用一定的速度滚动、跳跃以及用鞍马跳跨越都市里各种障碍物的受伤风险，并且对于对方不知道跑酷其实是一种通过学习迅速移动来避免危险的运动而感到生气。不过这点确实很难自圆其说，假如安全是重点的话，那么为何不直接走楼梯呢（尽管楼梯也有一定的危险，详情参见第18章）？

很明显，有些事比小心还重要。大部分运动也不希望有死伤的发生。就拿花式跳伞、水肺潜水和马拉松赛跑以及其他较温和的极限运动来看，这其中似乎有些自然的风险——差不多10微死亡，大部分的参与者也明智地做好了承受这份风险的准备。但不包含定点跳伞或是高海拔登山。

因此这些人一边与危险共舞一边讨论安全问题，并不是一件不合逻辑的事。从事危险运动并不等于鲁莽，如果他们不总是意识到危险的话，就算多么小心，风险都不只这样。从事这些活动的风险确实比过平常日子时高了些，不过大多数参与极限运动的人认为，比平日多出10倍的风险就是周末的固定风险。

斯蒂芬·林（Stephen Lyng）做了一项称之为“边缘性工作”的研究，这个名词是由亨特·汤普森在他的著作《赌城风情画》中提出的（可参见第9章关于吸食毒品的论述）。他用社会理论的语言来描述、支持他的边缘性工作理论，作为“获得通过精密磨炼后的技能，并且体验到强烈的自我认同和控制感，从而提供了一种从充满异化和过度社会化的结构中逃离的机会”[13]。

痛恨你的工作，觉得自己只是个大机器中的齿轮，对每天的微死亡感到厌烦了吗？想要感受自然万物的存在并且忘记僵化的自我吗？那就跳吧！

跟毒品一样，对于风险的察觉足以将所有的威胁转换成吸引力，但它通常会停止你对死亡的短暂渴望。有些人说是疏于控制，其他比较中肯的人评论说，发生问题是有可能的，得再多加小心控制状况。总之，他们认为自己会活着回来，然后就可以大书特书这段经历，而且他们永远都可以选择远离他们身后的危险，去从事其他活动。因此，无论他们最后选择做还是不做，其实都保有所有的控制能力。从这个荒谬的观点来看，凯尔文会发现，等他老了以后就不会在极端贴近死亡这件事上找到任何的刺激感了。如果你死透了，就不算是选择了危险。因此，如何选择是你对危险保持何种态度的关键。令人感到惊恐的还有非自愿风险[14]，或是那些人们无法逃避的危险，比如，暴露在严重污染的环境下就是一种我们无法逃脱的风险，它比我们自己选择的风险，如一些冒险运动还要令我们难受。“冲浪者对抗污水联盟”（Surfers Against Sewage）是一个真实存在的组织，他们用非常中立的观点看待风险，认为进行此类运动的风险是可以接受和容忍的。假如世界上也存在“花式跳伞者对抗气候变迁联盟”的话，就不会总是聚集一些想要用生命冒险的笨蛋了。

如果跳伞跟你坐在办公室里一样安全的话，那它还会让大家觉得刺激吗？答案是显而易见的。对许多喜欢跳伞的人来说，它的诱惑并不只是统计资料呈现出来的风险，而是在跳伞的那一刻感受到的危险性。发自内心的恐惧可能是演化的动力之一，不过演化的进程似乎还无法赶上降落伞的脚步。换句话说，危险不只是用你的脑袋来衡量，还要用你的身体来感受。就跟开飞机或是坐云霄飞车一样，我们可以感受到恐惧，甚至是享受恐惧，只要多一点儿与平常不同的担心就足够了。

衡量伤害的客观标准跟主要的刺激感并非毫无关联。假如你知道游乐场的碰碰车是个死亡陷阱的话，你就不会坐上去了。因此我们会对自己说："我知道这不会有事的，只是我觉得它不够安全而已。"然后再小心翼翼地享受这场游戏。对许多人而言，下面这句俚语非常受用，需要认真品尝，那就是："危险就是对你的奖励。"

第 17 章

生活方式

诺姆闭着眼睛躺在床上，聆听自己的身体。他感到自己已步入中年了，身体对他诉说着疼痛。

最近在与凯尔文边吃午餐（凯尔文吃汉堡、诺姆吃色拉）边阅读有关慢性病的资料后，他都会去运动。跑步是他用来缓解雨点打在窗台上干扰心神的方法，尽管还有其他让他感到安慰的方法，例如啤酒搁置一会儿再品尝风味较佳，苦味中会带有恰到好处的甜味。

他每天用20分钟的时间跑步，摄入200毫克醋酸氟卡胺来控制心律不齐，短裤上的腰带勒进他的大肚子。他强迫自己奔跑在四周荆棘围绕的小路上，或是穿过运河旁充满湿气的树丛，就像推开紧闭的棺材盖子，然后贪婪地大口呼吸。他仿佛拖着尸体慢跑，直到肾上腺素冲淡疼痛为止。这就是他的全部，亢奋的感觉。

“全心全意投入吧！诺姆。”

他再次伸展，直到身体发出仍存活着的鸣叫，好几个小时过去了，身体仿佛什么都感觉不到了。他使唤着自己细瘦的双腿和被挤压、喘息着的肺，好证明自己的身躯还可以再发出激进威猛的一声呐喊，以对抗身体的老化、能量的干涸与无力的发声。当他在跑步的时候，他感觉自己正在活着，这是伟大且永恒的22分钟。诺姆清楚地知道，22分钟的运动在剩下的生命中有多少价值。

他完成了。当每一处肌肉仿佛都在说它们已耗尽力气时，他倒下了。他不知道他是否已坚持不懈地让心中那个长跑好手莫·法拉（Mo Farah）完成了冲出栅门进入蔬菜园的过程，而非只是在跑道上等待着。他看了看表，叹息着，终究还是花了22分钟又18秒。现在，他可以去酒吧了。

* * * * * *

对诺姆来说，生活方式是一种新的危险。从以前到现在，他遇到的危险往往是即时性的，比如暴力或意外事件，是那种仿佛轻快地说晚安，却狠狠击中头顶的类型。但是，诺姆现在遭遇的更险恶的威胁，是另一种以更缓慢的速度产生影响的致命危险。就像鬼鬼祟祟地吞入一条会致癌的培根，或注入一品脱有毒的液体到血液里，它们就像潜伏的致命杀手般渐渐地，且终将注定在生命中追赶我们。

第一个致命的危险，也是最快的，是急性风险；第二个则是慢性风险。如果电锯谋杀是急性的，那么肥胖就是慢性的，随着时间变得越来越糟。当然，也有二者兼具、同时作用的，比如当你狂饮后，就有摔倒在公交车车轮之下的急性风险，或有缓慢地如酒精闷煮你的肝脏的慢性危险。但一般来说，将它们分开来看是有帮助的。

我们一直使用微死亡来描述急性风险。针对慢性风险如肥胖或诺姆目前遭遇的长期生活焦虑，我们介绍一个被称为“微生存”的小概念。它是这样运作的：想象你的成年生活被分成100万等份，而微生存则是其中一个30分钟的等份。它的依据是，一个年轻人平均还拥有50万小时（3000万分钟）的存活时间。[①]

听起来不怎么令人印象深刻，但我们喜欢微生存这个概念，它是具有启发性的单位。就像微死亡一样，它将生命拉至便于思考和比较的微观层面，即以半小时为一个量块，我们的一天则会有48个量块。

你可以把它视为用任何方式去消耗的库存生命，也就是整个成年生活里有100万个区块，而每一个区块都价值半小时，任君随意使用。你正在观看欧洲歌唱大赛吗？砰！ 6个微生存消逝了，永不复返。

有多少微生存在这样平凡的时光里流逝了呢？每天我们起床，四处逛逛，填塞美食到我们的身体里，把废物排出去，然后睡觉。如果我们感觉郁郁寡欢，那么接着到来的48个微生存也将如斯逝去。

微生存可能会因慢性风险而被消耗殆尽，尽管时间以自己的节奏流逝，我们的身体还是可以依据我们对待它的方式来决定老化得快一点或慢一点。如果我们多运动，健康饮食或吃得过饱的状态少一点，那么我们在滴滴答答、稳定前进的时间之流中，可

---

① 英国22岁男子目前平均寿命约为79岁。也就是说，剩余57年，即大约2.08万天、50万小时。女子的平均寿命约为83岁，所以她们倒数的“50万小时”在26岁时便开始了。这个数据并非对每个人都适用，但在我们都没有预知能力的前提下，大致可作为参考。

以减缓多少迈向疾病、衰老和死亡的速度呢？如果我们放纵自己、糊涂懒散，我们的生命时钟又会跑得多快呢？

换句话说，微生存可以测量你正以多快的速度用光你的库存生命，速度的快慢取决于你暴露于多大的慢性风险之中。如果你的生活方式长期不健康，那么你可能会更快燃烧殆尽你仅有的微生存，并加速迈向死亡。

举例来说，吸烟常常伴随着肺癌或心脏疾病，也因此减少了平均寿命。这里需要再次说明，并非对所有人都如此，但总的来说是这样。有些人似乎坚不可摧，像烟囱一样玩儿命抽烟，海量酗酒，却感觉不出他们因此变糟。但是平均而言，即使慢性风险并未立刻直接杀死你，但若一直继续、未禁断阻绝，它们往往会更快速地置你于死地。那些因此死亡的人，不管是因为肥胖、抽烟还是吃腊肠而失去的寿命，我们大致上都可以估算出来，并将这些失去的寿命转换成无数个因为不健康生活而消耗掉的微生存。因此，暴露于慢性风险之下就相当于微生存的持续减少，每减少1微生存，就相当于缩短了100万个半小时中的1个生命分量。

一根香烟平均会减少约15分钟的寿命，所以两根香烟会减少半小时，即1微生存，四根香烟则等于消耗2微生存。两品脱（1.14升）浓啤酒也消耗1微生存。你的腰围每多2.5厘米就消耗你每天1个、每周7个、每月约30个微生存，等等。根据最新的研究，看两个小时的电视、每天吃一个汉堡也大约消耗1微生存。我们很快将揭示这些风险背后的数据。

我们可以直接将这些微生存半个小时、半个小时地加起来，大约可以看出你的寿命在过去的经历中，总共损失了多少。但生命的尽头就像故事的结尾，通常让人感觉很遥远，失去的半小时往往被搁置到你无法去计算的耄耋之年。一位医生曾说："我宁愿偶尔吃个培根三明治，也不愿活到110岁，却一边淌着口水一边吃麦片。"但是通过思考暴露于慢性风险中将加速用光你每日拥有的微生存这件事，我们可以做一些更清楚明确和立即明了的事。根据你所承受的由生活方式导致的慢性风险，我们可以让你知道，你的身体每天老化了多少。

一般来说，我们每天耗用48个微生存。但也请记住，抽4根烟需额外消耗2微生存。所以，如果你每天抽4根烟，每日用去的就不止48个微生存，而是50个。换句话说，一天过后，你已经老去了25个小时。

从生物学来看这些事，是个不错的观察角度。当我们不注意保养时，身体通常会更快速地老化。每天抽20根烟，意味着你每天平均多耗用10个微生存，也就是说在一天过后多老化5个小时，朝死亡加速迈进了5个小时。

慢性风险在此刻比在认为可以延后思考或偿还直到用尽它时，更让人感到意义重大。它就像我们熟知的时间折现。将慢性风险从整个生命的幅度，拉到今天发生的事件这样的小时刻，微生存让慢性风险变得更真实和更具即时性。

但真的是这样吗？你也许会有所质疑。你也许喜欢拖延面对生活方式所带来的风险。你也许会辩驳，在它确实发生前，不应该对抗那些在往后生命里才该偿还的债务。它也可以解读为，既然我们正在耗损、损害它，那我们更应该现在就去度量它。

微生存让我们对慢性风险有了简单的对照，就像急性风险之于微死亡一样。现在我们可以将吃腊肠与喝酒、抽烟相比，将X光与手机相比，将计算机分层扫描与在广岛市郊观看原子弹爆炸相比，将变胖与变得健康相比，将没有保护措施的性行为与无防护罩的太阳相比。在第27章，我们有一张标示一系列微生存数据的表格。

如果这些统计数据让你感到惊恐，那么请迅速前往下一章。在那里，我们将知道这些数据是如何取得的、微生存耗损的证据和我们已证实过的好处。现在请将它视为统计学的侦探小说吧！

我们从之前提到的一个汉堡多消耗1微生存开始谈起。这是《每日快报》里一则关于哈佛大学“红肉的危险”研究的报道。[1]报道中指出，如果人们每日不管是从牛排还是从牛肉汉堡中减少半份红肉摄取量，那么将减少10%的死亡率。

哇，让我们成为减少10%死亡率的人们中的一员吧！但这并不是这项研究所要表达的。它最主要的结论是，每天多摄取一份一沓纸牌大小或比标准的0.25磅汉堡[①]稍微小一点儿的红肉，与1.13的风险比值（hazard ratio）有关，即增加了13%的死亡风险。先暂时将对这个数据正确性的疑虑搁置一旁，让我们照字面意思去理解，这意味着什么呢？如果我们的死亡风险已是百分之百，那么130%的死亡风险还有意义吗？

让我们想想那两位朋友——凯尔文和诺姆，他们都是40岁的年纪。我们做个假设：他们除了在肉类的摄取量上有差异之

① 实际上是85克，或大约3盎司。

外，在其他生活方式上都非常相近。[1]偏好食肉的凯尔文，星期一至星期五的午餐都吃0.25磅的汉堡；而诺姆午餐不吃肉，但在其他饮食习惯上都与凯尔文相近。我们在这里不谈论他们的朋友，也就是那个在读完《每日快报》报道后，决定再不吃肉而成为素食者的特例普登丝。虽然她可能会臣服于、抵挡不住受到污染并已发芽的葫芦巴种子的诱惑。

每一个人都面临着年度的死亡风险，其专门术语为“危害物”（hazard），略带诗意但稍嫌古老的说法是“死亡力”（force of mortality，关于死亡力更完整充分的讨论请参见第26章）。1.13的风险比值是指，两个生活习惯相近但食肉量不同的人，其中一个所带有的风险系数，即他会增加13%的年度死亡风险，但这并非总风险，而是摊在接下来大约20年中。

这并非意味着他的寿命将缩短13%。为了理解它真正的意思，我们可以参考由国家统计局提供的生命表（life-tables）。它告诉我们，一个普通的人，比如诺姆在每一年会死亡的风险。在2010年，这个风险或危害对于7岁的人（请参见第2章有关幼儿的内容）是最低的，只有万分之一；对于34岁的人，增加为千分之一；对于62岁的人，是百分之一；85岁的人变成十分之一，他们将会在86岁生日前去世。所以大体上来说，年度的死亡概率大约是每27年增加10倍，约每9年呈双倍成长——在一年过

[1] 这个假设与哈佛大学的研究一致，他们都是中等身材，有相同的酒精摄取量、运动量和家族病史，但不一定拥有相同的收入、教育程度和生活水平。这就是哈佛团队分析风险的方式：尽量聚焦于我们食用肉类造成的影响，避免太多其他因素的干扰。

后，当我们老去一岁时额外多了约9%的死亡风险。生命表也告诉我们每个特定年纪的平均寿命、目前假定的危害，还会告诉我们诺姆预计将再活过下一个40年，直到他80岁为止。

从以上观点我们可以知道，偏好食肉的凯尔文所承受的危害风险是诺姆的1.13倍。在经过推算后，我们发现凯尔文预计平均可再活39年，比诺姆少一点儿。所以，凯尔文的午餐与他比预计死亡年龄提早一年死去，即从80岁变为79岁有关，前提是如果他接下来的日子都继续食用这些东西，而我们也相信风险比值的话。

英国作家金斯利·艾米斯（Kingsley Amis）曾言："没有任何一种乐趣值得你为了在滨海威斯顿（Weston-Super-Mare）的老年医院再多活两年而放弃。"[2]这其中可玩味之处就交由读者去体会吧！但我们无法精确断言一定会失去这些时间。我们甚至无法断定凯尔文将会先死。事实上，凯尔文比诺姆先死去的概率仅有53%①，假如他们吃一样的午餐则是50%。差距并不是很大。

但如果我们将这耗损掉的一年寿命（仅存的40年寿命中的一年），粗略地转换成一年会少一个星期，或是一天会少个半小时的话，感觉就重要多了。这跟每天吃一个汉堡多损耗1微生存是一样的。因此，除非吃东西非常慢，不然吃掉汉堡的时间不会比你因为吃汉堡所耗损的微生存要多。

不过，我们无法确定是肉直接导致了平均寿命的减少，原因

---

① 如果我们假设风险比值h在他们整个生命中持续存在，那么某些简练精确的数学运算告诉我们，凯尔文比诺姆早死去的概率，确切来说是h除以1加h，即h等于1.13的话，会得到大约53%的概率。

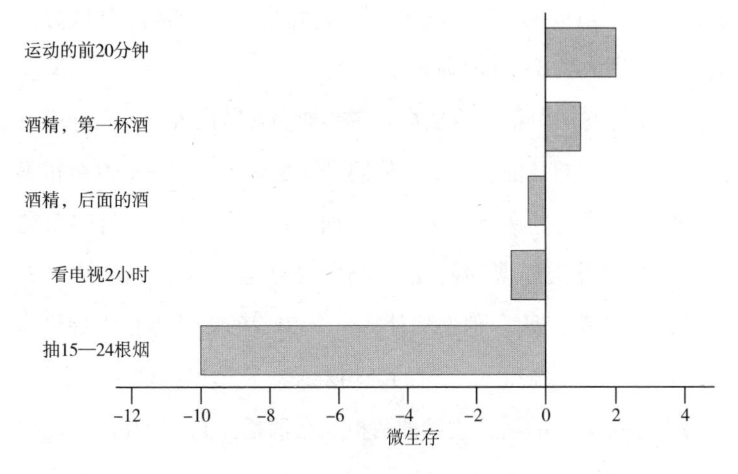

不同的活动增加或耗损的微生存

是如果凯尔文改变他的午餐习惯，停止往肚子里一个劲儿地塞汉堡，那么他的预期寿命一定会增加。或许还有其他因素同时引发了凯尔文吃更多肉类的兴致并导致了生命的衰减。

收入情况可能是其中一个因素。在美国，较贫穷的人们倾向于吃较多的汉堡，寿命也较短，这其中也考虑了各种可测量的风险因素。但哈佛的研究并不考虑收入因素，他们对参与研究的人，比如健康专家和护士，都进行了同样的实验。我们应该对这类与饮食有关的研究持保留态度。

我们也可以更深入地探究其他坏习惯的统计数据，例如吸烟。反对吸烟比反对吃肉的证据要好找多了。就缩短生命来说，初步分析认为，吸烟者与非吸烟者的平均寿命有6.5年的差距，也就是约3418560分钟[3]。他们采用17—71岁的人，每天抽16根烟的中间消费量，共计会抽掉311688根烟。若做个简易的假设：每根烟造成的风险都是相同的，每根烟平均将耗损11分钟的寿命，即大约3根烟耗损1微生存。

这个简易的分析仅将抽烟者与非抽烟者做比较，但在同样对健康有所影响的其他方式上，他们可能是有差异的。更复杂精确的分析会考虑停止吸烟的影响，然而幸运的是，在英国有4万名医生已做过此类经典的研究。1951—2001年，他们其中许多人在研究期间戒了烟[4]。他们估计，一个40岁的人若停止吸烟将延长9年，即总共约7.8万小时的平均寿命。从这里我们可以估算，若每天保持规律的话，大约抽两根烟会消耗掉1微生存，所以抽两根烟大约等于吃掉一个汉堡①。

那酗酒呢？酒精在所有造成死亡的原因里，它的实际影响是比较有争议的。尽管它可能会导致意外（特别是驾驶者和年轻的狂饮者）、引起肝脏疾病和增加罹患其他癌症的风险，但也会对你的心脏有好处。所以，其年度的剂量反应曲线（dose-response curve）就中年人而言呈J字形。这是指当你摄取少量酒精时，风险随着J曲线出现轻微下滑；若继续摄入，曲线则会上升。粗略地说，每天的第一杯酒会增加微生存，但之后过多饮酒将会抵消原本的增加量，还会消耗更多微生存。所以，第一杯是良药，接着的第二、第三、第……杯则为毒药。它绝不是良药－毒药－良药……的循环，否则就太荒谬了，人们只要喝奇数杯

---

① 如果他继续抽烟，那么预计只能再活30年，约1.1万天，所以他每天平均多耗损约7.2小时（14微生存）。我们可以想象他每天正以31小时加速朝死亡前进。在未来这30年中，他可能会抽32.5万根烟（假设在1950—1960年，每天吸30多根烟）。这也同样适用于每抽一根烟耗损15分钟的寿命。

的酒就行了[5]。

上述说法让人感到有些沮丧。良好的饮食和充分的运动，例如吃燕麦片和跑步（不必同时进行）有什么好处呢？英国作家艾伦·亚历山大·米尔恩（A. A. Milne）曾言："一只小熊不管再怎么努力运动，也是肥肥胖胖的。"我们可以发现肥胖对我们产生了什么影响。最新的风险评估①：如果你超重5公斤，将等于每天损失1微生存[6]。严重肥胖的人将会减少10年的平均寿命，与吸烟者接近。

欧洲癌症营养前瞻性调查（European Prospective Investigation into Cancer and Nutrition，EPIC）在诺福克郡（Norfolk）进行了一项研究，将每天吃五份蔬果的人与没有这种习惯的人比较（研究者通过测量血液中的维生素C含量来确保他们的诚实性）[7]。结果风险比值为0.69，显示年度风险减少大约30%（或可以这么说，一天储存了3微生存，他们一天只老去22.5小时，而非24小时）与比较健康的饮食习惯有关。

你是否觉得熟悉呢？"英国指南"建议我们在每周的五天里，每天要做30分钟适当或剧烈的运动，即一周共2.5小时或平均一天22分钟。在2008年，当被问及运动时，有39%的男人和29%的女人宣称每周达到了这样的运动量[8]。然而，某些运动如性行为，往往被过度汇报，就像酒精未被如实或充分报道一样。如果我们相信这些人说的话，那不就代表在英国所有被买走的酒，有

---

① 对总死亡率来说，这个研究预计，身体质量指数（BMI）的理想范围是22.5—25，每超过5就提供了大约1.29的风险比值。对于一般身高的男子/女子（1.75米/1.62米）而言，这与每超重5公斤有1.09的风险比值相符，转换后为每日1微生存。

一半都直接被倒进水槽了吗？这让我们怀疑。当人们带着码表测量他们真正的运动量时，仅6%的男人与4%的女人符合政府所建议的运动频率。事实上，我们都活在肥胖与自我欺骗之中。

有一份涉及22个项目、将近100万人参与的大型研究推断，一周2.5小时的非剧烈运动与0.81的风险比值相关，这跟完全不运动比起来，减少了19%的年死亡风险[9]。也可以说，每天平均22分钟的运动（恰好是文章开头诺姆跑步的时间），增加了每天1小时或2微生存的平均寿命。因此从沙发上起身去运动将得到相当高的投资回报率。

所以避免当"沙发土豆"是明智的。瑞典一项研究甚至指出，只要开始就永远都不晚，在中年开始渐渐增加运动量，你所面临的风险最终将降低到与年轻时一直保持运动的人相同的程度，这与戒烟的好处类似[10]。

有些天真的想法建议，如果我们做很多运动，我们可以长生不老，但不幸的是，其中存在着一种强大的报酬递减（diminishing returns）效应。人们每周做7小时即每天1小时的适度运动，仅降低24%的风险，相当于每天运动增加约1.5小时的寿命。

所以粗略地说，与不做运动相比，每天进行大约20分钟的运动大有好处，但超出的部分是按照比例计算的。就像你运动时，时间为你静止了一样。当然了，在跑步机上时也可能会有这种感觉。

我们的身体状况在出生时就决定了，后天很难有太多改变，这也可以表现在微生存上。比如，身为女性而非男性（每天多拥有4微生存或2小时）、身为瑞典人而非俄罗斯人（对男性而言，每天多拥有21微生存或超过10小时）、生活在2010年而非1910年（多拥有15微生存或7.5小时）。

当然，找出对生活方式的健康影响并非易事。要用精准的数字来描述伤害我们身体的程度——香烟、腊肠、500毫升啤酒或一杯葡萄酒，或是每天缺乏五份蔬果的摄取——是不可能的。就良性方面而言，我们能从骑自行车中得到益处，成为更健康的人。

但是我们可以通过计算许多状况下的寿命平均数，来粗略地估计这些影响。这非常值得一试，特别是在这个规劝我们要自我精进的世界，或在如何（或其实无法）永葆青春的故事里。

微死亡与微生存之间有一个很大的差异。假设你某天骑摩托车并没有发生意外，你存活下来了，那么第二天你的微死亡将重新计算，你将以空账户开启新的一天。但如果你整天抽烟且几乎以猪肉派为生，那么你损耗的微生存将累加。就像你每天都去一个地方买一张永久有效的彩券，你的中奖机会也大大增加。只是在微生存的情况下，你并不想这么做。

人们花费不少钱在买香烟上，但平均寿命中的半小时，你愿意出多少钱来购买呢？政府对于微生存的价值非常重视，就像重视微死亡一样。英国国家卫生与临床优化研究所有一份指南表明，如果通过治疗能够延长一年健康寿命，英国国民健康服务体系将会投入3万英镑，大约是17500微生存。这意味着，此研究所给微生存（或你剩余平均寿命的半小时）定了价，大约是1.7英镑1微生存，几乎正好是交通运输局表示将支付用来避免1微死亡的费用。

这是否意味着每当你成功抗拒抽两根烟，或你每天不让腰围增加2.5厘米时，政府就应该支付你1.7英镑？或许吧，只是这不太可能。如果这样的话，恐怕所有人都可能会声称自己每天成功抗拒了好几百根烟，特别是不抽烟的人。

现在诺姆已迈入中年，他对在早先的生命里吃下许多汉堡感到非常后悔，①他气喘吁吁地把时间放回库存里。很有趣也值得注意的是，他并未变得纯净健康，只是自鸣得意罢了。22分钟的跑步也许让他买到一小时的寿命，但另一个结果是，他把它耗用在酒吧里，从而觉得更快乐。他的行为就是我们熟知的风险补偿，与第15章探讨交通意外时提出的概念有关。我们都有内建的风险平衡自动装置。已吃下维生素了吗？太好了，我可以多吃一些薯片啦！

斯堪的那维亚柳橙汁

假使你活得比朋友们都还要长久，那你要找谁话家常呢？

实验性证据支持这些观点[11]。在一个培养一群重度瘾君子的实验中，一些参与者被分配了一些药丸，并被告知有抽烟休息时间。这些药丸都是安慰剂，但那些以为自己吃下的是维生素的人，有更高的可能性去抽烟（比例是89%：62%）。在另一个调查人

① 凯尔文呢？他从来没后悔过。

们脆弱感的实验中，那些吃下维生素药丸的人，不知为何会认为发生意外时自己有较少的受伤机会。所以，如果你已储存若干健康，你可能会随意花费它。这些态度和行为如何变动（有些是有益处的，但有些是补偿性的且有害的）都需要精心计算。维生素药丸对大部分人没有太多帮助，真心的建议是，风险推测需要考虑接下来要吃的奶油蛋糕。

有关运动的研究摘要显示，减肥仍然会为人们带来非常多的好处，尽管减去的重量并不像你希望中的那样多（或许是因为人们减肥时往往吃得更多）[12]。与网络上的某些流言相反，研究并不认为运动会让人们吃得更多，导致越来越肥胖。但请一定要注意，不要把吃蛋糕当作你辛苦努力减肥的补偿。

第 18 章

健康与安全

诺姆看到一排塑料警示桩从他家门口道路的急转弯处延伸，一直越过了一座小山丘。在这排警示桩的尽头，有一个红绿灯，一台小面包车和一个发电机在这排警示桩的中间。面包车后面写着“紧急救援车，限速56公里”，旁边站着一个男人，正在研究一张地图。

“怎么了？”诺姆问。

“双向交通管制，先生。”

“这样啊，是因为……”

“警示桩。如果不进行交通管制就无法封闭车道。”

“好的，所以红绿灯是为了这些塑料锥，而这些塑料锥是……”

“为了保护红绿灯。”

“……”

“我们不能把信号灯立在路上却不做车辆分流，不是吗？”

“所以这些塑料锥是为了这些红绿灯而红绿灯是为了……这也许听起来很蠢，不过你可以……”

“移走它们吗？不行，先生。红绿灯是为了控制交通，警示桩是为了保护红绿灯，毫无疑问，少了其中一个，另一个就会很危险。”

“所以，你之后不会在路上挖洞吧？”

“为什么我们要这么做？”

“不介意的话，请问你……”

“遵循消防法规。这里现在缺少一个火警集结点。”

“火警集结点是为了……”

“我和艾瑞克，”他指指另一个正在看报纸的男人，“必须保证，一个指定的异地现场集合点必须标志该地区有什么，例如在起火、爆炸或其他意外发生时，协助现场疏散，我们要建立一个让所有人都灵活进行作业的场地。注意那条电缆，先生。”

“你确定为了这件事搞这么大阵仗合适吗？”

“当然！”

“就为了帮你们两个规划这个场地？”

“确实。”

“一个人来做就可以了吧？”

“意思是？”

“好吧，你为何不干脆就别来了呢？只要不来，你就不用冒这里不符合标准的风险了。”

“那么，我们怎么知道？”

“知道什么？”

“它是否符合检查的标准。”

“好吧……我懂了……谢谢。”

“只是为社会服务罢了，先生。”

******

诺姆与警示桩的故事是否真能让你想起所有与健康和安全有关的事情呢？很有趣的是，它不是，而我们又如何去喜爱一个无法证明我们是正确的故事呢？我们都擅长过滤证据，就像第10章说到的。正因如此，我们有时对那些荒唐透顶的故事才深信不疑。

例如有个故事说，在哑剧演出时严禁向观众席丢糖果。这例子够愚蠢了吧？除非这不是真的[1]。然而这类流言却是英国健康安全局极力想要消除，但人们却非常乐意相信的高人气迷思。类似的还有在进行板栗游戏①时可以打架，英国健康安全局回复道："实际上，来自板栗游戏的风险低到令人难以置信，不值得理会。"但迷思仍然存在。疯狂的规则本身就是一个好例子。

所以到目前为止，英国健康安全局所做的努力及其贡献也许都被这些故事给封印住了。"精灵和安全"（Elf and Safety）②对英国健康安全局来说，就像一个诅咒，一个玩笑。就像在漫画中，邪恶的反派将照顾他的岳母痛打一顿一般莫名其妙。

"这是英文中最陈腐和令人沮丧的句子之一。"健康安全局的主席朱迪丝·海基特说[2]。

往往会有奇怪的事物不时以健康和安全之名发言，这对健康安全局想要打破神话这件事来说是非常大的阻碍。就拿约翰·亚当斯来说，他说他小区的窗户需要加上塑料层，他们这种做法明显是为

---

① 英国传统游戏，二人使用七叶树属植物互相敲击，一方的坚果被敲碎，则另一方获胜。——编者注

② 这是英国人对英国健康安全局的讽刺，起因是该局设立诸多过于严苛的健康与安全规范，使得许多稀松平常的事情都遭受禁止或限制，然而对于一些严重的事情却不加以规范（或无法处理）。

了避免在风暴期间，从下方走过的行人被淋浴般的玻璃碎片砸到[3]。

那年官方统计数字记录了两起玻璃造成的死亡事件，他们不会告诉大家这到底是不是由于窗户的玻璃被风暴打破碎片掉下来所导致的。看起来不太可能。当亚当斯询问对此是否做过风险评估时，他被告知“那是有可能发生的”，估计这可能就是评估的结果。与此同时，他家七楼的电梯坏掉好一阵子了，那一年有634人死于爬楼梯。这就和诺姆的故事一样，用足够的证据在一段长时间且荒谬的惯例中完成大部分貌似可信的事情。在大部分笃信恶魔的人心里，健康安全局的那些人大概就是出现在《神秘博士》（*Doctor Who*）里的大反派吧。

而心理学家在谈论对于零风险的认知偏差时，偏好以消灭小的威胁，来减少大的风险。毕竟有什么事情是完全安全而没有生命危险的呢？因此，如果你相信自己身处一个更安全的世界，那就挑出你认为你完全可以与之划清界限的风险，以不惜一切代价的方式让他们成为一种直觉吧。

在听完以上各种描述之后，你或许会认为健康与安全听起来就像是那些狂热者的专利。但请让我提醒你，如果你用同样的方法从另一方面看，这件事也会一样诱人，就像用《每日邮报》的报道说那些精灵与安全体系的人都是疯子，全都在大声嚷嚷着自己是引领潮流的自由斗士。这档子事究竟有没有缓和下来的机会呢？

很显然，在这个争论中还有许多其他的可能性。而你会怎么做呢？把塑料层固定在窗户上还是修理电梯？两者都做，还是都不做？我们或许会选择修理电梯，但这不仅仅是出于安全的缘故。我们猜想大部分人也会做同样的事情。有趣的是，正当其他人激起对健康与安全的疯狂恐惧来拒绝他们不喜欢的事情时，英国健康安全局却还是常常处于摇摆不定的立场（参见第9章，人类学家玛丽·道格拉斯对于将风险视为一种社会控制的想法）。

但并非所有“健康和安全”都是一场笑话。那些为了必须抗争的细琐事、残留风险而参加运动的人也并非笑话，就像《危害杂志》（*Hazard Magazine*）——杂志名称也透露着线索——在2012年时表示，英国健康安全局忽视了职业性癌症（一年有1.5万人因此失去性命，后面我们将会提及）泛滥的迹象。该杂志还任意使用了类似“共犯者”这样的词语来形容[4]。

尽管如此，虽然诺姆对于英国健康安全局极端与荒谬的做法感到苦恼，他仍然应该感激该局改变了大家长期以来对职场意外事件的态度。在1974年英国健康安全局已成立之时，有651名雇员在工作时丧命，每年29微死亡；到了2010年，人数已下降至120人，相当于每年5微死亡，减少了82%[5]。

自己创业更具危险性。2010年有51名自由职业者丧命，等同于每年12微死亡，风险是雇员的两倍多。与此同时，受伤的人数也明显减少，因为受伤和身体不适而休养的人仅在过去十年就减少了三分之一[6]。

英国与欧盟国家相比要好一些。欧洲统计局（Eurostat）指出，除了道路交通死亡外，英国的工人每年平均暴露于10微死亡之中，同一时间法国是17微死亡、德国是19微死亡、西班牙是26微死亡、波兰是35微死亡、罗马尼亚是84微死亡[7]。这个数字尽管很吸引人，但必须说，这是因为在英国，当今最具风险性的工作是站在商店里或坐在计算机前，而制造业的数量大概只与法国相当（比德国少多了）。

在美国，劳工统计局（Bureau for Labor Statistics）提供了一份2010年1.3亿名劳工灾难的特别资料[8]。它记载着有4547人死亡（每年每个劳工35微死亡）。最普遍的原因是欧洲数据未收录的公路意外事件。排除这项考虑的话，美国大约是每年28微死亡，跟西班牙差不多。

在美国第二普遍的死亡原因是“攻击和暴力行为”，占所有工作场所发生死亡事故的18%，其中包括506件杀人案（1997年为860件）。所以，美国劳工每年平均约4微死亡，他们在工作时被谋杀的风险，不少于英国劳工面临所有致死原因的风险总和。或许他们需要的是全身盔甲，而不只是安全头盔。

关于世界上其他地区的可靠统计资料就更难取得了。举例来说，印度报道在2005年有222件在工作时发生的致命意外事件，这是相当保守的数字。根据国际劳工组织（International Labour Organisation，ILO）估算，真实数字接近4万件[9]。

2008年，国际劳工组织估算，在全世界20亿名劳工之中有3.17亿名受伤人员需要超过四天的缺勤休养，32万人在工作时丧命[10]。在死亡案件中，仅有2.2万人通过正式渠道被记录在案，剩下的人则是“约略估计”，每个劳工每年平均160微死亡（在英国则是6微死亡）。

所有这些数据都是平均数，它包括一大群在计算机前辛勤工作的劳工——可能会导致压力、反复性拉伤和背部受伤，但这很少产生致命的危险，也因此往往会将平均致死风险拉低，而其他职业则将它拉高。举例来说，煤矿业的历史，历来都是充满灾难的。例如1906年，在法国的库里耶尔（Courrières）有1099名矿工丧命；1913年，英国威尔士先根尼（Senghenydd）的气体爆炸事件，夺走了439条生命。在这些恐怖的事件之外，还稳定地发生着一些规模较小的事故，持续造成死亡，其中显然充满了独特、难以预测和令人恐惧的规律性。

采矿事故开始在英国有所记录是在1850年，从那之后，十几万名矿工丧命和数十万人受伤或罹患疾病。1910年和1911年是最具戏剧性的两年，矿工和矿场主人之间充满了暴力对抗。紧接着在南威尔士爆发了罢工和暴动，温斯顿·丘吉尔甚至派遣军队进驻。1911年，在110万名矿工中，有1308人死亡[11]，即每年1190微死亡，或大约每次轮班5微死亡，每天每名矿工的每次轮班都像经历了一场跳伞活动。

1911年的煤矿法案（Coal Mines Act）建立了抢救站，希望能增强安全性。即便如此，每年还是有大约1000名矿工丧命。在1938年，仍有858人死亡的记录，相当于每年1100微死亡。

1947年矿业国有化后，安全渐渐得到改善。1961年，235人在意外事故中丧命，它的风险是（考虑到衰退的劳动力）每年400微死亡，或每次轮班约2微死亡。数字虽然进一步改善了，但这个国家现在仅有6000名矿工[12]，也导致近年来接二连三发生的意外事故将死亡率带回60年代的水平。在2005年，死亡率为10%，相当于每年430微死亡。而这一切也使得私人矿业被指控只图简便行事[13]。

其他国家的采矿事故在新闻里也被反复报道着。2011年，在巴基斯坦有48名矿工丧命。在中国，煤矿业驱动经济成长，但这些东西深深埋藏在平均400米深的地下。即使只看官方数据，仍有很高的死亡人数：从1949年起，约有25万人丧命，2010年约有7000人、2009年约有2600人死亡[14]。假设有400万名矿工在地底下，那大约是每年650微死亡（官方数据），与1950年英国的风险略同。

非官方的估算数据认为，目前年死亡人数总共接近2万人，大约是每年5000微死亡[15]。就现代职业风险来说，这或许是无法超越的门槛。这比150年前的英国更糟糕。因为数量庞大的小型矿大多是由当地腐败贪污的官员所经营的，极少受到中央控制。亚洲开发银行[16]常常接受委托制作其价值报告书，并要求他们加强安全规章制度管理，不然就得倒闭，但这往往导致更多非法矿的产生[17]。

今天在英国，风险最高的职业是商业性捕鱼。最新的研究记录显示在1996—2005年，英国有160人丧命，计算下来大约每年每名渔夫1020微死亡[18]。其中14人死于沿海船难，59人在船只沉没或翻覆时淹死，最主要是因为船只不稳固、超载或不适航。而在超过一半的死亡事故中，死者都是单独一人出海的渔夫，那时船上还没有配备救生衣的习惯。这个行业比较独特，从第二次世界大战开始到现在，其风险没有降低的迹象。虽然在那之前，风险甚至更高：1935—1938年，每年有4600微死亡。

每年1000—1160微死亡，这样的比率在阿拉斯加、丹麦、法国和瑞典的捕鱼船队上可以看到，在新西兰风险更高（2600微死亡）。

英国在1996—2005年，除了商业性捕鱼之外，其他高风险的职业还包括码头工人（每年280微死亡）、打捞工人（250微死亡）和农业机械驾驶员（180微死亡）。

当然，不只工人会遭遇工业事故，旁观者也会。著名的例子是1814年10月17日的伦敦啤酒灾，大量装满黑啤酒的桶在位于牛津街（Oxford Street）与托特纳姆法院路（Tottenham Court Road）交叉口的穆克斯啤酒厂破裂[19]。100余万升烈酒（足以装满2万个桶）倾泻而出，冲破砖墙，毁坏了两幢房屋。塔维斯托克酒吧（Tavistock Arms pub）被严重毁损。啤酒倾注进当地居民居住的地下室，9人被淹死，14岁的酒吧女服务员埃利诺·库珀（Eleanor Cooper）被瓦砾掩埋。其他人赶到现场用锅和水壶装那些酒。还有一个人受害于急性酒精中毒，但这只是坊间传言而已。在后来的法庭审理中，这场灾难被判定为天灾，啤酒厂逃过了责任承担的追究。

一个世纪后，这起事件的锋芒被另一起事件盖过了。1919年1月15日在波士顿发生了一件蜜糖灾难[20]。就像很糟的灾难电影一样，一个装有约800万升蜜糖（相当于大约三个奥林匹克游泳池的量）的桶爆裂，这股乌黑、甜腻、黏稠的蜜糖海啸有3米高，以每小时56公里的速度倾涌，毁坏、席卷建筑物，冲坏了高架铁路。很多房屋被淹没，21人死亡，150多人受伤。美国工业乙醇公司（United States Industrial Alcohol Company）被认定需承担责任并支付赔偿金。

如果在这些荒诞的意外事故里还有一点儿黑色喜剧的成分，那么1984年在博帕尔（Bhopal）发生的事件就让人一点儿也笑不出来了。当时美国联合碳化物公司附属公司的30吨异氰酸甲酯（methyl isocyanate，MIC）从桶里泄漏出来[21]。这是一种比空气重的气体，住在附近贫民窟的人根本无法闪躲，3000人立即丧命。最近的估算显示，最终2.5万人死亡，50万人受伤，许多人永久地失去了生活自理的能力。关于此事的责任归属法庭仍在审理中。

博帕尔事件的受害者们描述，最让人感到痛苦的是工业意外事故以及暴露在那个环境之中对他们造成的长期影响。国际劳工组织估算，2008年有200万人死于因工作而遭受的疾病。

英国健康安全局估算，2009年在英国约有8000名因癌症死亡的人归咎于他们过去从事的职业，且他们半数曾经从事过与石棉有关的工作[22]。主要死于采矿造成的尘肺病（pneumoconiosis）的人数现在已经降低了，从1974年的453人，到2009年的149人；因石棉肺（asbestosis）和间皮瘤（mesothelioma，由于石棉而导致的癌症）而死亡的人数正渐渐上升，预计在2016年以前还会再攀高。

这是一个慢性的风险，而非急性的。当你暴露于致命的石棉之下，它通常会在很久以后才发作。石棉工人或矿工所面临的慢性风险是以在被雇用的每一天都会失去微生存为代价，这对你的判断将会有帮助。但在这些统计中，有一些奇怪的事情。比如，石棉工人长期的死亡率比一般人仅高出15%[23]，大约每天失去2微生存，这并不比吸了几根烟更糟。更让人觉得矛盾的研究结果是，英国2.5万名煤矿工人的死亡率比住在同一区域的男性平均只低了13%[24]。

对这些研究结果，可用为人熟知的“健康工人效应”（healthy worker effect）来解释。如果他们不强壮健康，就不会去从事矿井的工作。因此与一般普通人相比，尽管矿工暴露于煤灰中，他们还是有更好的存活力，因为他们是从较健康的人中被抽选出来的。这让流行病学家很难去计算劣质工作环境造成的危害，除非以一般的方式，或者是通过死亡尸体数计算。

我们已看见某些工作是如何始终充满危险的。但风险是如何影响健康安全局决定某些事情应该被施行和完成呢？健康安全局的政策基于我们所说的“风险容忍度”（Tolerability of Risk）架构，而且这可以被巧妙地转换为微死亡[25]。

潜在危害在增加风险的范围内，被划分成三个未经严谨定义的类别。最顶端的是“无法接受的”风险：不管带来什么好处，某些事情都必须先以保护工人或民众为前提，抑或两者兼顾，否则便不做。最底端的是“广泛可接受的”风险：并非零风险，而是微不足道的事，也就是在我们日常生活中被视为正常的事。

在这两种极端中间的，则是“可忍受的风险”：那些如果有足够的好处，我们就可能会做好承受的心理准备的事，比如提供了有价值的就业机会、个人便利或者让社会持续进步的基础建设，毕竟总要有人从事吃力不讨好的工作。英国健康安全局清楚地解释，除非是有良好的证据，加上定期观察以及保持在合理可行的接受范围，也就是大家熟知的最低合理可行原则［As low as reasonably practicable，ALARP。该局有其他助记方式，但并不是那么容易使用，如减少风险的义务，可能会是“目前为止合理可行原则”（So far as is reasonably practicable，SFAIRP）］，才能称之为可忍受风险。但人们如何决定什么是无法接受的、广泛可接受的或是可忍受的呢？英国健康安全局提供了一些粗略的经验法则。

首先，它陈述道，若工人丧命的可能性每年超过1‰，或每年1000微死亡，该职业风险可能会被认为是“无法接受的风险”。在这个公制标准下，国有化之前的英国矿工所面临的风险，现在会被认为是“无法接受的”，当今的商业性捕鱼也大约在这个标准范围里。但健康安全局排除了某些“特殊群体”，比如在战区的服役者。阿富汗的9000名军人所面临的平均风险高达每天47微死亡，2009年之后为每年约1.7万微死亡[26]。

对于一般民众，而非被雇用的工人而言，健康安全局认为风险若为每年万分之一（相当于每年100微死亡）普遍来说是无法接受的。在另一个极端里，若每年少于百万分之一，也就是1微死亡的话，风险就会被认为是广泛可接受的，这等同于目前估算出的被小行星杀死的平均风险。

但即使是非常微小的风险，若以全英国人口数来看，就代表着每年会有大约50人死亡。这又一次引起了我们的好奇心。想象一下，若看到报纸标题上写着“50个人同时死亡”，你会有什么感觉呢？就像我们在第15章讨论铁路灾难时，冷酷的微死亡计算很可能轻易地由因为多重死亡、各种危害造成的灾难所引起的“社会关注”进而影响那些较为脆弱的群体，比如儿童，或是只因为正好住在那个地方，就被迫接受这种风险的居民。

对此，英国健康安全局也有一个特别的说明：涉及50人的死亡意外事故风险，每年应该少于五千分之一；超过1万人，每人每年应少于1微死亡。就个体观点而言，这可能会被视为“可接受的”，但是，因为我们终究不喜欢灾难（虽然人们显然喜欢在报纸里阅读到它们），所以我们总是会花上大把的钞票，试图让极小的风险变得更加微小。

第 19 章

辐 射

在药店，普登丝瞄了一眼架子上的维生素、补药和其他药品，潘吉在她怀中晃着。她们上方有一堆脚被绑在一起、贴着“我是一个树懒”标签的毛绒玩具。

“那是什么，妈咪？”潘吉问。

普登丝往上看：“树懒。”

“我可以买一只树懒吗？”

“不行。”

“它们能干吗，妈咪？”

“什么都不能。”

“为什么不能？”

“它们只能坐在那里。”

“拜托，妈咪？”

“不行。”

“拜……托……”

“不行！”

“给我买一个吧。”

“你就像你老爸一样烦人。”

普登丝不喜欢毛绒玩具，只要一想到尘螨和塑料眼睛，她就浑身不舒服。她也不喜欢她老公的懒散，还有其他，比如他的咳嗽。

她从架上拿了一小瓶含有37种人体必需维生素、矿物质、可以给人健康活力的营养素，还有从韩国人参中提炼的活性抗氧化物和两罐高系数的防晒霜，把它们全部丢进篮子里。

* * * * * *

“这只是咳嗽。”那天晚上，当他们观看核电厂意外事故的新闻，普登丝每天10点按时吃香蕉时，普登斯的老公说。

“男人咳嗽的时候，就只是咳嗽！”他说，然后又神神秘秘地补上一句，“发烧有时候就靠这个来消退。”

新闻报道的是一场没有熄灭的火灾，他们说着“炉心熔毁”（Meltdown），然后讨论“临界漂移”，听起来就像讨论一场致命的公交意外。普登丝不明白丈夫为什么用这种孩子气又确信的态度看待这件事。专家学者对这场意外并没有任何头绪，它不是自然灾害。她宁愿住在土窑里，也不想被这样的科技“拯救”，这是个令人毛骨悚然的东西。

“所以你想继续发烧，看看会怎么样吗？”

“什么？不，我的意思是如果……”

“如果？如果？你想看如果我们失去你会怎么样？”

“嗯……”他说。

他已经拒绝了被她当成生日礼物赠送的全身健康检查。这是最高端的、让人放心的预防性体检，包括一套全身的3D计算机检验，还送结肠镜检查，最后制成一张光盘，你可以拿回家和朋友们分享。

“看看这个人，”她一边读着推荐简介一边说，“身体只是有点痛，结果检查出了肾癌。”

推荐简介上有一张照片，是一位带着微笑、晒得黝黑且非常有魅力的医生；还有穿着白大褂、盯着计算机的技术人员。照片的背景是男子赤裸的双腿，穿着黑色袜子的脚紧贴在X光机上。

“比如癌症、囊肿、出血、血栓、心脏、骨骼、背部……感染，是无孔不入的。”

“然后把你放进一台机器。”他说完又咳嗽了一声。

“他们是专业的。”

“医生吗？哈！”咳嗽。

“这个嘛，宁愿试试也不想担心一辈子吧？”

“我不担心……”咳嗽。

* * * * * *

她想，为了健康，她老公将被全身检查仪扫描一次，这真是个好主意。但是核能是会致命的，因为有辐射。这有些矛盾，是不是？

另外，他佩服为了大众的福祉掌握自然的核科学家，但又觉得操作放射线技术的医生都是江湖郎中，他的立场可以坚定一点儿吗？

到目前为止，我们应该对所听到的和所说的关于风险的故事保持立场一致，并将它合理化，我们是这样做的吗？

既然暴露在辐射中的量可以用标准单位衡量，我们就可以将这个量跟其他状况比较。我们大约知道它们平均有多致命，从好的（X光）、不好的（家里的氡气）到两者的混合物（晒黑）。这使得辐射变成方便的测试例子，当人们暴露在相同程度但是不同来源的辐射中产生不同感觉时，它常常就是用来衡量个人风险的线索。

大家对于辐射的感觉往往就是“恐惧”，没有其他生动的形容词来描述它。对于极端的普登丝来说，那就是把被火烧的威胁和核电厂意外产生的污染全部放在一个恐怖箱里：这是一种看不见的灾害，既神秘又难以理解。辐射似乎是违反自然的，它也和那些特别严重的癌症、新生儿畸形，以及引发人们对于未来世代潜在灾难的模糊忧虑息息相关，大家觉得自己无法控制或避免辐射，这是不自主的[①]。

在前面的章节我们已经接触过很多风险，但那是分开来谈的，“恐惧”来自那些议题的其中之一，或者被描述为完全独立的情绪，和人们会冷静地判断风险，或直接吓坏的胃肠道反应有关。但当这些风险混合时，恐惧感肯定会猛增。

“恐惧风险”常用“不合适”“过度”或“不理性”这类丝毫不掩饰轻视的字眼来形容。但愿人们对于这个术语不是这么的无

① 媒体总是前仆后继地做着这个主题的报道，暖气、灯光和广播都是辐射的一种，即便是“辐射”这个词，都可以拿来大做文章。所以区分以下两种辐射对我们来说非常重要：一种是“非电离”（non-ionising）型，即除了觉得自己会被手机伤害的人以外没什么人关心的类型；一种是“电离”（ionising）型，一种有潜在机会拥有足以改变原子的能量，是我们较为担心的。电离辐射会伤害细胞，这也是化疗为何能够对抗癌症的原因。目前尚不确定低剂量是否有害，但非常高的剂量会导致急性放射病，暴露在辐射中的后续影响会增加罹患癌症的风险并造成细胞病变。

知。毫无疑问，对于类似辐射的风险有不同的反应。但这些可笑的态度以及对危险或是恐惧风险的概念是否表达出了一些数字无法显示的东西呢？

当辐射被用来诊断或处理医学问题时，大部分人都像普登丝一样并不担心。放射线用于医疗用途的历史非常悠久，X光于19世纪90年代被首次使用，它神奇的能力在于可以看到身体内部，却不会造成以前那些可能会造成的伤害，请别介意先前死掉的爱迪生的助手克拉伦斯·达利（Clarence Dally）和无数的放射学家。在居里夫人发现镭元素（radium）之前，放射线被认为是一种健康且具有疗效的东西。1909年威廉·贝利（William J. A. Bailey）向位于新奥尔良的南方顺势疗法医学协会（Southern Homeopathic Medical Association）报告了他对镭水（Radithor）的调查结果，镭水让他可以"透过15厘米的木板拍摄到物体"。尽管他不是医生，据说甚至呈现"明显神经衰弱的症状"，但他还是将这种东西用于医学治疗上，并将拍摄成功的样本给周围观众传阅。被称为"放射性水，活死人的解药"的镭水，是一个巨大的成功，卖出了好几千瓶。直到1932年，出现百万身价的钢铁大亨兼花花公子埃本·拜尔斯（Eben Byers）死于镭中毒的负面新闻，才使它被强制禁止。大家普遍认为拜尔斯至少喝了1400瓶镭水，《华尔街日报》（*Wall Street Journal*）的标题是："在他的下巴脱落前，镭水的效果依然不错。"

以前并没有辐射使用的安全标准，直到20世纪20年代才开始加速制定严格的控制措施：检测适合小朋友鞋子的X光"足底扫描"、用X光对小儿癣进行的治疗以及对精神病患者的镭治疗都被禁止了。尽管如此，X光和计算机断层扫描至今还在大量使用中。

大众对于那些自然界的辐射，比如从花岗岩中的铀散发出的某种放射性气体和氡，并不是非常留意，你很容易就可以在通风不良的房间中发现氡，估算它造成英国每年1100起可预防的肺肿瘤死亡案例，但暴露在这种气体下并不会让大众把它与强烈的辐射联系在一起。

约翰·亚当斯引用的手机问题是另一个典型案例，它涉及了恐惧的另一面：选择的矛盾。

> 与手机有关的风险如果不是不存在就是非常小，风险在基站那边，如果以辐射剂量来计算的话，一个人得用耳朵贴着发射器的杆子才有危险，但这种概率极小。不过放眼全世界，有数以亿万计的人都愿意排队等着承受手机带给他们的风险，却全都反对建基站，弄得好像他们都是被迫使用手机似的。[1]

很奇怪，手机少了发射器就没有用处了。可惜你无法选择基站覆盖的地方。

在1989年发表的一篇关于外行人和专家对风险看法差异的著名论文中，专家保罗·斯洛维奇（Paul Slovic）说，表达“恐惧”时，专家们有时会忽略其中的微妙之处，而“大众的态度和看法既有智慧也有错误。对于灾难，外行人通常缺乏真正的信息，但是他们对风险的基本概念比很多专家还要丰富，反映出通常会被风险分析专家忽略的真正忧虑”[2]。

在承认这些忧虑的同时，掌握危险的大小也很重要的，所以怎样才是暴露？它的计量单位让人感到困惑。最容易的方法是使用西弗（Sievert），它是测量处于辐射下的生物受到影响的单位，1西弗（或1Sv）会造成辐射疾病，比如脱发，吐血，便血，无力晕眩，头痛发烧，皮肤发红、发痒、起泡、感染，伤口无法愈合以及低血压，这感觉有点不太妙。

1西弗可以拆成1000毫西弗（milli-sievert，1毫西弗即1mSv，是美国环境保护局对一个人一年暴露辐射上限的标准）和100万微西弗（micro-sievert）。10微西弗约是吃下一根香蕉或是穿过机场的全身检查扫描仪时身体受到的辐射量[3]。

下面的辐射剂量表，用一种惊人但不完美的方式将西弗转换成用等量香蕉衡量的剂量或生物有效剂量（Biological Effective Dose，BED），来比较不同来源物体的辐射（不完美主要是因为香蕉的辐射来自钾，而我们的身体会自己调节钾的含量）。这个异想天开的比较方式，优点是它在同一尺度上显示一个大范围的辐射暴露情况，5亿根香蕉（当然，尺寸很重要）约是50西弗，与在炉心熔毁后靠近切尔诺贝利核电厂10分钟受到的辐射等量。这让我们意识到一点，就是如果剂量足够低的话，许多“灾难”并不是灾难，毕竟谁会担心一根香蕉呢？

顺便说一下，这张表有一个小小的疏漏，可能会让我们陷入麻烦。在风险沟通上大部分建议是避免混合自愿风险和非自愿风险，但如果对恐惧情绪的投诉意见之一是它们让人们对数据免疫，或许解决这件事的一个方法是让数据在情感上足够令人惊

将不同来源的辐射，转换成等量香蕉、与广岛爆炸震源相等距离、预期寿命的减少和等量香烟＊

暴露	毫西弗（milli-sievert）	香蕉	广岛爆炸震源相等距离	平均预期寿命减少	香烟
在切尔诺贝利爆炸和炉心熔毁后在反应炉边待10分钟	50000	5亿	100米	50年	200000
会让一半的接受者在一个月内死亡的辐射剂量	5000	5000万	700米	5年	20000
严重辐射影响：包括恶心、白细胞数减少	1000	1000万	1.1公里	1年	4000
核工职员年度暴露上限	20	200000	2.2公里	7天	700
福岛核电厂附近最严重区域的有效剂量	10—50	100000—500000	1.9—2.4公里	3—30天	300—1500
全身电脑断层扫描	10	100000	2.4公里	3天	300
康沃尔郡居民年度氡气剂量	8	80000	2.4公里	3天	300
胸部电脑断层扫描	7	70000	2.5公里	3天	300
福岛县的有效剂量	1—10	10000—100000	2.4—3公里	10—3天	30—300
正常的一年背景辐射剂量，85%来自天然来源	2.7	27000	2.7公里	1天	100
乳房造影摄片	0.4	4000	3.2公里	4小时	16
核电厂员工平均一年的工作暴露	0.18	1800	3.5公里	2小时	8
福岛爆炸两周后在福岛市政厅收到的最大总剂量	0.1	1000	3.6公里	1小时	4
从伦敦飞往纽约	0.07	700	3.7公里	37分钟	2
胸部X光	0.02	200	4.1公里	11分钟	1
135克的巴西果	0.005	50	4.4公里	3分钟	0.2
牙齿X光	0.005	50	4.4公里	3分钟	0.2
吃一根香蕉（或穿过机场的安全检查扫描仪）	0.0001	1	5.5公里	3分钟	烟雾
和某人一起睡觉	0.00005	0.5	5.7公里	1秒	少少的烟雾

＊注：1000微西弗（1万根香蕉）等于1毫西弗，1000毫西弗等于1西弗[4]。

讶。用香蕉、计算机断层扫描和切尔诺贝利吗？当然。就像服用海洛因和摇头丸，是骇人但又吸引人的事。在我们看来这样做正是有助于把风险放在合适位置的方法，如果看法常常可以决定风险的大小，那出乎意料的看法也是其中一员。

我们关于辐射伤害性的大部分知识，来自1945年广岛和长崎核爆后对受害者的详细报告：约有20万人当场死亡或是只活了几个月，跟踪检查的8.7万名幸存者到1992年时已经有4万多人死亡，虽然估计只有670人死于辐射。炸弹受害者所暴露的辐射剂量也呈现于表格中，剂量随距离变远的下降是很快的，每200米减少一半，因此，美国国家科学院（US National Academy of Sciences）报告，你进行一次现代计算机断层扫描所接收的辐射剂量，和距离广岛核爆点大约2.5公里的人是相同的[5]。看到这个，普登丝会怎么说呢？

切尔诺贝利事件的受害人数就更有争议了。一份联合国报告说急性放射病造成28人死亡，6000名儿童因为喝下受污染的牛奶而罹患甲状腺癌，这原本是非常容易预防的疾病[6]，其中有15名在2005年死亡，但报告补充说："到目前为止，在普通人群中，没有确凿的证据显示任何对其他健康的影响来自辐射。"

也有人宣称真实数字更高，这一切都取决于你是否相信关于低程度辐射影响的说法，当专家们说并没有证据显示其他害处时，这没什么好奇怪的，因为就算在切尔诺贝利下风处地区的癌症罹患率增加，他们也不可能对整个庞大的母体（其他地区）做检测，所以所有预估数字应该是基于损害的理论模型得到的。

使用这些模型时，我们可以推算出暴露在1西弗中平均会减少一年寿命[7]。当设定这些模型时，对于辐射造成直接伤害的证据，其影响是以一个非常低的剂量来估算的，这就是我们熟知的线性无阈（Linear No Threshold，LNT ①）假说。如果用它来做假设，那么1毫西弗是一年生命中的千分之一的流失，约为9小时或是18微生存，所以乳房X光检查的辐射是0.4毫西弗，风险就相当于大约8微生存，或者大概是抽16支香烟，其等量平均损耗都列在表格中。

线性无阈假说是有争议的，试图找出切尔诺贝利事件影响的人并没有采用它，还有人宣称因为身体有时间治愈自己，所以低剂量并未造成呈比例的影响。但如果我们不接受这项假说，就只会得到可以使用“好”辐射去帮助病人的惊人结论。

举例来说，一个10毫西弗的计算机断层扫描，其风险是180微生存，或是大约抽了300根香烟，对于一个接受治疗的人来说似乎不算太多，但如果我们把众多接受治疗的人加起来看的话，美国国家癌症研究所（US National Cancer Institute）估算美国在2007年的7500万次计算机断层扫描，最终造成2.9万人罹患癌症[8]。

当2011年3月日本地震以及随之而来的大海啸发生时，恐怖景象并未引起广泛的讨论。直到福岛核能发电厂身陷是否继续控制辐射外泄现象的纠结时，媒体才开始大肆报道，开启了所有的恐惧盒子：看不见的、失控的，与癌症和新生儿畸形有关的，加

① 线性无阈理论可以简单理解为，无论辐射的剂量有多少，都有可能对身体造成不良影响；当辐射剂量增加（降低）时，风险即会增加（降低），辐射剂量与风险之间呈线性关系。——译者注

上不受信任的电力公司混在一起，可想而知这些预测的数据造成的心理影响。欧盟能源专员京特·厄廷格（Günther Oettinger）告诉欧洲议会："有传闻说到了世界末日，我认为这个词用得非常好。"[9]真的如此吗？从什么角度来看呢？

所以普登丝的老公应该接受计算机断层扫描吗？而普登丝又会愿意站在离广岛核爆点2.5公里的地方吗？

人们看待暴露在辐射下的许多风险，并把某些事情视为恐怖事件而某些则是可以接受的时候，可能是极为不理性的。更确切地说，这是否透露出你用概率来计算真正危险时的限制？或许这只是单纯地刺激我们去厘清为何真的很不喜欢某些事情。而对于这些事情，或许"很显然，因为很危险……"是一种方便的回答，不过，有时候事实并非如此就是了。

第 20 章

太 空

当偷渡者的尸体落在街上时，那声音就像门被砰的关上一样。他冻僵了，从整体来看，这可能是最好的结果。但普登丝可不这样想。

“万一它撞上温室怎么办？”她说。

“是他，不是它，”诺姆说，“反正没有。”

“诺姆，我们坐在温室里吃早餐，潘吉在那儿，独自一人，在那张椅子上，我的天啊……”

“小普，那样的概率……”

“概率？从天上掉下一具尸体的概率是多少？[①]我是说，第一（她伸出一根手指），从天而降；第二（伸出另一根手指），直接到地上；第三，在贝辛斯托克；第四，当场目击。你告诉我啊！然后发生了什么事？它就是发生了，嗯，如果那样的事都可以发生……要知道，每天早上，我们都会坐在那个温室吃早餐，下一刻就看到有个身体僵硬的阿尔及利亚人落在你的维他麦里，

① 在2012年9月，一名从飞机上掉下的安哥拉男子，坠落在伦敦莫特莱克（Mortlake）住宅区的大街上[1]。

这只需要发生一次就够了，知道吗？”

不过几天以后，变成诺姆看起来有点儿焦虑。

“你知道吗，小行星有可能掉下来。”他对普登丝说，转着他的茶杯。在无数宇宙残骸百万次的撞击中，被击中的概率简直跟中乐透一样。

他又转了一下杯子，让他困扰的不是对死亡的恐惧，而是如何算出这个概率。某天从天外飞落一个东西，这个可能性是既确定又不可预见的，这件事让他苦恼。

“喔，我懂了，”普登丝说，“我对那些鸽子也有一样的担忧。”

“这种可能性是无法计算的，这不合理。”

“喔，那还真是该死，这个行星。”

“这样的伤害……是潜在的，大屠杀。”

“寸草不生，当然。”

“想想伦敦。”

“别说了。”

“我快想出某些防御方法了。”

“一把雨伞？”

“技术上来说的话，一把雨伞，是的。”

“总是要有一把的。”

“不计成本。”

“相较之下微不足道，确定可行吗？”

“当然。”

夜晚降临时，诺姆仰望星空，双手背在身后，看了很长时间。一个站在星空下的男子，试图找出答案，在这个广阔、黑暗、未知的世界，它到底在哪里，标示着我们心中答案的东西在哪里？在某处，奔跑着。安静且看不见的，接近地球的小小线索就在这个深不可测的宇宙。这个小小的球体，被上帝用无数的雷掷出，通过整齐或是混乱的路线穿越太空，用一个可能且难以置信的轨迹在某天终结所有人的性命……在其他无数的可能性中……在可能的路线中，很可能。一块，或好几颗，在无边的风暴中产生联系，是的，然后岩石和地球的轨道在无数的概率中，会在宇宙的一处相遇，这就是最终的末日、代价、命运和所有恐惧的发生。①

"所以，"稍晚凯尔文在酒吧说，"这对房价有什么影响呢？"

"啊？"

"实际点儿吧，诺姆，拜托。"

电子邮件：普登丝给诺姆

主题：世界末日

亲爱的诺姆，

那个小行星上新闻了，你说的那个。不过他们说现在提出来还为时过早，但有可能会掉下来。你的天文观测同好有更多的消息吗？比如会不会发生全球性毁灭之类的，我们想在那时去葡萄牙度假。

---

① 看着宇宙，思考人类命运，对散文的创作有一些很有趣的启发，卡尔·萨根（Carl Sagan），在《预约新宇宙：为人类寻找新天地》（*Pale Blue Dot: A Vision of the Human Future in Space*）一书中对此有相当多的抒发[2]。

“亲爱的，关于那个小行星，我只是在想，”几天前诺姆太太说道，“不知道现在适不适合去贷款，我的意思是，如果我们永远都不需要偿还的话……”

******

不久前诺姆发现自己只不过是个“平均人”，他的希望和信心达到了巅峰，而现在他面临一个生存危机，是什么呢？因为伴随着小行星而来的危险，让他遭遇了在永无止境的生与死之中计算最荒谬的平均值，这不仅是一个遥远的生存威胁，还是对每一件事的即时威胁。诺姆就是大家的代表，我们马上就会看到这个奇怪的平均值及其计算过程。

首先，谁更理所应当会感到恐惧，诺姆还是普登丝？是从太空掉落的天体还是从飞机掉出的尸体？什么原因呢？

普登丝有个优势：熟悉感，她可以想象尸体、飞机和鸽子，这比想象世界末日容易些——理由很明显，就像让你想象房屋价格比宇宙末日容易。

根据最新的报告，希斯罗机场的跑道近几年来发现了一些坠落的尸体，这是914米外大气缺氧、寒冷和绝望所造成的悲剧。2001年，21岁的巴基斯坦人穆罕默德·阿亚兹（Mohammed Ayaz），被发现死在里士满（Richmond）Homebase大卖场的停车场中。四年前，也有一位偷渡者从飞机的起落架掉落到附近的煤气厂，未造成其他人受伤。

2011年夏天，有一颗鸡蛋大小的陨石砸在法国人柯梅特的屋顶上[3]，一家人当时刚好不在家，这颗穿过大气层时变成黑色的陨石，砸碎了屋顶瓦片并且自行燃烧起来，直到柯梅特在下雨找人修理屋顶时才发现。这颗陨石估计已有40亿的年纪了，来自火星和木星之间的行星带。当柯梅特的儿子雨果用厨房纸巾包着它将它带到学校时，他的同学说它看起来像一块混凝土。

几个月后，2011年的9月，美国太空总署的一枚卫星掉落在美国西岸，幸亏没有掉在某人头上。同一时间，拉尔斯·冯·特里厄（Lars von Trier）的新电影《惊悚末日》（*Melancholia*）公映，电影讲述了“两姐妹发现她们与即将撞上地球的一颗神秘行星的纠缠关系”，电影配乐是瓦格纳的《特里斯坦和伊索尔德》（*Tristan and Isolde*）。

以上种种，都带给我们天上有很多天体残骸的印象。所以，太空中出现一个物体，然后掉落在你头上的风险是多少呢？

计算天体从天而降的概率是有点儿棘手的，部分原因是它真正造成重大损害的概率值得商榷，这也是让诺姆感到苦恼的原因。保险公司处理汽车相撞的意外时，有很多直接的历史数据可以用来参考；相较之下，天文学家只有很少的信息，但他们却发明出计算外太空有多少小行星、它们的大小、它们可能会撞击地球的概率，以及爆炸的威力可能有多大的方程式。这些预测不断被讨论和更新，他们算出来的平均最低风险是很荒谬的，稍后我们会说。

在计算可能的损害时，有两个主要的考虑因素：第一，物体的大小；第二，坠落的地点。如果一棵树倒在一片森林中，且没有人特别注意听，它会弄出噪声吗？如果一颗小行星以每秒15公里的速度冲过大气层，然后在西伯利亚森林上空10公里的地方爆炸，将一片1600平方公里的森林夷为平地，但是几乎没有人看到，那么这件事很重要吗？当1908年6月30日同样的事发生在通古斯卡（Tungaska）时，少数愿意谈论此事的目击者说，当时热气非常猛烈，让人感到衣服几乎都要烧起来了，即便在64公里以外的地方，有一半的天空都是火，爆炸的震动就像脚下的地面被猛烈地撞击一样，于是他们纷纷惊慌地逃跑，觉得世界末日到了。这突如其来的灾难，留下了8000万株烧焦躺倒的树木；而让人感到有些奇怪的是，并没有很多人受伤，也没有直接证据显示有人死亡。

经过计算显示，这颗陨石如果再迟4小时47分钟着陆，它将会坠落在圣彼得堡（St Petersburg）[4]。有一项估算结果显示，像这样的空中爆炸如果发生在今天的纽约，将造成11900亿美元的保险财产赔偿，更别提320万人死亡和376万人受伤了[5]。所以一个物体着陆所造成的显著影响，跟它的掉落地点是息息相关的。

从最小的级别来看，天上有好多东西在飞：小行星们由岩石组成，彗星由冰和冻结的气体组成。根据美国国家科学研究委员会（US National Research Council，NRC）精彩的报告《保护地球：近地天体调查及风险缓解策略》（*Defending Planet Earth: Near-Earth Object Surveys and Hazard Mitigation Strategies*）[6]，每天有50—150吨“非常小的物体”——主要是尘埃，掉落在地球上，只要随便仰望晴朗的夜空，就可以看到岩石或尘埃在大气中燃烧的规律轨迹。

大一点儿的——只是严重一点点——就是那些直径5—10米的小行星，它们大约一年会拜访地球一次。它在大气层上层爆炸时，会释放出相当于1.5万吨黄色炸药（TNT）的能量，相当于广岛原子弹爆炸的威力，不过大部分是看不到也没有记录的。

有时候它们偶尔会穿过大气层，留下看得见的坑洞，或是不造成伤害地消失在海里，近来也没有人类因为陨石冲击造成伤害的记录。不过在过去一个世纪里，美国有几辆车受到了损害，最有名的是皮克斯基尔（Peekskill）陨石，它落在一辆雪佛兰轿车的后备厢上，使它看上去就像被大锤子砸过似的，这辆车因此还做过世界巡回展览。1972年10月15日在委内瑞拉的巴莱拉（Valera），一头母牛被陨石砸死之后，还被人吃掉了，那颗陨石的碎片被卖给了收藏家。

再大一点儿，一颗直径25米的小行星在空中爆炸——大约是60—70辆双层公交车的体积——将会释放出100万吨黄色炸药爆炸的能量，相当于70颗广岛原子弹。通古斯卡陨石的直径大概是50米，某些天文学家认为“通古斯卡事件”应该是由30米左右的小天体造成的[7]。到目前为止，小行星撞击地球时大约有70%的概率掉到水里，这样可能是幸运的。不幸的话，它将会造成百万人的伤亡。

再大一点儿的小行星便归入“大陆规模事件”（continental-scale events）。同样，这种撞击造成的伤害也是很微妙的。在陆地上，可能会造成彻底的毁灭；如前所述，有70%的机会可能落到海中，但这次会造成严重的后果，模拟实验指出，一颗直径400米的小行星可能会造成200米高的海啸，这几乎是两个圣保罗大教堂（St Paul’s Cathedral）的高度[8]。当然，对于海浪是否会冲破陆地海岸线、人们是否可以疏散等，有很大的不确定性。

在严重的级别中，直径超过1公里的小行星会释放出大约10万兆吨的能量，相当于70万颗广岛原子弹爆炸造成的全球灾难。更大的撞击造成的后果可比砸死一头母牛要严重千百万倍，6500万年前一块直径10公里、重1亿吨的天体撞击墨西哥尤卡坦半岛（Yucatan peninsula），它留下了一个超过180公里大的坑洞，并造成恐龙灭绝。

以上内容给了我们一些不同级别天体坠落造成不同程度损害的概念，接下来我们得搞清楚太空里有多少这些东西，然后再从中预测地球可能会挡住它们行进路线的可能性。

幸运的是，美国太空总署的近地天体计划（Near Earth Object Programme）正在监看并报告这些小行星的动向。例如，他们观测到天体“2009TM8”，直径大约10米，在2001年10月17日星期一，比月球还接近地球。

近地天体指的是那些小于地球到太阳之间距离三分之一（大约4828万公里）的天体，这也显示“近”只是一个相对概念。当20世纪60年代佩里·科莫（Perry Como）唱着“抓住掉落的星星，放到你的口袋里”时，只有60颗近地天体为人所知。到了2011年12月时，小行星中心（Minor Planet Center）已经发现并命名了8500多颗，每年另有500颗加入这个名单。这些数据让美国国家科学研究委员会预测，与落在西伯利亚的直径50米的通古斯卡陨石相当的撞击平均约2000年发生一次，如果类似事件是由30米左右的小物体造成[9]，发生频率便会增加10倍，任何人一生中遭遇到这样撞击的概率就会变成接近50%，一个现在出生的宝宝将有机会见识与通古斯卡相当、能将纽约夷为平地的撞击事件。这大概是小行星统计中发现的最惊人的数据了，但这是有争议的。

大型的、毁天灭地尺寸的近地天体直径超过1公里，现已辨识出834颗小行星和90颗彗星，美国太空总署的近地天体计划预估大约只剩70颗此类天体尚待发现[10]。

而小于“近地”条件、大约在地球到月球距离的20倍（总距离约800万公里），在这范围内所发现的直径超过150米的岩石都会被视为潜在威胁小行星（Potentially Hazardous Asteroid，PHA）。目前为止，已经发现了1271颗潜在威胁小行星，估计其中151颗具有毁灭地球的潜力等级，其直径超过1公里。

然而，这些数据还不足以支持陨石碎屑每几百万年才会对我们造成一次严重冲击的论调，美国国家科学研究委员会坚定地指出：“对目前所有人来说，世界末日极不可能在他们的有生之年发生，届时传统应对灾难的方式将变得不合时宜。”难道他们没有听过布鲁斯·威利斯（Bruce Willis）吗？①不过，直径10公里大小的毁灭天体对恐龙所做的事，估计每一亿年左右会发生一次，目前确实不怎么需要担心。

当然，这些都是从几千或几百万年的角度来看的平均数据，美国太空总署的近地天体目录，使我们得以从一大堆理论计算中稍稍喘口气，讨论那些有名字和数字的特定岩石对我们造成的影响。每一颗近地天体都依据它们的尺寸和撞击的可能性被归类，但这些可能性并没有反映出任何随机性，无论我们如何猜测那颗

---

① 请观赏布鲁斯·威利斯主演的电影《世界末日》（*Armageddon*）。

小行星会不会即将撞到我们，都只能反映出我们对它正确轨迹的无知罢了。

杜林危险指数（TORINO scale）[11]——以在意大利杜林市召开的近地天体会议中采用此指数而得名——将担忧程度作为指标：

等级0（白色）：没有问题；

等级1（绿色）：例行经过；

等级2（黄色）：需要天文学家注意，不需要引起公众注意；

等级3：需要告知民众；

…………

依此区分到等级10：将会发生撞击，危及全球所有的文明。

大部分情况都是等级1，但是阿波菲斯（Apophis）——一颗直径300—400米的小行星——在2004年发现时被归为等级2，并曾一度提高到等级4，估计约有2.7%的机会在2029年撞击地球[12]。最新信息显示我们无疑是安全的，到2029年4月13日应该可以直接用肉眼观察到它的经过，那时它距离地球仅29451公里。值得注意的是，4月13日是星期五。

目前的评估方式显示，我们所知道的小行星并没有严重的危险。2012年，美国太空总署指出最危险的事情是，大约在2040年会有一颗直径140米的小行星有五百分之一的机会撞击地球。直径大于500米的小行星尚待发现，虽然它们不太有机会造成世界末日，但还是会为我们带来一些“惊喜”。2008年10月7日，直径2—5米、重80吨的“2008TC3”在苏丹上空爆炸，这是人们第一次在小行星撞击前准确地预测到它，但只有19小时的预警，可以想象，如果它途经一座大城市，将产生大约2000吨黄色炸药的破坏力。在它爆炸之后捡到大约10公斤的碎片，还好无人伤亡。

所以你在人生中死于这些从太空中飞来的岩石的风险是多少呢？要精确地算出来是不可能的，这也是让诺姆纠结的地方。虽然对于被撞击的机会已经有了进一步的了解，但要预测其影响仍需要很多的假设（或是猜测，看你怎么想）。尽管如此，美国国家科学研究委员会的报告提出了一个预计每年91人死亡的精准数据，当然，这是一个介于几乎很多年的零死亡和千年来几起重大伤亡事件的平均值——这又是一个平均的问题。事实上，这91起死亡是粗略地将几起小范围的撞击和极不可能发生的全球性灾难做了平均的计算结果。既然地球上大约有70亿人，算起来每人每年七十七分之一的微死亡（相当于开车4.8公里），四舍五入算出小行星造成每个人一生1个“愉快”的微死亡，这不算多。它只是一个没有实际目的的荒谬数字，诺姆的困扰并不让人惊讶。

对一个迫在眉睫的威胁我们可以做什么呢？美国国家科学研究委员会指出四个解除威胁的策略，它主要强调了对灾难的高度不确定性，以及现代科技和社会应该如何应对的方法。首先是民间防御（civil defence），包括适用于小型事件和没有警示的其他事件的灾难管理标准，举例来说，发现阿波菲斯在2029年有很高的机会撞上地球，“风险回廊系统”（Risk Corridor）会辨识出来，并对民众提出警示，美国国家科学研究委员会（就像普登丝、凯尔文和诺姆太太）也表示出那可能的“关于房产价值的忧虑”。

只要给予大量的预警和预算，航天技术也许可以应用于预防撞击事件。对于那些大到直径100米的小行星，花上几十年的准备，就可以采取轻推（slow push）策略改变它的轨道，当然最好是减缓或加快它的飞行而不只是将它推到旁边。而通过“引力牵引”（利用相邻的航天飞机引力）实际上可能也会比推动岩石容易一些，我们已经有了航空器接近小行星的先例：“隼鸟任务”（Hayabusa mission）甚至可以短暂地着陆，并收集颗粒带回地球[13]。

随着几十年的预警，直径超过100米甚至达到1公里的小行星可以采用动力撞击（kinetic impact）的方式被推移。也就是说，用多架航空器去撞击它，超过1公里的天体需要上百架航空器去撞击。另一个方式是近距离的核子爆炸，如果有政府支持的话，对于直径500米的小行星的核子爆炸是可以在几年间设定好的，而不用花上几十年。

任何直径超过10公里也就是将恐龙灭绝的行星，是无法阻止的，这些灭绝的场景都被拍成了热门电影。美国国家科学研究委员会总结出，我们最主要面临的危机来自直径小于50米的小型物体空中爆炸，但附注说明：“然而，并非所有的近地天体都已经被发现和描绘出来，有可能（虽然非常不可能）会有一个将打破概率，在不久的将来毁掉一座城市或是海岸线。”对此你是无能为力的。

至于人工制造的废物，过去40年来约有5400吨垃圾落下。在2011年，又有28个卫星重新发射到太空中，目前为止还没有人因此受伤。哥伦比亚航天飞机碎裂后有40吨物体落在美国本土，后来美国太空总署预估那些残骸大约有四分之一的机会会击中某个人。而当2011年高层大气研究卫星（Upper Atmosphere Research Satellite，UARS）残骸掉落到地球上时，美国太空总署则说有三千两百分之一的机会击中某人。

这些是如何计算出来的？这颗卫星都已经送上太空20年了，它在2005年时停止运作，重达5700公斤，大约相当于一辆双层公交车，美国太空总署表示它在进入地球时应该会碎成26块，残骸总重量是532公斤，大约是八台洗衣机的重量，这些碎块会分散在483公里一线，波及地区约22平方米（大约三个停车位的空间），但是他们并不清楚碎块的确切着陆地点。一位评论员说：你可能会认为科学家应该会比较好地控制他们的卫星，这又不是什么高科技。

碎块中最大的物体重158公斤，大约是一头成年大猩猩的重量，这个比喻很温和，你也可以想象成两台洗衣机绑在一起，以每小时160公里的速度飞行，这听起来就不乐观了。不过地球是一块很大的地方，表面积约5亿平方公里，所以假设22平方米的碎片可以落在任何一个地方，你在某个特定地点被击中的机会将是大约二十三兆分之一。

所以如果某个人刚好住在这个地方，专注于他的事情，他将有二十三兆分之一的机会被击中。这和投掷一枚硬币44次，每次都出现人头的概率一样，或比连续两次中了乐透头奖的机会稍微高一点。

但是在地球上还有其他70亿人，所以任何人会被击中的机会是70亿除以23兆，算出来大约是三千两百分之一的机会，这也就是美国太空总署所提出的数字[①]。

不过机会还是很低的，因为人类并没有居住在地球上太多的地方，密集程度并不会像你在伦敦地铁上站起来时会撞到别人的腋窝那样。任何人坐飞机时都会发现，地球有人的地方真的不多，如果我们每个人都占1平方米空间，那总数为7000平方公里，大概是地球表面积的七万分之一，所以如果全世界的人都去参加格拉斯顿伯里音乐节（Glastonbury festival），将只会覆盖萨默塞特郡（Somerset）和威尔特郡（Wiltshire）加起来的面积，不过你应该无法想象那时当地厕所的盛况。

对于掉落的人的计算方式也应该类似，让我们假设一下，每具尸体平放的话大约占2平方米面积，每7年掉落一具，假设风险区域是伦敦的里士满（大约60平方公里，人口20万），这给了我们一个相当简单的概率（诺姆会觉得满意，但普登丝不这么想），某种程度上这比世界末日还要真实一些。算出来是每7年、20万人中有一位会有一百五十分之一的机会遇到此事，如果你刚好住在那里，将有三千万分之一的机会，或者是每年两亿一千万分之一的机会遇上。

---

① 这个分析假设是人并未占据任何地方，如果允许我们有一个身体的宽度，那么概率会稍微提高点儿。

这让人担心吗？这要看你是哪种人以及是否依赖数据了。在拉尔斯·冯·特里厄的《惊悚末日》里，姐妹中的一位对悲观的前景已经有所警觉，另一位则轻松以对。据说拉尔斯对他的治疗师所说的一句话十分着迷，那就是“忧郁的人在面对危险或压力时经常可以保持冷静”——生活已经烂透了，还能怎么样呢？德国哲学家叔本华基于此提出悲观主义人生观，他认为一个人要逃离无意义、总是失败的人生达到理想状态的唯一方式是通过美感默观（aesthetic contemplation），最理想的是音乐，就像瓦格纳的音乐。

至于诺姆，他对于这既存的风险只能简单地耸耸肩，既没那么悲观，也不至于乐观到让自己感到开心，他就是那种普通的家伙，对于周围数据的巨大不确定性的焦虑胜过对掉落物体的担忧。

身为一个普通人，他应该对小行星撞击的平均死亡风险感到无力。就像他知道的，这是最方便算出1微死亡的方法。他也明白，这是能想象到最让人惊讶的平均值缺陷之一。就算概率小到把你的汽车砸凹一块或是敲下你家一块屋瓦，有可能稀奇到全世界的媒体都来拍照，但如果事情刚好选择发生在地球五百兆平方米范围中的你那一平方米，你的生命可能就会被夺走。而将这样小的可能性和理论上全部灭亡的可能性相结合，其实换句话说，等于什么都没结合。

要计算一个人一生1微死亡的风险，在算术方法上是可行的，但这完全没有意义。也就是说，这个平均风险的数字无法告诉我们任何事情。对普通人诺姆来说，他并不怕死亡，他担心的是他的信念。

第 21 章

失　业

“很抱歉，我得告诉你这个消息，诺姆，我们决定让你走人。”

“什么！”

“我们决定……”

“我听到了……”

“让你走人……”

“……你刚说的话，我的意思是，你怎么可以，我是说你不能这样！”

“诺姆，你为公司赚了不少钱，但……”

“不！我的意思是说，你不能让我走人！不论我该不该走，你都不能让我走人！”

“……？”

“如果一个人不想走，你就不能够让他走，这件事并不能由任何人决定……这不合逻辑，完全不合逻辑！就像是你说你要让一个人……”

“诺姆……”

“身高突然变成一米八一样，这从根本上来说是完全违法的，也就是说你没资格对我说这种话。还有，如果你的做法是先找我面谈，然后和我说因为公司没有多余工作的话……”

“诺姆……”

“那么你就可以摆脱我，把我裁掉，但你不能直接让我走人，你不能！”

“好吧……诺姆，我们想把你裁掉，因为你负责的工作已经结束了，所以你也没用处了，这样够明白吗？”

“嗯……好吧……我明白了。”

“很好，你被炒了。”

“是……好……我知道了。什么时候？”

“不如就明天吧。”

事情就是这样，现在他准备卷铺盖走人了。“这就是所谓的低概率高影响事件吧。”他对自己说。在这种状况下，他宁愿相信自己把概率和影响估算错了。

所以，你知道的，诺姆坐在他的桌子前，脱掉他的条纹袜，丢掉一些没用的文件，删了一些电子邮件，嘱咐一两个人去做一两件重要的事，撞到了一个叫不出名字的同事。接着打了几个电话，中午和一帮年轻人聚餐，还喝了点儿酒，他们送给他一支不错的笔和祝福卡片当作告别的礼物。饭后回到公司，诺姆敲了敲老板的门，说了再见。“祝你好运，诺姆！”老板说。诺姆穿上他的毛料大衣，走过同事们的办公桌，走道两旁响起“再见诺姆”的声音。他把工作证丢在前台，走过了旋转门，站在公司门外的路上。

他以前曾经想象过这种境况，当时是想试着揣度一下悲惨的感觉，但总是无法融入。现在呢？终于感受到真正悲惨的这个想法让他得到了一点儿安慰。当天晚上，他梦见一个穿着毛料大衣的男人被冲进下水道的旋涡中。他想，事情就这样结束了吧……

* * * * * *

诺姆其实错了，他总以为最糟糕的事情永远不会发生，这个错误和大部分人面对2008年金融风暴造成的重度经济衰退时的想法一样。整体失败，像诺姆一样，如此凄惨地遭遇了高影响低概率事件。会造成多糟的后果还必须看未来会发生什么才能知道，当然，在最极端的状况下，失业甚至会致死，正如我们将要看到的一样。

每个人都会估计错误，尤其是当你认为某件事不可能发生时。当然也可能因为诺姆从来没有被炒鱿鱼的经验，所以他并没有想得太复杂，但这可不是正常的情况。

他把失业称为低概率高影响事件，其实是借用了纳西姆·尼古拉斯·塔勒布（Nassim Nicholas Taleb）在其著作《黑天鹅效应》（*The Black Swan*）中所提到的“我从不特别关注正常事件”的说法：

> 如果你想要了解朋友的气质、道德观和人格魅力，就必须在非正常情况下去测验观察，而不是在他容光焕发的日常生活中发现。难道你只从一个人生活中的一个小举动就能判断出他是个危险的罪犯？在不知道野生疾病和流行病的状况下，就说自己很健康？确实，正常的事通常都是不被在乎的。在生活中几乎所有被记住的事都是罕见的，当然也包含

了与之相对应的冲击和影响。[1]

相较于其他事，那些足够怪异、足够让人难以置信或是很难想象怎么会发生的事，就特别容易被记住。难道发生解雇也有诱因吗？即使这并不代表解雇不会发生在其他人身上，也并不是在金融风暴之前没有发生过。重点是我们有点儿太习惯于过着我们一直习惯的生活，所以这并不是真的失算（正如上一章的小行星一样）。但这算得上是一个失败的空想，我们无法预知什么事情会出错，所以只好选择走简单的路，然后假设一切都会很好。要补救并不能只依靠数字，还需要多种多元的故事想象力，这就是为什么有些人着迷于用情境规划的方式来思考未来可能会面对的危险。

话说回来，了解数字依然是有帮助的。2008年初，英国的失业人口高达160万，超过总劳动力的5%。经过了四年的重度经济衰退，100多万人生活在垃圾堆中，失业率高达8.5%。

这就是我们通常说的失业的可怕之处，其中隐含的风险就是你会没有工作。简单地看一下现在的利率，如同预计的一样，当失业风险上升的时候，经济就会衰退。而经济衰退的影响就是每100个人中就会有3—4个人遭遇非自愿性失业。

但用这样的方式来讨论风险是会被误导的，除了超过四年有100万人没有工作外，还有1500万人，其中一半都想要找其他的工作，还有人被解雇、裁员、终止雇佣合同，不然就是开门见山地请你走人，这些人数远超记录在案的失业人口。

这并不是因为数字被篡改了，也不是因为我们计算的对象从一个工作直接换到另一个。这是因为在任何经济体中，劳动市场就像一个巨大的旋转门，上百万劳动人口从就业和失业的两个方向通过，并在其中停留长短不一的时间。所以这1500万的失业人口，必须在他们真正失业一段时间之后才能真正被计入。

我们在计算失业人口的时候，通常会将在一个时间点上只要处于失业状态的人就计入失业人口，但这纯粹是就现有失业人数来计算的。相较四年之前，现在多了百万以上的人是没有工作的。这些数字无法捕捉到人口巨大的流动，有时错误的数字还会让人感到心寒。

这样的状况不只发生在经济衰退时，也发生在景气好的时候。想想看，大规模就业机会的流失也是统计经历失业的人总数的好机会，这也是一个比较好的时机去说明很多状态下长期潜在的巨大风险[2]。

用统计数字捕捉到的流量以及所描述的平均每个人失业的概率是较为实验性的数据，国家统计局并没有用足够的时间去追踪同一群人，来维持资料的精确性，但他们还是统计出一个粗略的数字供大家参考。

国家统计局在2008—2009年经济衰退之前，在大家都认为当时的经济状况还不错的时候提出，失业的风险每季度都维持在1%—1.5%，并维持了许多年，这是一个大家所共同认知的失业风险概率，就像我们用来估算死亡的风险一样（请看第17章）。也就是说，每100人之中就会有1—2人在三个月内失去工作。但这只是一个平均值，有些人的概率会比这个数字更高，例如受教育水平较低的人；在大多数娱乐休闲行业中，有些人甚至不止失

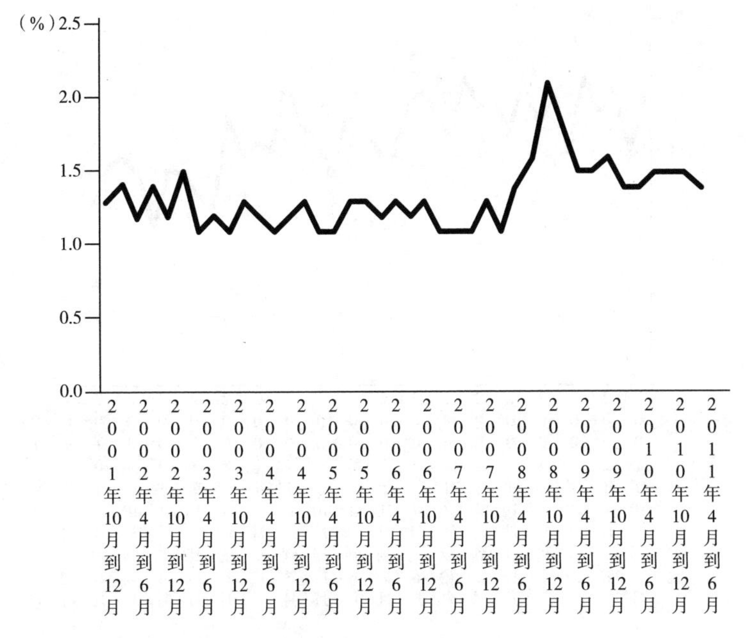

失业危机：受雇者每三个月失去工作的比例[3]

业一次。

最重要的是，在每100个失业的人中，会有1—2个人停滞在失业的状态，却不找工作。有时候停滞在失业状态的人们其实并不是不想工作，而是他们已经放弃寻找了。

将每三个月的百分比数据整理成年表，并将数值转换成真实的人数后，我们发现了一个令人吃惊的数字：每年都有将近400万份工作机会流失或闲置；在2008—2012年金融风暴的这四年间，总计减少了大约1500万个工作机会。

这份数据还有另一个意外发现：风险处于变动的状态。在金

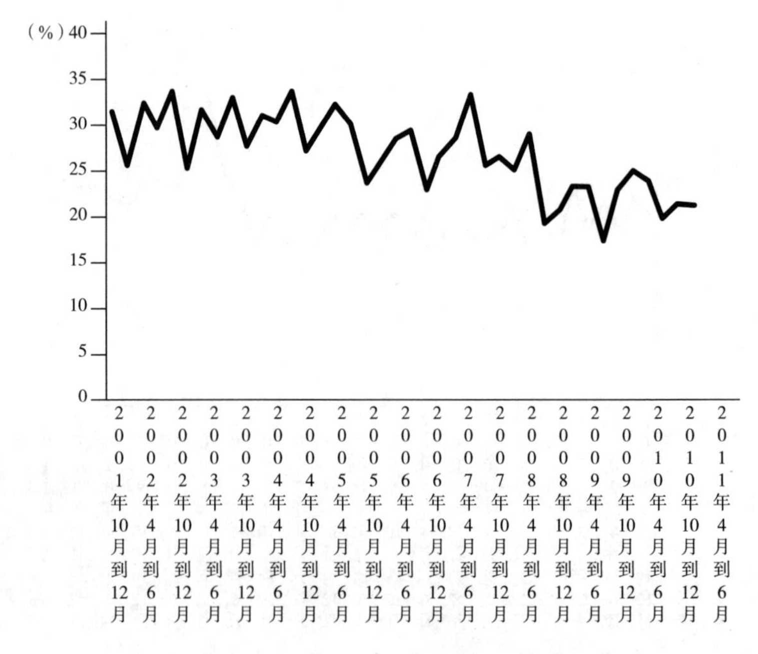

就业危机：失业者在三个月内找到工作的概率

融风暴前，失业的风险维持在1.5%左右，但在2008年却突然升到2%，接着再回跌。从经济衰退前到衰退后，从经济成长缓慢或是停滞来看，其中仅有0.2%的差异，大约是每三个月，在500个失业人群中会再多1个失业者。

增加0.2%的失业风险听起来好像没什么，但人们确实感觉到了威胁。研究显示，过度的反应恐慌是普遍现象。其实失业的风险并没有像我们所想象的有很大改变，停滞劳动力的风险也一样变化不大。事实上，风险甚至会缓慢地减少，也就是说变成停滞劳动力的风险将会降低。

但这里出现了一个谜团：为何在失业率上升的情况下，失业人口却没有跟着上升呢？部分原因是我们一直以来都把焦点放错了，我们该看看另一端发生了什么事，比如找到新的工作机会，或是重返原来的公司上班，等等。这些被奇妙地称为“就业的风险”。

在金融风暴之前的几年，有三分之一的失业者都会在三个月内找到工作。但在金融风暴之后，明显降低到四分之一甚至更少。①

新闻报道通常习惯把失业风险的攀升误导成公司经营不善或是倒闭的结果，很大一部分报道都是关于没有新的企业产生或是企业扩张不足的内容。相较于报道为何没有新的工作机会出现，报道倒闭的公司要容易多了。因此，如“贝克法则”所说：“维持工作不难，困难的是要找到一份工作。”[4]

工作难找的另一个原因是，在人口不断增长的状况下，需要工作的人也越来越多。正常来说，新增劳动人口应该被新增的工作机会所吸收。但2008—2012年，这种所谓的正常并不多见，新增劳动力都被拒于就业门外了。

但针对广大稳定的劳动市场来说，这无疑是在失业困境中额外加入的一个威胁，这威胁会在每三个月，影响着每五百人中的一人。这听起来不太严重，让我换个比喻，这就像是在波涛汹涌的海洋中寻找浪头的变化。

因此，失业人口的上升，对于分别流向就业与失业的巨大劳动力人群来说影响其实很小，这个影响未加入找工作的难度以及

---

① 风险比率在就业与失业来说是两个不同的数字，意思是说，就业比失业的人口大许多，所以同样是1%的概率，失业人口会比就业的人口少。即使如此，没有找到工作的人还是比上升的失业人口多。我们同时也简化了流动的劳动力，不去探讨那些处于就业停滞状态的人，我们认为这并不会影响主要分析的劳动人口。

失去工作的风险，如果加上每年新增劳动力的工作需求，每个人找到工作的机会就会更低了。面对庞大不断流动的劳动力，普通劳工尤其是有工作的人，对于失业风险的上升，感觉其实很小。如果你说失业风险在2012年太高了，那么不得不说，它一直都这么高。

另外一个讨论失业的角度是，风险是很不幸的（概率和后果的差别又再次被拿出来讨论）。这和关于抽烟危害身体健康的研究有点类似，对于那些年轻人而言，失业对于未来工作的前景和薪水都是一道不可消除的疤痕。

一个测试失业的人是否失去就业能力的方法，就是看他失业了多久。在2008年初，共有40万失业人口超过12个月没有工作，2012年初则增加到80万人，增长了将近一倍。就算你目前失去了工作，成为他们其中一分子的概率很小，可是一旦加入他们，后果可是相当令人绝望的。

这些事只能靠你自己去判断，或许失业对你来说是一个逃避的机会，你可以趁机去学习砌墙，去兑现多余的支票，带小孩去国外旅游，每种状况所对应的风险都不同，或许只有自己懂得如何去接受或是享受。

当然失业也是充满灾难的。2010年，英国职工大会（Trades Union Congress，TUC）发布了克里斯泰勒·帕尔多（Christelle Pardo）的故事来警告人们失业的代价。她是个失业、靠领救济金过活的孕妇，抱着怀中五个月大的婴儿，从她姐姐位于伦敦哈克尼（Hackney）住宅的阳台上，跳楼自杀身亡。

> 她的失业补助因为怀孕而终止了，这也意味着她将同

> 时失去住房津贴。地方当局要求她退还多付的200英镑，其他的津贴也都被停掉了。她上诉了两次均被驳回，最后一通电话打给英国就业与退休保障部（Department for Work and Pensions，DWP），正好是在她自杀的前一天。帕尔多女士当场死亡，她的儿子隔天过世[5]。

很可怕，但这公正地反映出失业风险了吗？失业本身不太可能杀死你，但之后的影响确实会。除了没有收入，你会更容易遭遇离婚、犯罪、健康状况不佳和早死。自杀通常被认为是除了心脏病和酗酒之外导致死亡率上升的又一因素。总之，失业更像是充满压力、忧郁、穷困和疾病的综合体。

关于失业率造成死亡增加的风险目前有很多说法：有的研究发现它并无直接影响[6]；有的研究说失业率的上升将会造成自杀人口在一年内增加20%左右，心血管疾病的死亡率会在两年内攀升，且会持续影响将近10年[7]；还有研究发现，因失业所造成的死亡人口使死亡率增加超过60%[8]，这个数字是很惊人的，相当于每天多了6微死亡，与吸烟者平均多出的死亡率相似。

失业一天对健康的影响难道真的等同于抽十几支烟吗？24小时不工作会让你减少27个小时的寿命而提早把你推向死亡吗？

但问题是，这不是单纯计算失业和就业的死亡人口就可以得知的。在这些情况下，要厘清原因和影响是很棘手的。但无论如何，失业的人大多数不健康和不快乐，这也很可能是为什么没有工作的人会比较早死的原因，但是否因为他们没有工作所以就会早死呢？究竟是什么让失业的人不健康或不开心呢？

有项研究尝试将这两点分开看，它忽略了失业的人在失业之后几年的死亡率，并淘汰了因为身体不好而失去工作的人[9]，也就是说，那些因为生病而失业的人通常都会领取疾病津贴，所以并不算在失业人口内。结论发现，失业所造成的额外增加的死亡率，压倒性的是由失业本身所造成的。

这种致命性的影响仍是争论的焦点，但从目前的证据来看应该是真的。也有证据显示，曾经经历过六个月或六个月以上失业的年轻人群的工资会在接下来几年大幅走低，且20年后薪资仍然会比没有失业经历的人少8%[10]。

在1980—1990年经济衰退期间，失业超过六个月的年轻人，在接下来的五年间有将近20%的时间是失业的，12年中甚至有15%的时间处于失业状态[11]。

高影响是可以忍受的，诺姆现在已经发现了，风险发生的形式比意外多得多，可不像吸烟或吃香肠什么的。无论失业风险是否真的会演变成致命的事故，又或者它只是存在于我们的脑海中，让我们时常担心会不会发生危险，风险对于未来的影响都是很长远的。大致上来说，这种未知的“黑天鹅事件”有时候甚至比确定会发生的危险更恼人。第一，我们无法预测；第二，当它发生时我们往往无法辨认，也就是说，我们甚至不知道刚才在眼前游过的是否是黑天鹅，直到留下的影响清楚浮现后我们才知道发生了什么事。就像2008年金融风暴所产生的后遗症，持续影响着五年后的2013年，甚至还可能影响接下来的几年。同样，诺姆或许到几年后还是不知道失业真正给他带来的风险有多大，所以，到底什么是风险呢？

第 22 章

犯 罪

普登丝检查了她的电子邮箱，删除了两个从尼日利亚发来的“赚钱好机会”的邮件，关上笔记本电脑，把它放进楼下卫生间的柜子里。她环顾窗外，把门锁好，闩上门链，设定好警报器，关灯，上楼。她脑中又兴起养只狗的念头，这念头经常出现，尤其是在她丈夫患癌症去世后。虽然狗会在家里上蹿下跳，弄得灰尘跳蚤乱飞，但在紧要关头至少能叫两声，警示一下。但她一下子又打消了这个念头。窗外的树枝随风晃动，触动了安全照明灯的感应器，卫生间的窗外突然一亮，她不禁一颤，双手把身上的睡袍抱得更紧了。尽管遭遇入室行窃已经是两年前的事了，但她仍然心有余悸。经过这一吓，今晚大概也没法睡了。

* * * * * *

K2[①]的日记：

没工作。自然而然地去了夜店。

4.5升啤酒=钱包瘦了。

---

① 凯尔文的儿子。

跟凯特去取钱，然后想去约会。

提款机旁一个大叔牵着一条狗，狗很烦。

狗一直闹，大叔踢狗，狗咬大叔的手。

咬了好大一口，红红的液体渗出来。

我也踢了一脚。

大叔说你怎么可以踢我的狗啊，踢了我的膝盖，骂脏话。

凯特扶我起来。

大叔吐了我一口吐沫，钱掉了一地。

他是个会踢人膝盖、吐人吐沫的老浑蛋，我趁他捡钱时推倒了他，抓起钱就叫凯特快闪。

没考虑到一只腿好、一只腿伤根本跑不快，被倒地的大叔抓住了伤腿。

用好腿（没被抓住的腿）踢他的头，骂脏话。

一只腿（好腿）用来踢人，另一只腿（伤腿）被抓住。

没有腿站在地上，整个人扑倒在大叔身上。

烦人狗咬好腿，大叔咬头。

痛，红红的液体。

大叔是个凶狠的浑蛋，把我的脸按在地上磨来磨去。

红红的液体。

凯特用高跟鞋打了大叔的头好几下。

红红的液体。

大叔用手把自己撑起来，抓了钱，对着我的肚子、伤腿、后背乱踢了好几脚。顺手摸走了我的手机、钱包和卡。

大叔跟狗一起闪了，身手敏捷的大叔，后来想想他可能是个罪犯，路上不安全。

凯特扶我起来。

奇妙的巧合……艾米丽出现了。

凯特双手环抱我，跟我贴得很近。

嗨！小艾。

艾米丽没理我，抓起凯特的高跟鞋，打下去。

红红的液体。

艾米丽跟凯特在地上缠斗。画面挺不错的，我在胡思乱想。

艾米丽咬了凯特一口。脑中的画面没了，该出手帮忙了。我踢了艾米丽一脚。

凯特说你怎么可以踢女人，这其实是个战略上的失误，跟刚刚一样。

凯特用高跟鞋打了我的头。艾米丽用高跟鞋打了我的头。

红红的液体。

凯特和艾米丽各吐了我一口吐沫之后一起离开。

躺在血液跟唾液之中沉思这一连串奇异的事件，考虑到情感关系的恶化以及刚刚才破相，于是决定将约会的计划取消。

慢慢站起来，慢慢走进酒吧。意外的巧合，两只脚都跛了，还真不好走。

太神奇了……常来酒吧的一个看起来不怎么样的老兄问我要不要买银行卡和手机。我不太情愿地买回了自己的手机。

身无分文。

* * * * * *

哪一个是比较典型的受害者：略微年长、独居、有点儿焦虑的普登丝？还是年轻、醉酒、愚蠢的K2？可以看出，跟深夜在外游荡的K2比起来，普登丝即便在家仍觉得自己身处危险之中。当她在锁好的门后忐忑不安时，K2在外面反而觉得自己无人能敌。这反映出一个人对与他有关的风险的态度，以及这些态度是怎么形成的，我们等一下就会整理出答案。

这里有两个估量犯罪的方法：一、调查数据；二、参考报纸上有关犯罪的报道。

数据并非十全十美，而且不容易解读，但故事就不一样了，它直接明了、活灵活现地描述着疯子、恶棍、受害者和无辜的人，市区里面生人勿近的区域，从酒吧到急诊室里鲜血和呕吐物的痕迹，火车上的扒手，躲在暗处的强奸犯，盗刷信用卡和欺骗老人的诈骗犯，不良少女团体，刀不离身的混混儿以及学校里的霸凌者。如果你问人们，为什么他们觉得犯罪率从十年前到现在一直在上升（事实上所有信息显示，长期而言，犯罪率是持平甚至是下降的），大家都会认为是媒体的报道造成的。

我们的确需要新闻报道来了解这些犯罪，但就像第3章提到的对孩子暴力相向、戏剧化的事件会扭曲我们对于概率的印象。人们往往看了报刊上关于对老人小孩的恶劣犯罪行径和暴动等报道后，就会认定：“道德沦丧！社会病了，已经没人可以在晚上安稳入睡了！”只要报道一个单一事件，就可以造成社会已到穷途末路的感觉。

对身受其害的人来说，这不只是看看而已的新闻。①一个七岁的小朋友说他非常害怕暴力犯罪[2]，就跟普登丝一样，这并不意外。②因为恐惧就是新闻卖点，制作人都很了解，民众太容易被骇人听闻的故事所吸引。同时，相较于一个需要长期关注的话题，民众更期待最新的信息和最近发生的劲爆事件。不过从某种程度上讲，恐惧感也并非一无是处，尤其是在面临生死存亡的时候，毕竟后知后觉和自我感觉良好这两种特质可是从来没帮一个人虎口脱险。

所以当我们跟普登丝一样，小心翼翼到看见黑影就开枪时，其实这样做很有可能是对的，因为越害怕就越会小心注意。因为某些原因，我们也会对家附近的一些传闻（例如“住33号的那个人不是个恋童癖吗？”③）或是一些类似案件（例如“那些持刀杀人的案件”）保持警觉性。而且我们对个人经验会特别注意，任何特殊状况，或大或小的警讯都能让我们提高警惕，并且快速做出判断。

心理学家丹尼尔·卡尼曼把人类的大脑描述成一个遵循费力

---

① 请以94岁的埃玛·温娜儿（Emma Winnall）谋杀案为例[1]。

② 犯罪数据常常被认为是“注水”的。或许民众根本不想报案，因为他们不觉得会得到改善，警察必定会篡改数据来粉饰太平。但其实几乎所有的犯罪数据并未参考民众报案或者是警察的记录，而是由好多不同受害者的亲身经验调查汇整而成。这些调查后的统计结果都是推测数据，所有的调查结果也都是推测结果，但它是合理的。原本16岁以下的族群并不包含在受访者当中，但后来也有部分调查访问了11—16岁的受害人。这种调查有个缺点，就是无法包含凶杀案，凶杀案的受害者的确也无法亲自受访。因此凶杀案的资料是由英国内政部统计维护的杀人指数（Homicide Index）得来的。

③ 真的发生过儿科医生被误认为恋童癖的事件，只是没有像暴徒攻击那么经常被报道出来而已[3]。

最小原则、妄下定论的机器，面对“恐惧”时更是如此[4]。如果外面有恐怖可怕的东西，那就最好不要出去，卡尼曼说这种心理习惯是一种认知上的偏差，而犯罪故事似乎对它很有吸引力。20世纪70年代，卡尼曼的同事保罗·斯洛维奇（Paul Slovic）也表示，人们对于情节生动的事件，往往不是真的记得非常清晰，而是因为相信发生过更多类似事件（请详见第4章），而对犯罪事件的记忆往往都很深刻。

我们已经仔细研究过单一案例对于大量数据的影响力有多大了。斯洛维奇说：“一位名字和脸孔被众人清楚检视的受害者，其影响力是无人可比的。”动物也是一样。英国口蹄疫大流行的时候，政府杀掉上百万只牲畜以防止疫情蔓延。当疫情得以控制而动物保护人士要求停止残杀的时候，屠杀并没有停止，直到报纸刊登了一只准备宰杀的刚出生12天的小牛菲尼克斯的照片，政府才开始酝酿改变政策。

一个跟统计有关的谚语是这样的：“趣闻逸事的汇总并不等于数据，生动描述下的推论不一定构成可能。”单一犯罪事件可能对受害者的家属造成撕心裂肺的痛苦，但不太可能透露整个社会正在向下沉沦或者大家都会成为受害者的风险有多高等信息。这种说法简单易懂，大家都能够明白。但当荷兰鸟类保护署（Dutch Bird Protection Agency）因为多米诺骨牌比赛中一只撞倒骨牌的麻雀被射杀，而哀叹这个社会缺乏对于保护麻雀等动物的意识时，还是吸引了大量网友给予声援[5]。

如果我们想对生动的单一事件产生稍微平衡一点儿的反应，就应该清晰地、有说服力地去做风险阐述，从而产生“逸事免疫”。事实上心理学家在研究民众对于治疗方式的偏好时已经调查过，当一张类似第4章中关于每天吃煎制食物增加患胰腺癌风险的图片出现时，民众比较不易受到神奇偏方和恐怖经验的影响[6]。

特定的事件和特殊的人往往是报道的重心，事实上，当一篇报道缺乏一定程度的独有元素时，这个故事就没什么可信性了。也就是说，依靠细节是否是绝无仅有的，来判定故事的可信性。所以我们可以说，细节就是对于概括和抽象叙述的当头棒喝。细节就是奥赛罗给苔丝狄蒙娜的手帕，也是伊阿古把苔丝狄蒙娜拖进不贞阴影的手帕。它细微、生动，而且极其真实，正是勾画这个谋杀故事的重要元素。对于可信度的要求，文学评论家詹姆斯·伍德（James Wood）曾经描述现实性对于虚构故事的重要性（或者说独特性的呈现），就像他说“当包法利夫人把玩着那个缎带舞鞋，那双一周前她曾在舞会上穿过而鞋侧因沾到舞池地板的蜡而泛黄的舞鞋”[7]这句话一样，使用恰当，细节就是真实性的证据。

这大概是让一个故事，不管是虚构的还是奇闻逸事都嗅不到概率概略性气息的最基本方法，因为你的独特性往往会让概率的概念不适于用在你或其他人身上。

另一方面，概率告诉我们一种不同的规律的真理。特别是它点出，当你将个人独特情况推及别人身上时，有可能会失败。这就是为什么个人独特情况“独特”的原因，这也是为什么统计学总是敦促我们学会对那些奇闻逸事免疫的原因。

现在，关于事实，我们有着两种不同的叙述模式，问题可能出在角度上。其中一个模式是，事情的真相因为具有独特性而显得可信度很高；另一个模式是，概率取决于质疑单一经验的可信度，因为它单一，除非跟其他人的经验汇合起来才可信。什么原因让这两种不同视角的其中一个为真而另一个为假？二者是势不两立的吗？

我们可以找一个能想到的、最极端的犯罪事件作为例子：哈罗德·希普曼（Harold Shipman）医生。他是一名在下午一两点上门进行诊疗的医生，同时是个连环杀人魔，其犯罪行为被清楚地记录了下来。关于受害者的新闻报道一时之间充斥于媒体，一堆骇人听闻的案件刻画出一个形象——一个看起来像父亲一样慈祥的人骗取了受害者的信任，杀害了他们。最后估计他大约杀害了200人，受害者大多是年长的健康女性，死于过量注射海洛因。

但他并不能代表其他普通医生和一般的犯罪行为。他的犯罪事件使得曼彻斯特的犯罪数据与正常波动不同，因为他在曼彻斯特的罪行都是在同一年所犯下的。

头条新闻常常操弄着我们内心深处的恐惧并误导我们。举例来说，凶狠的陌生人对于我们孩子所造成的危险，使得民众笼罩在忧虑之中，但实际上，儿童受到自己父母或继父母伤害的概率比陌生人要高出一倍。五个成年女性受害人中，有四个人与凶手是认识的[8]。英国酒后暴力事件近年已经逐渐减少，刚好跟媒体的泛滥报道——每次都是一个喝到“断片儿”的年轻小伙子拿着一个酒瓶——呈现相反的情况。这小伙子确实存在，但这篇报道的描述并不公允（详见第25章，媒体对于危险事件的描述）。

但如果很多事件同时发生呢？比如2008年7月10日，四个男人因不同遭遇而于同一天在伦敦被谋杀——被刀刺死。这就不再是“一个”耸动的新闻标题，而是为何持刀杀人会像疾病一样蔓延的大篇幅报道。我们不是在讨论逸事，我们说的是数据，对吧？尽管如此，英国广播公司记者安迪·泰伊（Andy Tighe）的报道还是写着：“四起持刀杀人案同一天发生可能只是统计上的异常巧合。”[9]有可能吗？①

每一个谋杀案都是独立而无法预知的，但就是因为它的随机性，才让谋杀案的整体模式在某种程度上是可以被预测的。听起来有点诡异神秘，但其实并不是（请看第14章），这是概率在一个大规模数据下所干的好事。作者戴维询问英国内政部上一年伦敦总共发生过多少起凶杀案，他们说是170件。他离开后，开始试算到当年的当天为止，应该已经发生了多少起凶杀案，并且假设过去三年凶杀案都是随机发生的，试着去寻找其中可能存在的模式。在多少天内曾经发生过一件、两件、三件或四件凶杀案，又有多少天根本没有发生过凶杀案？结果他预估的模式跟实际数据几乎完全吻合[10]。

他否认用魔法水晶球占卜，不过承认参考了一些基本的概率理论（例如泊松分布）②。他以大米代表凶杀案件，然后将它们撒在月历上，大米是随机分布的，但他却发现四个谋杀案落在同一

---

① 大致以2006—2007年为例，持刀杀人，或者更严谨地说，使用利器杀人是最常见的凶杀案手法，占伦敦犯罪案件的41%。其次是枪击案，占17%。假设同一天内每一个谋杀案都是独立的，所观察到的犯罪率可视为每一件谋杀案的风险预估，并且假定一天内有四件谋杀案，于是估计四个持刀杀人案同时发生的概率是0.41连乘4次，即大约2.8%。

② 事实上，泊松分布（Poisson distribution）跟鱼一点关系都没有（poisson在法语中有鱼的意思），而是以法国数学家西莫恩·德尼·泊松（Siméon-Denis Poisson）的名字命名的。

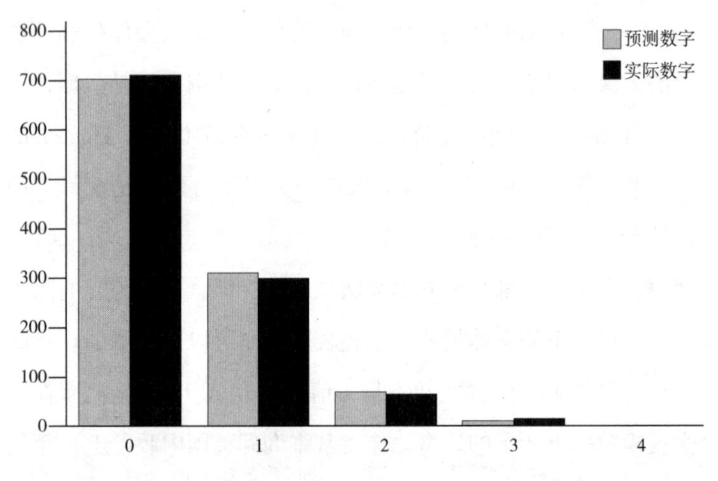

2004—2007 年伦敦一天发生 0、1、2、3、4 件杀人案的次数

天（四颗大米落在同一格）的确很罕见但并非不可能，甚至假设四起案件的严重程度完全相同，得到的结果也一样。要出现这种结果并不用看最近发生的连环杀人事件，估计伦敦大概每三年就会出现一次。他预测曾经有705天没发生谋杀案、310天中发生了一件、68天中发生了两件；而真实的数字分别是713天，299天跟66天——非常接近。同样可以推算出两起谋杀案的时间间隔，估算的七天的间隔在三年之中要发生18次，实际数字是19次。

这些报道跟故事不足以用来评估风险，这并不让人感到意外，这个预估结果隐含的意思是，我们可以从一堆事件的突发集合达到同样的效果。一个故事不足以成为趋势，四个在同一天发生的一模一样的故事也不行，事件集合在这方面而言是正常而且可以预测的，因为这是单纯的概率问题。然而另一种情况，一个完全规律的犯案模式、每周都固定杀害同样的人数，就会显得怪异。英国内政部使用这个相同的模型来分析凶杀案犯罪率的变化，并表示这些明显的事件集合其实并不像别人认为的那么无法预测。

在英国内政部的会议上，戴维预估当年截至当时，伦敦应该已发生了92起谋杀案。散会后，戴维在去往火车站的路上，随手抄起一份《伦敦报》(*London Paper*，一种街头免费发放的报纸)，看到报纸头条是《伦敦凶杀案件数字达到90》。

所以我们无法预测单一谋杀案，但我们可以预测总数和发生规律，当我们能够预测规律的时候，就可以在数据超过随机概率预测的起伏时，察觉到异常的现象。例如，当地的失窃案什么时候看起来像是随机的，而什么时候看起来像是出现了新的犯罪集团？伦敦同一天发生四起谋杀并不是令人惊讶的事，但巧合的是都使用了利器行凶，这就可能是个令人注意的点。同样，希普曼的杀人模式并没有透露关于谋杀的概率信息，但当时我们若能有更好的数据，或许就有机会从异常攀高的数据信息中发现希普曼是个连环杀人魔。

下页图是有史以来最让人恐惧的图吗？它体现了一天中每个时段死于希普曼之手的受害者与其他家庭医生的死者的对比。难以置信，希普曼的受害者大多在他上门拜访时过世。如果我们知道该预估什么，那么模式是有指导意义的。

而当警探们逐个检验死亡案件，并试着确定特定的死亡是不是谋杀时，统计学家已经可以利用大量资料推估希普曼犯行的数量、规模以及地点。而这些调查中最棒的是，统计学家用来寻找受害病人（还有他们之间的异常值）规律的问题非常简单，甚至

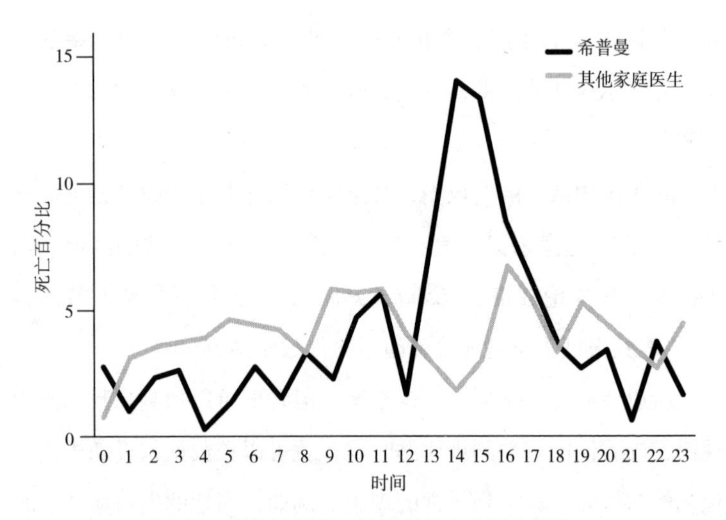

哈罗德·希普曼与同一地区其他家庭医生相比，
在不同时间开出死亡证明的百分比

可以说是个细微的问题：他们是在几点死亡的？现实中单一病人死亡时间并不会透露太多信息，但整体而言，死亡时间是有启示性的。统计学家综合了希普曼行为的现实性、作案手法的特别之处（在下午寻找年长、健康的女性下手），以及其他凶杀案的数据后，便可以比警察们做出更多推论。上图传达了一个强烈的信息，它告诉你一件事，单一故事往往会遗漏真相，因为真相包含在许多重复故事的规律中。

现在我们知道了要小心解读令人震惊但孤立的犯罪报道，我们也知道了要去了解概率所造成的行为模式，这样我们才能知道这个模式什么时候值得我们参考。再往下走，我们注意整体数据，如果它上升了，那势必代表了某种信息。

如果这个数字的提升持续的时间很长、数值很大，那便真正代表了某种意义，否则大概就跟事件集合有一样的问题。犯罪率是随概率上下波动的，尤其是英国罪案调查（British Crime Survey）的数据，他们使用的是一种只会大致反映真实情况的样本数据。某种程度的数据上升或下滑不一定代表新的犯罪行为模式出现、社会道德持续沦丧或社会变得更美好。上升可能只是偶然的，下滑可能只是出现偏差。

媒体跟政府投入很多心力在计算犯罪率数字上，如果他们想从数字中看出趋势的话，那基本上是白费力气。失窃率上升5%、暴力犯罪下降3%等数字基本上不会告诉我们关于概率的真正信息，也无法改变这份报告的样貌。以2005年以来的失窃案为例，数据每年都有上上下下的小幅波动，但拉长时间来看，其实失窃案发生率基本上是相同的；然而与车辆有关的盗窃案数量则每年下滑，而且应该真的下降了不少。只有从变动的长期犯罪数据观察到的显著波动才是真实的变动。

数据的变动无助于使我们了解成为下一个受害者的风险有多高。提高5%，但从何时开始算起呢？清晰的心理学证据显示，与基本风险意识相比，民众对于数据变动的敏感度更高。时速48公里可说快也可说慢，这要看你前几秒钟在干什么，这就是我们在意变动而不太在意绝对数字的体现。若提到犯罪的变动，2011年犯罪总数达到近30年最低值，不管是记录在案的犯罪数据还是犯罪调查报告的数据，从20世纪90年代中期至今的趋势显示现在不是与以往持平就是处于低点。

这些关于犯罪数据的变动其实并没有告诉我们实际数字，所以真正的基本风险到底怎么样呢？

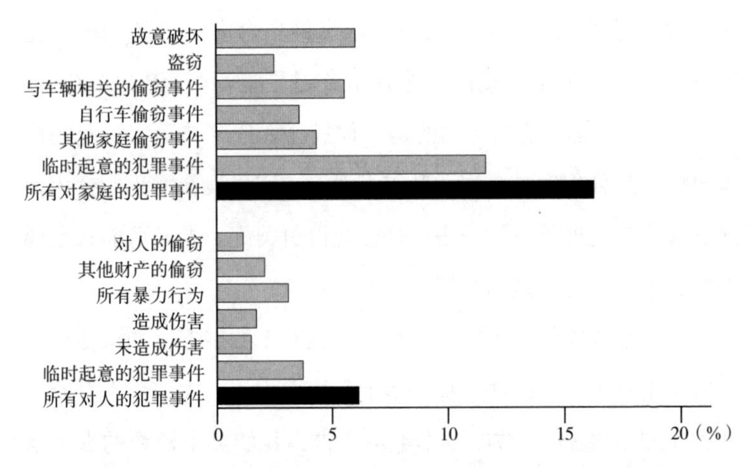

每100人的受害原因统计，或者说受害一次以上的平均受害比率

（统计地点，英格兰与威尔士）*

使用数据、大量的数据，而不依靠奇闻逸事或它们的集合，我们就可以很简单地算出风险值，只要把受害者人数除以人口数即可。2011年，约100人中每3人的家被窃，每100人中有3—4人曾受到暴力胁迫。不过暴力犯罪的定义很广，从不会造成实质身体伤害的推挤拉扯，到可能造成重伤甚至死亡的严重行为都有。警方以及英国罪案调查统计确认，在超过半数暴力事件中，受害者根本没有受伤。

某些人遭遇过不止一种犯罪，有时候还不止一次。整体来说，2010—2011年一个人成为受害者的平均概率大约是五分之一[11]。对犯罪感到恐惧，其实就这个统计数字来说也不算荒唐。

但这其实还是不够用。对诺姆曾经发生过的事平均来看，本

* 来源：英国罪案调查，至2011年9月。

来可以是个很有用的导引，或许对于现在已逐渐年长的诺姆来说适用，但不适合你。诺姆已经65岁了，受到暴力犯罪的风险比二十几岁的小伙子低了十分之一，所以你的风险是多少，取决于你是谁以及你害怕哪一种犯罪行为。举例来说，女性受到暴力犯罪的危害比男性少了一半。但如果你以前曾经是受害者，在很多犯罪行为中，很有可能再度受害。此外，种族也是个重要因素。

居住地是个关键的因素。2010年居住在坎布里亚郡（Cumbria）的人被谋杀的概率比达费德郡（Dyfed）、波伊斯郡（Powys）高了16倍。这可怕的事实背后的原因是一位不速之客——德里克·伯德（Derrick Bird）开枪射杀了12个人，使得坎布里亚郡当年的凶杀案数字大幅上升。这种一次性事件当然也是风险的一部分，但它不会决定风险。

另一个更有参考意义的地理因素是，假如你住在伦敦，那么你遭遇暴力犯罪的概率是达费德、波伊斯或威尔特郡（Wiltshire）居民的两倍，因为英国几乎一半的抢劫案都发生在伦敦[12]。另外一种类似的情况是，某种类型的犯罪比较可能常发生在相对贫穷的小区。

总而言之，相较于慢慢变老、属于中产阶级、已婚、住在汉普郡近郊贝辛斯托克的普登丝，K2这种晚上在外面晃荡的年轻人，基本上可以被看作具有代表性的犯罪受害者。K2泡夜店的习惯也是造成风险的原因之一，不过还有部分风险其实是因为K2的年纪所致。一切都说明，K2本身就是个危险因子。

至于凶杀案的数据，如果排除了希普曼在2002—2003年所犯下且记录在案的172起，凶杀案数量在2001—2002年达到高

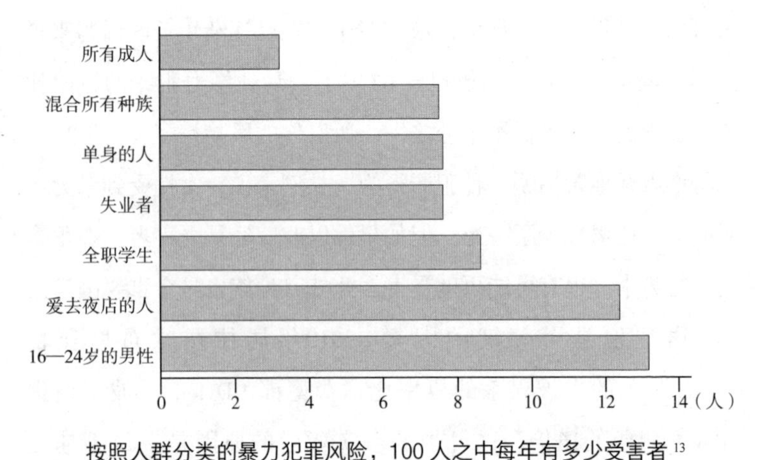

按照人群分类的暴力犯罪风险，100 人之中每年有多少受害者[13]

峰，约每100万人中有15人遇害。2010—2011年则降到12人。

男性每年遇害率是每100万人中有16人，依旧比女性的每100万人中7人，即一年7微死亡多出一倍多。跟其他风险相比，这个数字微不足道，如果把所有外部死因汇总起来计算，只占平均每日1微死亡的一点点而已。我们采用微死亡，主要是因为规模较小，若从个人来看的话，每个人成为凶杀案受害者的真实概率平均数，大概跟让一个人凭空消失差不多。可是，普登丝会因此而安心吗？

第 23 章

手 术

这位状况不太妙的病人——白种人，男性，体重约85公斤——有心脏病史，出现胸部疼痛和呼吸困难的症状。

“血压85/60毫米汞柱，而且仍在下降。”护士说，“呼吸开始不稳。”

脉搏呢？脉搏哪儿去了？

当时已经没有时间了，刻不容缓。优秀但非正统的外科医生基兰·凯沃林（Kieran Kevlin）——他的孪生兄弟曾是索邦大学享有盛名的教授，50岁的他满头银发，事业正处于巅峰——内心清楚必须开刀，立刻。有没有出血？瓣膜情况如何？他飞快地转动着思绪。

“医生，我们救得了他吗？”一位名叫拉拉的外科护士边问边用她戴着手套的双手，娴熟地做着术前准备。在绿色的手术面罩下，藏着她漂亮的五官，一缕金发似乎让现场的焦虑感降低了些。

“这个手术将会是场硬仗。”基兰深深地看向她那双充满同情的眼睛说道。他线条明朗的方下巴与钢铁般的意志，使他早就成为拉拉暗恋的对象。“但为他和他的家庭着想，也为了这家医院的尊严和共同的荣誉，让我们全力以赴吧！”

从手术室里，低沉、纷乱地传来附和声。基兰的特立独行早已众所周知，他被奉为医学大师，喜欢在早餐前找点儿事做，仿佛在恣意挥霍那份理应拿去做精密外科手术的精力，然后再跑个10公里。他就是这样的人。

“谢谢你，医生。”拉拉说着，把手贴在他的白大褂上，抚摸感受着衣料下面胳膊的肌肉。“你应该不知道我们有多佩服你的……你的……”

“不！谢谢你，拉拉。我很感谢你一直怀有的那些美好想法。不过现在时间紧迫，我们必须先抢救病人的生命。”

尽管他知道这场危机的严重性，但他好像就是为了此刻而活的，在做出决策与下刀的那一瞬间，俨然是一场自我信念的测试。当手术刀划破皮肤时，他便深刻感受到自己的不可靠、听天由命和所有可能导致出错的噩运或糟糕的判断。即便他对自己说，以他自身的条件再加上天才的优势，应该可以利用完美的经验中和这种困境。他是为了所有残破躯体而生的救世主，是一个对自己的手艺陶醉不已的艺术家，也是一个被自己的感召聆听到出神的音乐家。锋利的手术工具几乎填满了纤细身躯上的伤口，在第一刀划下后，便可看到一颗颗新鲜、细腻的红珠子，把它们重新排列、切块，像个屠夫一样割、剖、烧灼，再像切成熟的杧果那样，然后缝合和复原，一连串重建的过程就像神赐予了一个新的身躯那样——这就是生命的意义。

他迅速地深深切了一刀，然后瞥了拉拉一眼，看到她温柔的蓝眼珠仍停留在自己身上。他感受到她的信任，不能让她失望。

然而他也知道，已经处于危险边缘了，失望应该就快发生了，他相信自己的直觉。即便如此，他还是带着小酒窝送出一个调皮的笑容，眨了眨眼。

拉拉的心里充满了极度渴望的喜悦。她想，如果他不是一个这么好、心甘情愿为妻子和家庭忠诚奉献的人……这个幻想没持续多久，她就对自己有这样的念头感到羞愧不已，甚至诅咒起自己的自私和这个伤人的幻想。事情不会这样，也不可能是。除了陪在他身边，看着他沉浸在拯救生命所感受到的幸福欢愉中，她不知道幸福还能是什么。

当基兰最终将病人交给其他同事进行清理，相信他应该能顺利康复后，他们换下医生的长袍，他的手碰到了拉拉的手。二人干脆停下来，凝视着彼此，恍若永恒。不久之后，他俩在汽车后座上约会。奇怪的是，她总是想起他拿着手术刀的样子，而且同样臣服于那双手施展出来的技巧。这个夹杂着内疚情绪的奇特想法，不友好地削减了短暂的完美——其实应该说是极其短暂。翌日，他便遭受停职处分，然后被解雇，最后还因为“荒谬而错误的判断”，在“医疗疏忽致死”的谴责声浪中被开除（没多久拉拉就怀孕了）。随之而来的诉讼报告中有一句关于这起严重事件的评论：“基兰先生像个狂妄的大侠，傲慢地藐视基础医学，凭借自以为优秀无比的良好刀感，胆大妄为地随意切了几刀。”这一切，在拉拉看来就像一个壮烈美好的泡泡，一闪即逝。

* * * * * *

哲学家、医生雷蒙德·塔利斯（Raymond Tallis）曾说，感谢现在日新月异的医学进展，让他享受到祖先们只能在梦中才能见到的益处。这是个大胆却公允的说法，塔利斯的确是个卓越的医疗保健福利倡导者。①

医疗题材的作品有了更新的进展。医生在小说里向来是救星的角色，生病的人通常都刚好遇上先进的技术或是再世的华佗，从而转危为安。如果病人不幸死了，也是为了制造悲壮的人生失败桥段或是有不可避免的原因。就整体而言，虚构小说里的医生，绝不会因为开刀时切错了部位而致使病人死亡。

然而，一个真实世界的医生开了一剂癫痫药——苯妥英片——给一位名叫贝利·拉特克利夫（Bailey Ratcliffe）的六岁男孩。他的病情发作得非常厉害，但似乎对其他药物的反应速度很慢，医生就给他开了比原剂量多出约六倍的药，结果男孩死了。“对不起！”这位医生在2012年12月审判时说，“我犯了错。”

医生也一样。就算医学有那么多壮举，有真性、非凡的益处，但就像基兰这样，人们对医学的信任总是无法像医生所愿意相信的那么高，或者说，也不如他们的病人所想的那么高。这里有个值得思考的问题：那些描写生命与死亡风险的医疗人间剧场的通俗小说，真的反映出了统计数据吗？又或者，生命与它的惯性常理，是否已扭曲了大众与专业领域对危险的理解？

基兰的案例是对医学界有意的侮辱，至少一部分是，你看吧，真是邪恶透顶，医学界的英雄恰巧杀了人。这不是讲故事通常使用的方式。尽管我们绝非暗指基兰的遭遇是常态，但医学界的故事难道不应该更经常是这样的吗？

---

① 参见他的演讲Longer，Healthier，Happier? Human Needs，Human Values and Science，Sense About Science，2007[1]。

当今医学界正在逐步更广泛地接受错误与不确定性的存在，也更愿意承认错误和疏忽所带来的使我们变得更好或更糟的风险。由此，也带来更多的雷蒙德·塔利斯所描述的进步。

令人羞愧的是，《英国医学杂志》（*British Medical Journal*）曾经讽刺性地提出了循证医学的七种取代方案，其中包括："光环效应"（eminence-based medicine），通常越资深的同事，所需要的开展治疗的证据就越少；"强势效应"（vehemence-based medicine），气场越大，越有道理；"雄辩效应"（eloquence-based medicine），"不论是经年日晒的皮肤，还是插在纽扣孔中的康乃馨、真丝领带、阿玛尼西装和舌头，都将同样具有说服力"[2]。

因为人口不断增长，只靠统计揪出谁犯了最多的错变得更加困难。经过怎样的治疗，病人的状况变得更好还是更糟，又好到什么程度，这些问题的答案也都是在近期才知道的。《美国医学会杂志》（*Journal of the American Medical Association*）于1992年宣布，"循证医学——一种医学实践教学的新方法"的时代来临了，"不再强调直觉以及毫无章法可循的临床经验"[3]。一位评论家依然坚称，大多数发表的研究结果都是假的[4]，因为研究错了，错误的研究和最令人兴奋的往往是发表过的。要是你即将成为手术刀下的那个人，这些信息应该很难让你感到置身事外。

某些医疗题材的作品纷纷拾回谦卑的心。尤其是以一群总是惹麻烦的新手医生为主题的美国喜剧《实习医生风云》（*Scrubs*）①，它的部分灵感来源于外科医生阿图·葛文德（Atul

---

① 在某一集《实习医生风云》中，剧中的"大英雄"是以鬼魂的姿态出现的——一个因为医疗过失而死的病人的魂魄。

Gawande）在《一位外科医师的修炼》（*Complications*）[5]一书中，所描述那些受人关注的外科医疗过失事件。

葛文德对各种医疗事故非常着迷。他的书中充满了对医疗失误的描述，他也毫无保留地承认自己曾犯过错误，比如把中央静脉导管挪动插到了病人心脏的大动脉上。在葛文德看来，医疗上出现的大大小小的错误，是医疗训练的常规，甚至有它存在的必要性。

“自由受到很大影响，这个赌注很高，”他写道，“然而当你靠得足够近时，近到看清楚皱眉头、怀疑和失误、失败和成功，你就会发现医学原来是多么的零乱、飘忽不定，又令人感到惊讶连连。”

他将医疗描述成一门不甚完善的科学：“就像一个企业，里面同时充满了朝令夕改的政策、未经查证的信息，以及许多犯错与命悬一线的人。”

但大众真的是这样想的吗？还是单纯的故事和治疗理念更能操控我们的内心？如果答案是后者，那么我们可能把风险看得太低了。从今往后，我们的故事得改写了。我们总希望能破除老观念，让剧中的英雄身陷泥泞，或是有一堆道德沦丧和离谱的误诊在等着浇他冷水。

所以，让我们再回过头来咀嚼一下基兰的丑闻，你是否对医疗风险有不同的感受？可能没有什么不同。他的案例不过是个故事罢了。就算它是个具有可信度的故事，至少——就像律师向来在诽谤案件中说的——还是需要拿出事实当证据。也就是说，他们一样需要铁证，就算没有，起码得看事实和数据所显示的证据吧？

按照惯例，或者应该说，得看某些事实和数据。

手术其实很简单。人的身体很柔软，只需要一把锋利的刀或干脆拿把锯子，切开身体，看到内脏。真正的困难是如何避免病人死于失血过多、痛苦不堪或是感染等因素。即使我们现在了解了这些风险，但是在读过去的手术案例时也很难毫无惧怕之心：生硬的工具，卫生条件缺乏，不使用麻醉剂，最后还有一样也相当恐怖，那就是疯狂的野心。

用以往的外科颅骨钻孔手术为例，这种手术是钻开一部分头盖骨后使大脑露出，开始广泛实行之后，会造成头痛的状况获得舒缓，或是一连串的受伤这两种后果其中之一。头部特别容易因悬吊、撞击或是遭遇钝器打击而受损。钻孔术原本的目的就是释放脑部的超高压、血或“邪恶之气”等多余的东西，然后让脑部只存留正常的气体[6]。

从目前的考古发现来看，远在新石器时代被钻孔或是刮开的头骨，已达到每三个中就有一个的记录。更了不起的是，众多被开洞的头骨主人们在术后都存活了下来（某些资料显示，占80%—90%）。我们之所以知道他们活着，是因为钻孔边缘的头骨仍有愈合生长的现象。这种手术曾经风靡欧洲，在18世纪，它用来治疗癫痫和精神疾病；18世纪后，也因为能治疗头部受伤而持续使用。在19世纪，康沃尔（Cornish）的矿工们头部即使只有轻微受伤，也像在做预防措施那样，依然坚持做一场在他们的头骨上钻孔的手术。

但是在医院进行这种在头骨钻孔的手术反而变得特别危险，

问题的症结就出在卫生上（参见第11章提到的关于产妇死亡率的内容）。一家医院内感染的风险非常高，医生便开始采取一些疯狂的措施，结果情况变得更糟，死亡率飙升至90%左右。这再一次证实了，比起治疗手段本身的危险，专业人员和医疗场所其实是更狠的杀手，甚至可能夺走额外80%的病人的生命。这也是为什么我们从那些发掘出土的19世纪头骨中，发现如此高的存活率，相形之下更加令人难以置信的原因。古代秘鲁的居民到底如何成功地实施这种手术呢？就像19世纪的分娩手术，比起去医院，还不如在家把头骨钻个洞安全。

除了用一块锋利的石头凿挖你的头，缓解疼痛的另一可行办法，就是古人所谓的麻醉。酒精、大麻和鸦片都是最早的麻醉药，直到汉弗莱·戴维（Humphry Davy）以“笑气”氧化亚氮亲自试验，这一切才有了改变。在1800年，他有远见地写道：“因为能够减轻许多身体的痛楚，氧化亚氮的应用越来越广，在没有发生大范围渗血的外科手术上使用，应该能够有很大的帮助。”可想而知，医学界50年来都没有人理睬这件事，笑气和乙醚沦为派对上使用的道具。“乙醚嬉闹术”在美国非常流行。还好一些医学系的学生终于意识到，“嬉戏”的人似乎感觉不到受伤。但他们疑惑的是，这真的能够实际应用吗？

1846年10月16日，在美国马萨诸塞州总医院，威廉·莫顿（William Morton）首次公开将乙醚用于麻醉。这个做法很快就推广开来，尤其是在1853年，维多利亚女王的幼子——利奥波德王子出生时，用三氯甲烷（俗称哥罗芳、氯仿）作为麻醉剂后，它就更加广为人知了。三氯甲烷后来因会造成心律失常并诱发猝死而被禁用，现在十几岁的年轻人把它当作吸入剂来嗅闻滥用，会造成“突发性吸气死亡”。

时至今日，让病人麻醉后舒服地睡着已成为手术的例行程序。世界卫生组织的报告指出，每年有2.3亿个主要的大型外科手术是在病人麻醉状态下进行的。这对医疗保健费用增加了非常高的成本[7]。麻醉剂目前是相当安全的，英国皇家学院的麻醉师表示，对麻醉剂过敏而危及生命的人，几乎不到万分之一，发生过敏的病人也大都能够康复[8]。但并非每个人都这么幸运，全身麻醉的病人大约有十万分之一的概率，仍可能因过敏而导致死亡。这种10微死亡的风险值，就跟以113公里的时速骑摩托车或跳伞的风险值不相上下。而过失使用麻醉剂致死的风险只有其一半即5微死亡，这还真是个好消息。日常手术的风险较低，不过要是你比较年迈或是必须实施紧急手术的话，风险就会高一些。

麻醉师总喜欢说手术的风险小于开车的风险，这也说得通，如果你骑着一辆摩托车还骑了很远，或者你是个格外鲁莽的驾驶员的话或许就有可能。如果英国宣称的这个比率基于世界卫生组织收到的每年2.3亿场手术的每一场报告的结果而产生，这就代表着因麻醉而死亡的只有2300人，这个数字绝对估计不足。

其实就算不说手术，医院还是有很多其他能伤害你的方式，比如感染，甚至因为讨厌的事情摔了一跤等。我们可以通过走访英国的医院了解这些事，每天有大约13.5万名病人躺在病床上，观察他们，然后概括性地汇总出一宗致命事故的总体风险值，虽说有些病患的确死于自己不可避免、日趋严重的病情，但其实这些死亡并非完全不可避免。到2009年6月为止的一年内，英国国家病人安全机构（National Patient Safety Agency，NPSA）仅收到3735个因安全疏忽而死亡的人数汇报，然而实际数字应远远不止这些。平均每天，原本可避免却仍因意外而死的人大概有10个，假设其中少数是门诊病人，那么平均风险大约是一万四千分之一。所以对于那些在医院待上一天一夜的人，他们所面临的可避免死亡平均至少有75微死亡那么高，大约跟分娩或骑摩托车从伦敦到爱丁堡的风险值相同。

所以说，基兰错综复杂的故事其实透露出了医院的真相：即使我们享有的是祖先们在梦里才会见到的先进医疗，它们仍然会危及我们健康的生命。

在医学领域中，风险是不可避免的，但失误和纯粹的运气不好都会让风险提高。所以不同的医院和外科医生，存在的风险值不同也没什么好奇怪的。佛罗伦斯·南丁格尔（Florence Nightingale）率先提出将医院和外科医生的表现量化。在用此方法解决了克里米亚军事医院肮脏不堪的问题后，她很乐意对英国做同样的事。对统计数据相当沉迷，再加上身为凯特勒的崇拜者，南丁格尔细心研读了数据及其代表的规律，仿佛可以从中获得神的指示。那些数字就是她的精神食粮。

她提议用一套"规范化的医院统计"来让"我们确定不同医院之间的相关死亡率"[9]。不过她同时也很清楚，医院擅长在数据上动手脚，把一些治愈希望渺茫的病例算到别人头上："我们知道一家医院会安排许多回天乏术的病人出院，然后这些病人去了另一家接收他们的医院，在办理入院后一两天就过世了。这些死亡的病人在统计时，就会算在他们过世的医院头上。因此，第一家医院所降低的死亡率就转嫁到第二家医院了。”现在我们把这种做法称为“博弈”。维多利亚时代的人们对于隐瞒实情是相当不择手段的，就像现在某些医院那样。各种丑闻表明，她的宏伟计划失败了。

40年后，一名波士顿的外科医生欧内斯特·科德曼（Ernest Codman）采用不同的方法来检查护理质量。与公布整体的统计数据不同，他用“最终结果论”来要求医院为每个病人制作一张小卡片，公开、详细地记载病情、治疗是否成功，以及是否曾出现误诊。他从1900年开始使用此法，在1911年还开设了自己的私人医院。他声称，这个方法“即使过了好几年也不会出现问题”[10]。然而，与南丁格尔不同，他引发了争议。在一次公开会议中，他展示了一幅巨大的漫画，讽刺波士顿医疗机构开展费用昂贵却未经证实的程序，以攫取鸵鸟所下的“金蛋”——象征着轻信的大众，此事引起了轩然大波。不出所料，他的计划并未普及开来。他后来被哈佛医学院解雇，医院也在1918年关闭。

试图向南丁格尔和科德曼看齐的人还是存在的，特别是心脏手术方面，但有关医院绩效的数据质量可能仍然不如公众认为的那么好。让我们仔细看看其中一个例外情况，这个案例的数据并不坏，而且从中可以稍微一窥我们所了解的医疗风险的极限。冠状动脉搭桥手术通常被称为CABG（英文发音与绿色蔬菜相近），其重要作用是缓解心绞痛。医生会从病人身体其他部位借用一段静脉或动脉，当作心脏新的血液通道，增进血流畅通。这种手术始于20世纪60年代，在美国1990年该手术死亡率为3.9%，

1999年降到了3%[11]。现在英国的调查报告显示，这个手术有“98.4%的存活率”，数字是根据2008年的21248场手术结果得来的[12]。

请注意比较英国与美国所提出的信息结构差异。在美国，叙述的是人们死于手术的概率；而在英国，却将术后存活率作为叙述重点。这种角度的改变是种灵巧的策略，往往使业绩看起来更好且掩盖了差异：这两国医院的存活率是98%和96%，我们可以认为这个差异是微不足道的；但是当数字显示的是2%与4%时，死亡率看起来就翻倍了。

美国的某些州是要求医院汇报死亡率的。例如，所有纽约州的医院在进行心脏手术时，必须将病例详情上报州立卫生部存档备份[13]。2008年，在40家医院总共10707起冠状动脉搭桥手术中，发生了194个死亡案例，包括在医院和出院后30天内过世的病人——死亡率为1.08%。而在英国，他们会说有98.2%的存活率。

心脏瓣膜手术的风险相对较高，在2006—2008年进行的21445场手术中，出现1120起死亡案例，死亡率为5.2%，也就是说在20个病人中就有大约1个死亡。这项手术的平均风险高达5.2万微死亡，相当于跳伞5000次，或等于第二次世界大战中英国皇家空军执行两次轰炸任务。不用说，这是相当严重的，但推测不做手术的话，风险会更高。

这是一个参考案例，我们用数据衡量风险，也来比较不同的医院。但是，这能有多大用处呢？听起来像一个愚蠢的问题。如果它们是真实的数据，有可能会出错吗？

接下来，我们将会进行一场探究医院这个圈子真正危险之处的惊险旅程，还是以相对较优良的资料为根据来看的。要是你还能坚持的话，再咬牙撑一下。这是一个很好的借鉴，不但体现了要为风险得出具体而清楚的结论是多么困难，更加提醒了我们，医疗中的不确定性可能也不是什么坏事。

你看了数据后，也许会倾向于选择最低死亡率的医院，而瓦瑟兄弟医疗中心（Vassar Brothers Medical Center）刚好就是，这家医院进行过470场手术，仅发生了8起死亡案例（死亡率1.7%）。我们发现另一个与之形成鲜明反差的例子，石溪大学医院（University Hospital in Stony Brook）在进行过的512场手术中，汇报了43起死亡案例（死亡率8.4%）。但你确定能在二者之间做出正确的选择吗？

或许石溪大学医院治疗的是病情更严重的患者。这也就是为什么南丁格尔早在150年前就判定，单凭死亡率做出的判断可信度并不高，因为医院间的差异是“病例组合”。自从他们尝试用“风险调整”数据来确认死亡的数字是否有差异后，就能够说明病人病情的不同的确存在影响。

在纽约，他们收集了许多数据，包括患者的年龄和病情严重程度，依此建立一套统计方程式，试图说明每位病人会死于“普通医院”的机会是多少。从在石溪大学医院接受治疗的患者类型来看，我们推测应该会有35起死亡案例发生，但如果他们只接收单纯的普通病患的话，就只有27起，两相比较起来，结果确实倾向于石溪大学医院的病人是比较年迈或病情更加危急的。

但是，正如我们之前提到的，事实上石溪大学医院居然有

43起死亡案例，比原本估算多了8个人，所以，即使是病例组合也无法完全解释这种现象。死亡人数是43人，而非推估的35人，我们可以说，这间医院有三十五分之四十三，即大约123%的预期死亡率。纽约州卫生部（New York State Department of Health）需要把123%的超额风险值，放入纽约5.2%的总死亡率上做计算应用，让整体的“风险调整死亡率”由原本的5.2%参考123%的概率，得出6.4%，这个数字反映了普通病患在该医院接受治疗所存在的实际风险。

然而，再优秀的外科医生也会遇到出乎意料的坏情况。基兰的病人死了，是不是仅仅因为他比较不走运呢？他是因为恰好一反常态地走噩运，还是因为可爱的拉拉而分心了？与全州平均死亡率5.2%相比，石溪大学医院会不会恰巧处于运气最背的时候，所以才有高达6.4%的死亡率（风险调整后）？问题现在变得难上加难了：我们该如何测量噩运呢？

幸运的是，统计方法足够好，我们可以试一试。就像在第1章所提到的，他们通过观察，在各家医院的死亡率（传统上记录死亡人数的比例）和潜在死亡风险（病况类似的患者未来可能死亡的机会）之间做个区分。概率其实并不会与风险完全吻合，这就像是投掷硬币100次，很难刚好得到50次正面和50次反面的结果。总还是会出现偶然或运气（随便你怎么称呼它）的成分掺杂在内。

好运跟噩运正常的起伏状况，可以通过下页的漏斗图来表现。从图中40家医院分别治疗的患者数目与死亡率的对应位置来看，相对小型的医院大都落在图的左侧，反之，大一些的医院

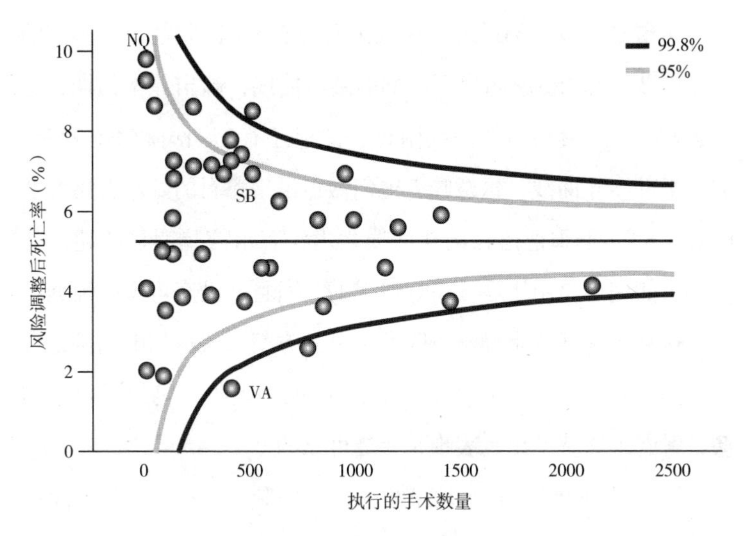

2006—2008年纽约州内医院心脏瓣膜手术比较分析 *

则落在图中偏右的位置。如果每位病人需承受的实际风险跟整体平均风险是相等的，而各家医院唯一的不同之处就只有运气了，那么我们就会期望这些医院都落在“漏斗”的范围之内。规模较小的医院，在图中呈现的漏斗形状就会宽一些，因为他们的手术量相对较少，所以说只要有一点儿运气不好，就会表现出很大的差异。要是我们前述的假设成真，也就是说病人的整体平均风险是相等的，唯一的不同之处只有运气的话，那么大约95%的医院（四十分之三十八）都应该落在内层漏斗内的区域，而99.8%（大约四十分之四十）的医院应该落在外层漏斗内的区域。

---

* 根据纽约州内所有医院所进行的成人心脏手术，以“漏斗图”比较各医院的“风险调整后死亡率”。医院执行的手术越多，落的位置就越靠右。如果医院落在漏斗以外的区域，就有理由认为他们的死亡风险率与平均值有真实的差距。我们已把瓦瑟兄弟医院、石溪大学医院和纽约皇后区医院的落点位置标示出来了。

实情是，以95%的漏斗曲线来看，有5家医院超出上半部的漏斗曲线，另外5家超出下半部的漏斗曲线，超出原本预期，竟然有8家医院恰巧落在曲线附近，此外还有2家医院超出99.8%的下半部漏斗曲线，这意味着他们做得出乎意料的好。石溪大学医院（SB）乖乖地落在漏斗曲线之内，表示该院明显的超额死亡率可能完全是由于运气不好造成的，而且并没有可靠的证据证明在这家医院就诊是异常危险的。另一方面，就算加上病例组合的考虑，瓦瑟兄弟医疗中心（VA）的死亡人数，仍超乎寻常的低，看起来该院的出色表现是相当可靠的。

“最糟”的医院显然是纽约皇后区医院（NQ），该院风险调整后的死亡率为9.5%，几乎是全州平均死亡率的两倍。但这数字仅是根据该院执行的93场手术中所发生的6起死亡案例算出的，因此我们无法确信这家医院是不是单纯碰上了噩运——至少该院也落在漏斗曲线之内。

英国现在将医院等级死亡率指数（Summary Hospital-level Mortality Indicator，SHMI）绘制成漏斗图，将各家医院在患者入院后30天内死亡的人数做比较，然后调整各院的病况类型和病情的严重性[14]。这项测量值是有争议的。举例来说，或许有些病入膏肓的重病患者知道自己时日不多，所以只是想要做一些缓和症状的轻度治疗，这也不无可能吧？除非留出这些量差的空间，要不然医院可能会开始拿出对付南丁格尔的方法，拒收或快速甩开重症病患。

有一种方法，医院在表格上勾选病患同意接受保守治疗，如此一来可能会诱使医院想让更多患者接受保守治疗，因为这能让该院的“预期”死亡人数上升，间接使治疗成绩看起来更好。在极端的案例中，有证据指出，某些医院接受保守治疗的病人已高达该院住院人数的30%[15]。因此这个表格中的勾选框已经从现在的医疗系统中删除了。

衡量医疗风险是一个有趣的范例，它同时融合了统计学的高超与局限性。各医疗机构的风险应该能测量出来，至少在一定程度上可以被计算测量。不过，就算我们能测量出不同的差异，甚至达到可以估算好运和噩运的程度，并可以使用如漏斗图这样的方法描绘出这些数据的相对关系，让数据看起来更容易理解，但是连南丁格尔都无法肯定，我们也一样无法肯定风险的实际情况，所以我们剔除了人类的聪明才智对这个系统的操弄。人为因素依然会把可能性搞乱。如果你想知道哪里才是进行手术最安全的地方，先看看统计数据，但不要指望可以获得一个简单的答案。

第 24 章

癌症筛检

她应该接受还是不应该接受呢？普登丝已经70岁高龄了，一封乳腺癌筛检的邀请函正静静地平摊在桌上。这张邀请函是跟一份传单一起送来的，就像在说，她要是去了，它就会或多或少地挽救她的生命。虽然她以前做过这种筛检，但是最近却听说了一些不好的传闻。老天！他们难道不知道这样会让一个老女人多么难受。

"大概三个人里面会有一个出事。"诺姆开口提供了信息。

"那就是说另外两个人都会没事了。"普登丝说。

"我指的是概率。"诺姆说。

"哦，"普登丝说，"原来是概率。"

"跟那些被挽救生命的人相比，有很多人明知自己的肝没有问题，还是进行了许多不必要的治疗。"

"如果这个检测准确的话，那是不是代表我要么就是那一个，要么就是那两个的其中之一？"

"这还很难说。要是我们知道的话，一切就容易多了。"

"那我们什么时候才会知道？"

“永远没有这一天。”

“永远没有？就算她们把胸部切除后也一样吗？”

“就算在那之后……”诺姆看了看别处，“所以决定权在你手上，真的，该怎么权衡保住性命和比保命高出三倍概率的过度诊疗所带来的……呃……附加伤害。”

“你说的没错，诺姆。不过，虽然我老了，我还是会害怕啊！”

“哦。所以，你是不是到了该学习如何跟不确定性共存的时候了呢？”他抬起头说着，“还有学着放轻松。”

“放轻松？”

“对，放轻松。”他笑着说。

“诺姆，我一点儿也不想在这上面赌一把，那一切都太晚了。我只求不再害怕。拜托，我该怎么做才能不再害怕呢？”

“啊，嗯……呃……”

* * * * * *

试着想象一下你跟医生的对话：

有不舒服的感觉吗？“没有，谢谢。”你回答。别担心，你胸腔的刺痛可能是……有某种东西。“我感觉好到不能再好了。”你这么说。啊，那么或许现在的身心安宁是一时的，只是潜藏的风险还没来袭罢了，它就像个隐形的杀手，隐藏在你的基因或血液中。你确定不想要一丁点儿专业医疗给予的安心保证吗？

“好吧，既然你提到它了……”

安心保证，即心理上的平和是医疗行业常用的沟通语言。这正好就是普登丝想要的，而且筛检似乎就是接受这种医疗服务的一个最佳途径。普登丝感受到一股强烈的冲动，想要“找出”并

“确认”自己是否有病，幻想着可以彻底抛下疑虑。而且，现在为了防止我们已经成为某些疾病的危险人群却浑然不觉的情况发生，找几家诊所做检查和扫描也并非难事。许多热情洋溢的感谢信，都是来自那些曾经被这些检测所“拯救”而绽放笑颜的人。做个检查能有什么危害？但说不定，其实就有很多危害。

这个章节的故事，是要引出我们在最后一章将要看到的医疗故事。这个故事是这样的：一个女人（普登丝）感到焦虑担忧，她会去做乳房检查，检查可以发现癌症，癌症得以治愈，她的生命因此得到了拯救，所以筛检救了广大女同胞一命。

这是由简单推导得出的因果关系。但这是唯一的吗？难道这就是个对的故事？虽然打破普登丝心中的安心保证并非易事，但她有一刻已不那么肯定了。她之所以会有这种动摇，是因为最近报道了乳房筛检的另一面，也就是说，有的时候乳房筛检会造成伤害。最大的问题是，我们根本无从得知谁会是受害者，而谁又会因此得救。因此在某些方面，乳房筛检创造出许多不确定性的新结果。

与挽救生命相比，这些结果会以怎样的形式出现，会造成多大的危害呢？

想想另一种筛选系统：安检。假设你在缓慢通过海关进入别国的队列中，抓捕了1000名恐怖分子嫌疑犯，他们都表明自己是清白的，甚至有人坚称要做准确率高达90%的测谎。你为他们进行了测谎，结果测谎仪称有108人可能在撒谎。这些人被抓走，穿上橘色的衣服，然后几年内都无法获得自由。毫无疑问，这里面有一两个人可能是无辜的，可他们在错误的时间出现在错误的地点，也是活该。

但是，随着时间的推移和法院判处非法拘禁案例数量的攀升，你开始对这90%的准确率产生了好奇。你回去查看测谎仪的说明文字，上面写着无论受测者讲的是真话还是假话，这台机器将在90%的情况下做出正确分类。

但是不管你信不信，这句话的意思其实是就算有高达90%的准确率，也极有可能在那1000名嫌疑犯中，只有10名真正的恐怖分子。结果通过测谎，会从10名真正的恐怖分子中选出1位，放他自由；但是在那990位无辜的人之中，测谎仪也会将他们其中的10%，也就是99位分错类，将他们当作“恐怖分子”。二者相加——9个人加上99个人，便能得出有108名“恐怖分子”将会被送到遥远的监狱里，而且其中99人其实是无辜的。拜“准确率达90%”的测谎仪所赐，产生了91%的错误监禁指控。

你大概会认为这个故事太夸张了，但同样的情况也发生在用乳房X光检查去筛查乳腺癌病人的情况中。在乳房X光检查出乳腺癌的案例中，其实只有9%的人是真正的癌症病人，而另外91%的人显然只是得到呈“阳性”的测试结果。如此高的误差会让大部分妇女产生极高的焦虑感，其中有些妇女会在接下来做乳房活体组织切片和其他检查之后，得知检验结果都是“假阳性”的[1]。这10%的不准确率，困扰着大多数身体健康的人。

用乳房X光检查做筛检测试其实是很不错的，因为它能正确辨识出90%的病例，但是，由于每1000名接受乳房筛检的妇女中，只有大约10名妇女罹患乳腺癌，其他大部分测试结果呈阳性的妇女，其实并没有罹患乳腺癌，只是虚惊一场。这就犹如在草堆中捞针，有很多干草看起来都很像针，而且这也解释了为什么绝大多数触发机场安全警报的人都是无辜的。

当然，也许耽误了某些飞机乘客，让某些妇女感到焦虑，锁定了一些可疑分子，但这些可能是值得付出的代价。不过，这并不是筛检所带来的唯一问题[2]。

接下来，看看筛检本身可能造成的危害。如果我们相信线性无阈假说（参见第19章）在辐射危害上的说法，那么我们可以推测身体健康的人在做影像诊断时，有可能会受到伤害。我们已经听说，计算机断层扫描会引发癌症，但它在大多数情况下是为了某些诊疗目的而实施的。机场的扫描就更具争议性了，每个"反向散射"的X射线都产生不到0.1微西弗的辐射（相当于吃下一根香蕉受到的辐射量）。这个辐射量相当于短短几分钟的背景辐射，也大约等同于暴露在五小时的飞行航班本身辐射量的1%中。以一位经常乘飞机的人来说，4000次机场扫描所累积的辐射量，相当于一次乳房X光检查的辐射量，如果我们真的相信该理论，那么在1亿名飞行常客中，最后会有6起癌症病例是因扫描仪而引发的，其中有4000万名癌症病人是其他因素而导致罹患癌症的[3]。

对于乳房X光检查的辐射所造成的危害估算如下：英国国家卫生署癌症普查计划（NHS Cancer Screening Programme）报告显示，假如有1.4万名妇女接受乳房筛检长达10年（相当于接受3次乳房X光检查），就会引发大约1宗致命癌症病例[4]。要是我们假设每宗致命的癌症病例会减少女人20年的寿命，那么每次乳房X光检查大约使她失去8微生存，约等于吸了16根香烟，这正是我们在第19章中讨论辐射时所提到的数字。

最近美国有项研究认为风险其实应该略低一些。美国的乳房检测制度可能将导致10万名妇女中有86宗癌症病例，以及11宗死亡案例[5]，但这项研究的估算指出，如果10万名妇女在她们50—59岁时，每隔一年就接受一次乳房筛检，最后将只导致14宗癌症病例和2宗死亡案例。

不过其实医疗筛检的主要问题，是它存在被称为“过度诊断”的因素，或是医疗保健本身所造成的伤害[6]。这是一个很简单的道理，因为人们处理此事时的态度永远是“试试又不会有什么问题”。

这就是普登丝所忧虑的重点，最近在英国有个独立的量化分析报告，内容是关于每一位因罹患乳腺癌而有可能死亡的妇女，都是因为接受了乳房检测，生命才获救的。但同时也有三名妇女，虽然接受了完整的乳腺癌治疗，但如果她们没有进行过乳房筛检，说不定根本不用承受治疗之苦[7]。

本章开头所讲述的筛检故事，其实完全与真实事件有关，与发生不好的事情和医学如何拯救我们（参见第4章）有关。但是这有可能是一个出了错的故事，在检测不良事件上，以及对无效事件的误报，甚至还可能造成不良事件的发生两方面都有可能出错。人们通过系统，遵循着许多不同的路径，因而有许多不同的结果，这都将显示在下页图中。

所以说尽管普登丝需要安心保证，而且乳房筛检貌似正是接受这种医疗服务的好途径，但是在某些方面，还是得回到风险最具代表性的问题：它试图以概率的可能性来定义个体，而这些定

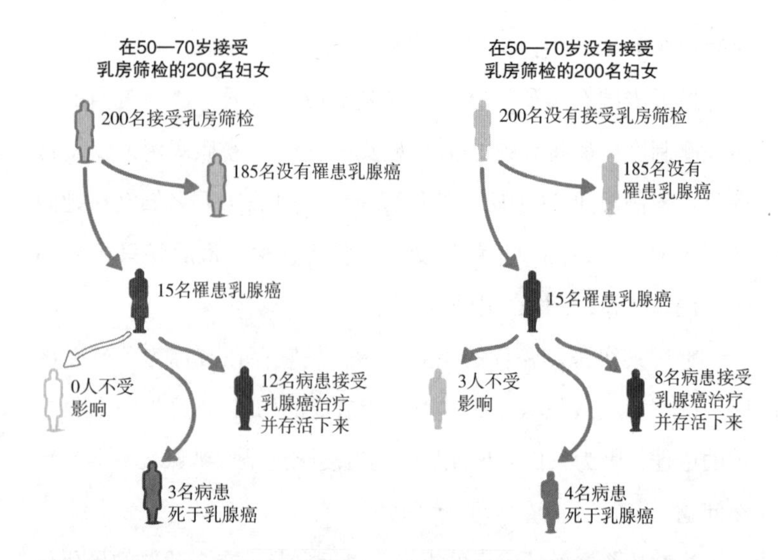

选出 400 名妇女，无论她们在 50—70 岁是否接受每三年一次的乳房筛检，追踪她们直到 80 岁为止的可能预测分析图 *

义都不是确定性的。你永远不会知道你属于哪个群体，是乳房筛检的受益方还是受害方。筛检可以帮助缩小可能性的范围，不管以怎样的方式，但即使是相对准确的筛检，也永远无法把致命风险排除在外，或确认致命风险的存在。可悲的是，诺姆是对的：我们别无选择，只能接受不确定性的存在。

前列腺癌是另一个典型例子。前列腺特异性抗原（Prostate Specific Antigen，PSA）测试是由理查德·埃布林（Richard Ablin）

* 一样都是15名妇女会罹患乳腺癌，但是如果她们接受乳房筛检，就都能因此而进行治疗，尽管还是会有3名妇女会死于乳腺癌。乳房筛检可以多拯救一位乳腺癌患者的生命，但是会有3名乳腺癌患者，要是她们没有接受乳房筛检，就永远不会有是否罹患乳腺癌的担忧，这就是一个“过度治疗”的案件。以上数据资料引自英国癌症研究资料库，有改动。[8]

于1970年发明的筛检，在美国广泛用于筛查男性是否出现前列腺癌的症状。但埃布林也说，前列腺特异性抗原测试是“一个利益驱动的公共卫生灾难”[9]，尽管如此，英国的安德鲁·劳埃德·韦伯（Andrew Lloyd Webber）在英国国会上议院中仍坚称“所有50岁以上的男性都应该接受前列腺特异性抗原测试，而且应该鼓励家庭医生们去倡导50岁以上的男性做检查”[10]。到底为什么会出现差异如此明显的两极分化意见呢？

问题的症结是，假如你没有罹患前列腺癌的症状或是其他可能致使这项风险增加的原因，这个简单的测试就可能成为一个始于医疗方案，而以失禁（incontinence）和阳痿（impotence）为结束的检测，韦伯已经诚实地承认了这个事实[11]。

如果要找一些讲述人们坚称他们的生命是因为接受筛检而获得拯救的故事，其实并不难。然而好像又有点儿难，因为如果他们没有接受筛检，真的很难说会发生什么事。就算他们发现了任何症状，也说不定永远不会受到伤害。超乎寻常的是，许许多多的疾病隐患，其实也只是潜藏在体内而不会引发任何问题。当2000名平均年龄为63岁的健全人士，为了一个研究项目的一部分而进行脑部扫描时，有145个人（占总人数的7%）发现了他们不曾察觉到的脑梗死（brain infarcts，也就是中风），还有31人（占1.6%）发现了良性脑瘤（non-cancerous brain tumours）。同样，在40多位接受了超声诊断的人中，有14%的男性和11%的女性发现自己有胆结石，而他们原本连一丁点儿症状都没有出现[12]。

当我们通过验尸去研究那些未因任何疾病而过世的案例时——例如意外车祸——可以发现未被检验出癌症的病患人数也

相当惊人。事实上，概率大概是50∶50，即当本书作者戴维罹患前列腺癌的时候，另一作者迈克尔也罹患或是就快要罹患了，因为“从验尸报告的数据估计，有多达半数的50多岁男子，他们的前列腺组织切片证明他们罹患了癌症”。英国癌症研究中心指出，80岁的男子罹患概率提高到80%，但他们同时指出“26个男人中只有1人（3.8%的概率）会死于这个疾病”[13]。

不幸的是，筛检不能辨别癌症恶化和“该干什么就干什么”之间的差异。在过去的30年里，美国诊断出罹患前列腺癌的案例数量发生了一次大飞跃，即使在治疗方式上有非常优异的改善，但是在死亡率的控制上却只有中等水平，这意味着筛检在减少死亡发生上一直没有确实的优势[14]。然而，当我们通过诊断衡量生存率时，所有的活动都让生存率看起来更美好，“五年生存率”①其实从诊断之前就开始计算了，尽管病人没有活得更长。再加上那些如果未经筛检就不知道得病的案例，存活率的数字便更加被美化了。

想要判断筛检所带来的好处和坏处孰轻孰重，众所周知，这非常复杂，最好的办法是通过大量实验，随机分配成千上万的受试者是否接受筛检。在美国，8万名男子就是用这种方法做了划分，13年后，接受筛检的人群中，超过12%的人诊断出罹患癌症，但罹患前列腺癌而死亡的案例在两种人群中是没有任何差异的[15]。欧洲有一项针对18.2万名男子所展开的研究也发现，在

---

① 五年生存率是指，人们罹患某种癌症之后，经过各种医疗手段，存活五年以上的概率。因为肿瘤根治术后五年不复发，以后复发的机会就很少了，因此用它来表示对癌症的疗效。

11年后，接受筛检的人群中罹患前列腺癌而死亡的人数下降了21%，相当于每1000人中减少了1人死亡，因此1055名男子将需要接受筛检，另外还有37个接受治疗的特例，其中有个案例成功预防了因罹患前列腺癌而死亡。不过对于所有可能造成死亡的影响，是一点儿改变也没有的[16]。

病人因为会把自己的存活归功于治疗，或是第一个向他们发出警告的检测结果，所以他们自然而然地会一直忍受诊断和治疗的过程。这些诊疗结果是一个让人心烦意乱的潜在信息。在通过筛检发现癌症的人中，有90%的患者将会继续活着，而这些人之前压根儿从没做过筛检[17]。人们天生有说故事的习惯，会把一个事情与前一个事情自动联系在一起：先是这样（做筛检），然后再那样（接受治疗），从此以后生存下去这条道路就能有个幸福美满的结局。我想这可不一定。

但是如果没有筛检，我们能够从我们的基因之中找到确定性吗？为了深入确认这个答案，作者戴维把唾液吐在塑料管中，并漂洋过海地寄到美国，让一家名为“我与23”（23 and Me）的基因检测公司从他的脱氧核糖核苷酸（DNA）中检查（筛检）一些分子标记，之后便能让他知道，是否能够把未来的账都算到他祖先的头上[18]。

但是结果他们只提供了大量的信息，内容全部都是关于他“可能”会发生的各种可怕情况，其中有一项内容：他们使用下面的图来说明，他终身有非常高的风险罹患二型糖尿病。他最终到底会成为图中的白色人之一或黑色人之一？好，实情是他已经活到59岁了，而且尚未罹患糖尿病，所以我们希望他是图中白

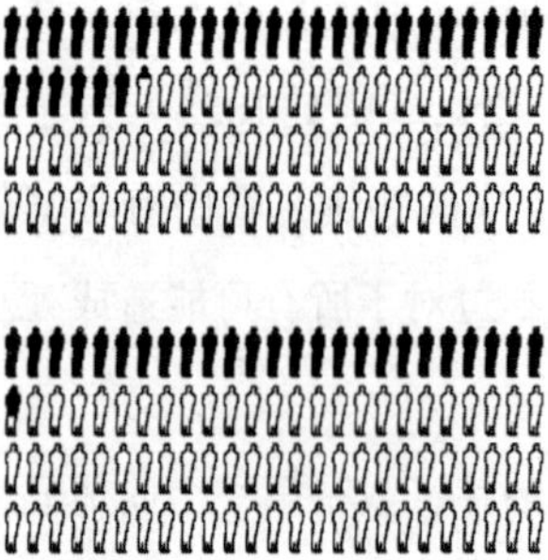

戴维·施皮格哈尔特（David Spiegelhalter）
100人之中有31.3人
欧裔的男人兼有戴维·施皮格哈尔特的基因型，
在20—79岁会罹患糖尿病的概率

平均值
100人之中有25.7人
欧裔的男人，平均在20—79岁罹患糖尿病的概率

根据一些基因分子标记，推断作者戴维罹患二型糖尿病的风险图

色的人。这些都只是依照他的遗传信息所做的风险评估，也就是说，当戴维还只是一个婴儿的时候，判断结果也是这样的。

要找出他在基因上是否有阿尔茨海默病（Alzheimer's Disease，AD）的遗传性风险因素，戴维必须在表格中的“他真的很想知道这个信息”的字段中打钩，然后这项数据才会进行解锁。其实他在该字段上打钩了，得到的答案是什么？他并没有透露。

所以说这就是未来吗？多少的焦虑不安、调查和不必要的医疗服务又将替我们带来什么呢？假如说它代表了迈向医疗上安心保证的未来，它也许是以海量案例的形式来提醒着我们，我们永远不会知道我们了解多少。

第 25 章

金　钱

在梦里，诺姆又和弟弟跑到了海边，在沙滩上挖洞，就像他们以前在斯凯格内斯那无尽的海滩上一样。他喜欢出去玩，喜欢海和海风。这时，父亲拿给他们木头柄的红色金属铲子，他们叫它“王牌”。父亲还给了他们买冰淇淋的钱。诺姆喜欢硬币放进短裤口袋里的感觉，那种圆度，就像承诺一样。

沙子非常坚实，而且湿得足以让他们挖出一个结实的洞，又陡峭又方正。他们不停地挖，时不时用手把沙子拨开一些。他们喜欢用铲子把沙子挖开又把沙子压实的感觉。诺姆的弟弟开始挖另一个洞了。现在这里有两个洞，它们中间隔着一道60厘米宽的墙。他们在洞壁上挖了几个脚踩坑，方便爬上去。

“是隧道！”弟弟说。

“耶！隧道……”诺姆说，“有点儿像。”

挖出一堆沙后，他们跳进这两个有隧道的洞中。他们用手上的铲子将隧道扩宽、再扩宽，蹲下来，小心翼翼地修着隧道，以防止坍塌。完成之后，他们非常开心，他们现在拥有两个洞了，大概有60厘米高。

“克里利，”父亲卷起裤管慢慢走过来，喊着，“你爬得过去吗？”

诺姆的弟弟奋力跳进洞中，双手和膝盖沾满沙子。他还小，扭挤着好不容易通过隧道，从另一头探出头来。

“可以。”他说。

“没问题的，”父亲对诺姆说，“去吧，我在旁边看着。”

诺姆也跳下去。洞底下的沙子看起来很灰暗，而且有点潮湿，他刚刚挖洞的时候没有在意。他望向洞的另一头，也是灰暗潮湿的。他跪了下来。隧道是黑暗的，顶很低。他想和弟弟爬得一样快，把头和肩膀放低，爬了过去，不过他的屁股顶到了桥，然后就卡住了，于是他快速往后退。

“没办法啦！”

“身体放低点儿。”

诺姆就算放低身体也没办法顺利爬过去，更何况用手和膝盖匍匐前进，力气和速度都不够。他还是卡在中间动弹不得，这真是一个笨拙的举动。而且他得把脸和肚子都贴在沙地上，太糟糕了，头上都是沙子。他低下头，整个人放低，慢慢爬过去，由于一直撞到墙壁，所以他把身子放得更低了，低到可以闻到沙子的湿气。可以看到远处的光线了，现在他的屁股放得很低，手臂也弯起来，屁股上都是沙子，脸几乎贴在沙子上。

他的头终于露出隧道了，不过身体还在里面。上方有一块厚厚的沙块。他直直盯着洞口的沙墙，想转身但这姿势很别扭，然后他用力拍墙、拍隧道的上方，他又卡住了，而他需要转动身体……有个东西太紧……他转来转去，好不容易转出去了，他爬了上去……觉得有什么东西钻到衣服里了，然后他就哭了。

后来他们跳上跳下，直到沙洞塌了为止。他突然摸了摸口袋，空空如也。

诺姆醒了。他穿上家居服，走下楼梯去确认他储蓄账户的余额，也检查了一下退休金的结算单。笨死了。他知道别人会怎么说。笨死了，诺姆，他觉得又有点儿生气，又有点无奈，到现在还是一样。

* * * * * *

回想起刚刚的梦境，身无分文与钱掉进洞里的关系并不明显。不过这种恐惧也不是那种会让你无来由地从喉咙里发出惊叫或是以各种形式发泄你心中不安的事情。噩梦和恐惧症永远不会远离我们，我们总是告诉自己："别傻了，那才不是真的。"

诺姆已经老了，他经历了许多风风雨雨，对人生有着丰富的经验。不过焦虑感一直阴魂不散，从来没有任何知识或统计数据能够真正治愈他的不安。这就像是一种教义，深深印刻在他的记忆中，他就像被审判的犯人一样，在身上留下了许多无法磨灭的疤痕。当你仍旧品尝着恐慌，就像品尝着无味的沙土时，要怎样才能客观地计算阻碍在你面前的风险呢？

对诺姆来说，他笃信逻辑，这令他相当受挫：他的内心再次不愿遵从他自有的规律行事，这全都因为多年前那个残酷的记忆所致。这样值得吗？他没有任何选择。十年来，他不断告诉自己要长大，理智一点儿，但诺姆逐渐也学会了怎样做人。

恐惧症是易获得性偏差的一个极端例证，这点我们在第4章的时候讲过（讨论角度问题的时候）。易获得性偏差，顾名思义，代表着无论遇到什么事，我们都比较容易靠直觉来行事。虽然我们那可怜的诺姆深受恐惧症所害，不过其实每个人都会受到易获得性偏差的影响。恐惧总是在他的心中挥之不去，使他无能为力。抱歉，诺姆，我们也是。

丹尼尔·卡尼曼争论说，有证据指出，人们是能够对抗易获得性偏差的，只要他们能够鼓起勇气“像统计学家一样思考”，并厘清究竟是什么东西塑造了他们的选择。你也可以通过问自己一些问题，比如“我们相信青少年偷窃问题之所以愈演愈烈，成为主要的社会问题，是因为我们小区之中近来发生的少数几个案件吗？”或是“觉得自己不需要打流感疫苗，因为我周围的熟人去年到现在都没有得过流感，你觉得呢？”来澄清你的思考。

恐惧症纠缠着他，是因为他觉得去年的他特别脆弱，他非常害怕身无分文与无能为力的状态，就像到了世界末日。不过，他所担忧的事情真的会发生吗？或者说，假如诺姆是典型的例子，他会因此把原本要留给孩子们的那些与物价指数挂钩的退休金和丰厚的房屋增值抵押贷款等遗产全都花在传奇号油轮的世界之旅上吗？

可以确定的事实是，人类的寿命越来越长了（第26章会做比较详细的讨论）。除了许多人看起来很担心自己无法好好管理剩下的人生，或许还要面对接踵而来的悲惨与贫穷外，这确实是一件值得庆祝的事。目前面临退休的一代人，马上就要承受一切问题了，而且他们似乎下定决心要花光每一分钱。无论事实如何，与其祈祷自己长命百岁，不如来讨论一下随着年纪上升增加的负担所造成的风险：不是忍受活太久的负担，就是当冤大头，为人作嫁，好处都让别人给占走了。

因此，对于退休的想象，哪个正确呢？是风险十足，还是从容不迫呢？

就某种程度而言，两者都对。有很多领退休金的人过得很好，不过也有很多人生活得一塌糊涂。既然这一章是在讨论退休或年老后的财务风险及其不安全之处，那么我们将会把话题讨论着重放在那些穷人身上。

高龄问题在历史上并不是一个大问题。1900年，高龄者只占总人口的5%，而且1834年颁布的《济贫法》（*Poor Law*）[1]规定，70多岁者中大约有30%的人还是要在济贫院（workhouse）进行劳动。而且他们经常遭到刻意的虐待，施虐者以此恐吓那些身强力壮者努力工作。此外，在济贫院生活，院方至少会提供医疗照护。

不过，体弱的人也会遭到虐待，而且很少有人真的会弄清楚为何那些人可以继续活下去。还有一些更年长的老人，依靠俗称“院外救济”（outdoor relief）——慈善机构或家庭救济等非给予工作的补助生活。因此如果运气好的话，他们还是能够在被称为“穷光蛋的巴士底狱”（pauper bastilles）的济贫院的围墙外独自在家生活，并取得温饱。

大部分老年人多少都需要依靠他人的照料。许多人得到了妥善的照顾，不过还有相对少数的人则没有，并且他们“极少的生存方法”只能依靠那些社会改革家如查尔斯·布思（Charles Booth）以及西博姆·朗特里（Seebohm Rowntree）的关注[2]。而只有皇家委员会在1905年建议那些充满欺骗压榨的济贫院收留“无可救药的人，像是酒鬼、游手好闲者以及流浪汉”后，才让更多人的生计稍微得到些保障[3]。乔治·奥威尔曾写过一篇随笔，记录了他和想进入济贫院的流浪汉一起排队的故事，他写道，排在他前面的，是一位身材有他两倍大、牙齿掉光光的75岁胖妇人[4]。

20世纪，随着退休制度的发展，人们退休后的生活开始有了稳定的进步，不过妇女还是处于劣势，通常她们只有以妻子和寡妇的身份才有可能得到补助津贴。虽然如此，大部分评论家都同意，退休后的生活变得不那么不愉快了——人们拥有了“镀金”的退休金，但也让自发性的提前退休潮达到了高峰。近来，有些人提出退休制度再次出问题了，而下个世代的退休金享用者会面临更恶劣的未来。

这里有两个巨大隐忧：第一，得到的津贴不足以让你安稳度日；第二，那些钱会被医疗照护用光。

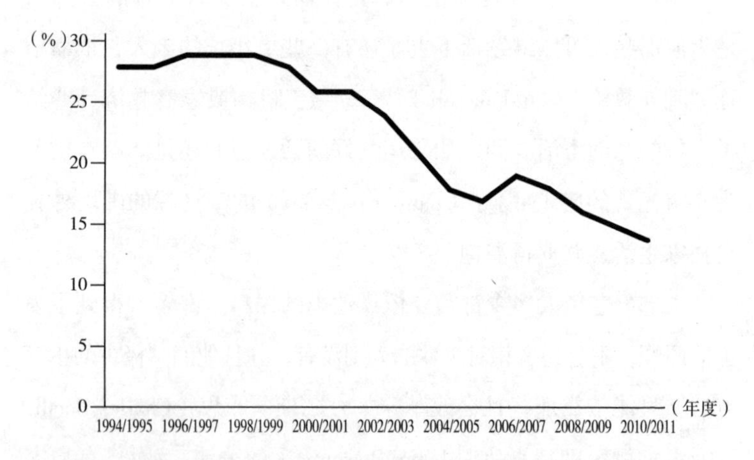

退休金享有者家庭生活水准，在扣掉居住支出后，低于位数家庭收入60%的占比（有多少人过着贫困的生活）[5]

因此，就以上数据所示，大约每6个依靠退休金生活的家庭就有1家落在定义为贫穷的范围之中，也就是收入低于中位数60%的水平，不过这个数字自从1999年后便呈直线下降，降了约45%。英国现有接近200万名退休者和老年人的生活依然属于相对贫穷的，不过这个状况正在迅速改善着。

其他团体的补助因此被瓜分了。目前领取退休金的人数已经达到一个高峰，一般而言，这个群体的人与其他年龄层的人相比，除了有全职工作的年轻人之外，已经不太可能被归入穷人了。①

事实上，最贫困的退休金领取者在退休后的生活已经比以前好了许多。伦敦大学学院（University College London）从事英国老龄化纵向研究（English Longitudinal Study of Ageing，ELSA）的人员对数千名老人进行了研究，最新的报告指出："低收入者（每星期收入少于150欧元）在退休前的薪资，反而比退休后领取的退休金还少，或许这是政府对低收入退休人员支持照顾的结果。"[6]

因此我们对于那些贫困的退休金领取者产生了误解。不是因为那些人没有生活在困顿之中——他们确实如此，而是因为这不应该是我们对待老年人的特有方式。这应该是我们对待贫困者的特有方式——不分年龄——过于注意老年的穷困者而忽略了年轻的穷困者是不实际的。这里也指出一个重点：大部分穷人在退休之前都是贫困的，他们并不是因为退休才贫困的。

---

① 计算收入的标准方式是以家庭为单位。不同的家庭有不同的组成人数，数字的计算应该考虑到人数的不同而调整。因此我们假定独自一人生活的人，其收入要达到一般两人家庭的67%才能够拥有同等的生活水平。同样，有小孩的家庭需要比两人家庭更高的收入。用这个概念去推算，所有的家庭就可以用同样的基准来做出大略的比较。

对那些高收入水平的人而言，退休不太可能导致贫穷，不过还是会产生严重的影响。收入一定会减少，大概是原来的四分之一。大约在2009年，扣掉税金与额外的津贴后，每周净收入从一般平均值的略少于400英镑，降到了300英镑以下。

另一种衡量人民究竟过得好不好的方式是调查他们的支出，而非收入。举例来说，现在的油价早已高出过去许多，这些支出将过去几年成长的收入都摊平了，就像通货膨胀对其他年龄人群造成的影响一样。不过既然退休金领取者倾向于将钱花费在基本需求上，比如暖气或食物，那么基本给付的金额增加的额度就应该比通货膨胀高一些，毕竟他们对于费用的增长比其他人群要敏感，因此这些人财务水平的相对增长性，就不像表面上的数字那么美好了。

即使如此，从长期来纵观全体情势，退休后的生活水平还是有着长足的进步，特别是对最贫穷的那些人而言。退休金领取者不太会被归于贫穷那一类了；而对于较为富裕的那群人而言，退休则代表着收入的下降，但通常也不会降到令人绝望的地步。

然而有一项支出会改变所有的游戏规则。虽然你可以确保自己不会因为被解雇或是病痛陷入困境，可以确保自己不会因为房屋被烧毁或是在家里、路上发生意外而损失惨重，可以确保不会因为宠物生病、金融市场变动发生重大变化，你甚至可以购买世界末日险，但你却无法预测年老时的医疗照护支出究竟会是个多大的财务黑洞。

在2012年，终身医疗潜在的昂贵费用很有可能会把你整个人拖垮。这是一个轻易就能把你弄得一团乱并常常前后矛盾的系

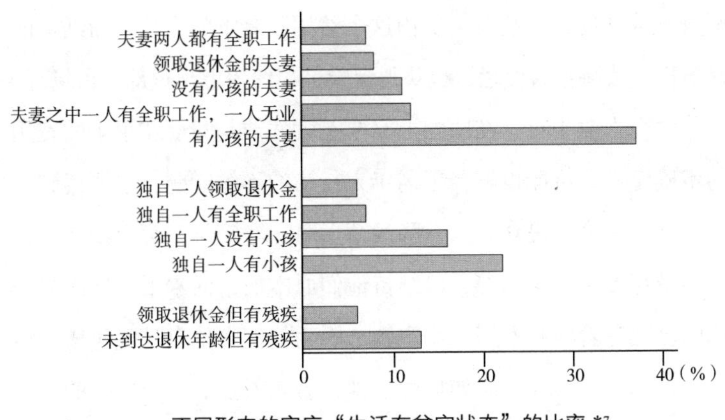

不同形态的家庭“生活在贫穷状态”的比率 *[7]

统。那些五花八门、耗费甚巨的医疗方案，对运气不好的人而言就像一种惩罚，会把你的所有资产全都消耗殆尽，包括房子。

假如你无法确保自己能够对抗风险，那么最糟糕的情况发生时，你除了咬着牙承受这笔花费外，别无选择。这件事能让所有人的生活从此变成黑白色的，就算是那些看起来不需要医疗照护的人也一样，毕竟你永远不知道哪一天你会是那个人。

一般估计，有四分之一的65岁以上的老年人，在他们未来的人生中只需要花一点儿钱在医疗照护上；一半的人需要花费2万英镑；十分之一的人要花费超过10万英镑。有些人甚至远超过这个金额，而且我们不知道谁会需要花这笔钱，没有任何方法可以进一步预测出来，有可能是你我，或是其他任何人[8]。对于那

---

* 资料来源：低于平均所得之家庭统计（Households Below Average Income，HBAI），统计时间为1994—2011年。

些身无分文的人，政府会负担这个费用；剩下的人，生命结尾的这份极大威胁令人惊恐，也吓得保险公司纷纷退出这部分市场。

每个人对于自己在医疗上需要花大钱或是只要花很少的费用的不确定性，可能也解释了老年人行为的不解谜题：只要遇到经济萧条、大多数民众收入下降的情形时，经济学家都会期待大家开始把存款拿出来消费，以维持他们原本的生活水平，但许多人仍旧会死守着存款不用，或许就是因为他们害怕自己晚年成为运气不好的那一半人。假如那些乐观的穷人就是那十分之一的不幸者，需要许多重大的医疗照护，那存不存钱对他们来说似乎也没有多大差别。基于上述种种原因，如果没有出什么意外的话，我想诺姆的观点是对的：退休后的人生是一场财务上的乐透，有些人可能会因此变得一无所有。

第 26 章

人生之末

小行星擦身而过。与我们最初发现时相比，它的轨道改变了，撞击地球的概率更低了。再发生这种事情，可能要到多年以后，很显然，世界毁灭的时辰再次延迟了。

观星者一想到这可能是史上唯一与地球擦身而过的行星，便兴奋入迷地观看着它。他们喃喃地说着："要是（撞上地球）……会怎么样呢？"

诺姆躲在家里。SO43小行星在地球大气层与月球之间悄悄滑过，接着消失了。他一直以来误判了很多事情，比如已略微上升的房价。

晚上，他穿着睡衣（这件睡衣让他感到自豪）直挺挺地站着，身旁放着一支挤上一截牙膏的牙刷。他盯着浴室镜子里懒散的自己，仿佛第一次见到。他不再为这些感到烦心。

一分钟过去了，那截牙膏开始滑落，暖气管开始变得暖和起来。

"梭鱼在哪里啊？"诺姆终于放声问。[①]

---

① 参见第5章开头的故事。

没有回应。他以前曾问过，但现在少了点儿真的想得到答案的肯定。答案重要吗？要是有人告诉他，并告知他该怎么做，揭示所有的答案，那会怎么样呢？诺姆叹了口气。假如一切都有了答案，那么就不需要选择了。

他笑了，眯着眼看着镜中的自己。

“我看穿你了。”他说。

他变得越来越苍白，真的。日渐衰老让他的皮肤看起来多了一层淡淡的透明感，不是白色、灰色、浅灰色、淡红色，也不是棕色。“像特百惠保鲜盒一样的皮肤。”诺姆太太这样形容。他的头发也像特百惠保鲜盒一样。人们忽视他，无法理解他在说什么。

“你还好吗？”她从另一个房间喊着。

“我很好。”他回答。

诺姆凝视着镜中的自己，眼神坚定如同荷兰画家伦勃朗。他一生都在尽可能试着降低恐惧感。说来奇怪，他现在感到无所畏惧。

“可能性……并不存在。”他说，尽情无礼地对待镜子里面那个男人吧！镜中的男人回以同样的脸色，并和他共享那微弱的声音。他更用力地瞪视着他。这些日子以来他的视力变得很差，几乎什么都看不见……

“什么鬼平均啊……”他咕哝着说。灯光变暗，让他感觉自己几乎处于无重力状态，就像那截掉落的牙膏一样。

梭鱼也不存在。他弯下腰，像个小男孩般用一只手去触摸地面：我究竟是在岸边，还是这是一场梦？他的四肢感到虚弱且轻飘飘的，越来越轻。当他触碰到地面时（或他以为他碰到时），他什么都感觉不到了。说来奇怪，诺姆消失了。

隔天诺姆太太翻了个身醒来。当她在楼下沏茶时，凯尔文打电话来说希望能搭个便车。“你看见诺姆了吗？”她问。

“谁？”凯尔文说。他老了，但也许他是对的[1]。

“算了，当我没问。”

后来诺姆太太在浴室里发现了睡衣和掉落在地板上的牙刷。

隔天，凯尔文坐着他的轮椅从赌场里出来时心脏病发作，也许是那些香烟和汉堡造成的，他很快就去世了。对这个年纪、有这种习惯的男人来说，并不算不正常，这些生活习惯持续不断地让他难受和疼痛。即使对于不平常的人，也存在着一种平均数，而凯尔文不知不觉地成为典型不平常人中的一员。

几年过后，当普登丝把口水滴进她的全麦谷片里时，她对诺姆最后一个连贯的记忆是，她其实期望不管诺姆在哪里，都是平安的。但对所有事情的陌生感，使她感到恐怖和困惑。没过多久，她又一次忘了他。她花了很长一段时间无微不至地照顾自己，努力保持着身体健康，死撑着直到她的精神放弃为止。她又继续撑了大约五年，最后在快乐、无意识且为家人所爱的状态下结束了生命。

普遍来说，每个人身上至少会发生一件不寻常的事情，即便是正常人也一样，因此诺姆不可思议的消失以及被推测为已死亡，就不那么让人感到诧异了。只是对某些人而言，发生不寻常的事就像什么都没发生过一样。

---

① 此处暗指凯尔文根本不遵守规范（norm）。

* * * * * *

诺姆必须消失吗？我们将在最后一章回答这个问题。所有人最后都将去某个地方，就这点而言，死亡并不是一种风险。而会被认为有风险的是，死神会在比你认为正确或恰当的时间更早出现。对我们其中某些人来说，正确的时刻从来不会到来。就凯尔文而言，死亡似乎就像另一个规则，因此，他当然很早就想要反抗它了；就普登丝而言，当风险缓慢地靠近、直到逼近她时，她才开始非常在意。但是对他俩而言，时间的安排已走在所谓常态的道路上了。

而什么叫作常态呢？

钦定版《圣经》（*King James version of the Bible*）的《诗篇》第90篇里说："人们可以活到70岁。"你必须得非常幸运才能活到这个岁数。在乔治三世的时代（1738—1820年）之前，没有一个英国君主能够活到70岁（尽管他们确实必须让城堡保持通风良好，处理很差的卫生环境和偶尔发生暴力行为的问题）。但有些历史人物成功达成了：恺撒·奥古斯都活到75岁，米开朗基罗甚至活到了88岁高龄。

基于另一原因，70这个数字很重要。在古罗马流传着一个关于岁数是7的倍数的迷信传说，被称为"重要转折年"（climacteric years）的49岁和63岁，尤其被认为是非常危险的。

但也有部分人是反对这种观念的，在1689年，西里西亚（Silesia）的布雷斯劳（Breslau，现为波兰弗罗茨瓦夫）有一位牧师搜集人们死去时的年纪。这些资料最终传到英国的埃德蒙·哈雷（Edmond Halley）手里，他利用发现彗星的闲暇时间，

Age. Curt.	Perſons.	Age. Curt.	Perſons	Age. Curt.	Perſons	Age. Curt.	Perſons	Age. Curt.	Perſons	Age. Curt.	Perſons
1	1000	8	680	15	628	22	586	29	539	36	481
2	855	9	670	16	622	23	579	30	531	37	472
3	798	10	661	17	616	24	573	31	523	38	463
4	760	11	653	18	610	25	567	32	515	39	454
5	732	12	646	19	604	26	560	33	507	40	445
6	710	13	640	20	598	27	553	34	499	41	436
7	692	14	634	21	592	28	546	35	490	42	427
Age Curt	Perſons.	Age. Curt.	Perſons	Age. Curt.	Perſons	Age Curt	Perſons	Age. Curt.	Perſons	Age. Curt.	Perſons
43	417	50	346	57	272	64	202	71	131	78	58
44	407	51	335	58	262	65	192	72	120	79	49
45	397	52	324	59	252	66	182	73	109	80	41
46	387	53	313	60	242	67	172	74	98	81	34
47	377	54	302	61	232	68	162	75	88	82	28
48	367	55	292	62	222	69	152	76	78	83	23
49	357	56	282	63	212	70	142	77	68	84	20

Age.	Perſons.
7	5547
14	4584
21	4270
28	3964
35	3604
42	3178
49	2709
56	2194
63	1694
70	1204
77	692
84	253
100	107
	34000
	Sum Total.

哈雷所做的1000人在各年龄存活的人数原始资料 *[1]

在1693年建立了第一个严谨的生命表——被用来预估死亡的年度风险，以及了解在各个年龄段存活的机会。

他发现并无任何证据证明在人们49岁或63岁时死亡风险会增加，因此推翻了“重要转折年”的观念。他的彗星也按时在1758年出现，与预期的一样，如果死亡力最终没有将他击败的话，哈雷那年将会是101岁。哈雷的生命表只列至84岁，他预估有2%的概率能达到这个岁数，且当他85岁死去时也恰好证明了这件事。哈雷比那个同样以彗星闻名，但仅活到55岁的摇滚乐之父比尔·哈雷（Bill Haley）多活了好长时间。

* 到了15年，只剩下628人还活着，其中有6个人会在16岁前死去，六百二十八分之六的死亡力就等于1%。到了第75年，只剩下88人存活，有10人会在76岁前死去，死亡力是八十八分之十，也就是11%。

“死亡力”（force of mortality）事实上是一种描述年度死亡风险的专业术语，现在以“危害”（hazard）这个名词为人知晓。危害曲线的粗略形状（见下页图）表现出连续性，并反映出各年龄的变化：刚出生时危害很高，接着慢慢下降至最安全程度，然后又开始增高；然而，少儿期和青年期危害的准确模式取决于当时感染的疾病和发生的战争，而现在则取决于因酒精、药物引起的疏忽行为和鲁莽驾驶。

1825年，本杰明·贡培兹（Benjamin Gompertz）因犹太人的出身而被禁止上大学，他制定了“死亡定律”（law of mortality），描述了人在26岁后，以固定速率增加的年度死亡风险，它的准确性令人惊讶：在28—80岁，死亡风险每年都相对增加大约9%，就和我们在第17章中所提到的一样。贡培兹尽最大努力来对抗他自己的死亡定律，但最终还是在86岁时与世长辞。

寿命（longevity）往往被平均寿命（life-expectancy）所概括，它指的是生命一般的长度，然而在观察了许多案例后，我们便知道“平均”也可能会使人产生误解。假设许多人在童年时期就死了，这会大大地影响平均寿命，而在这个情况下，存活下来的人即便活得很久，平均数仍会偏低。

1958年，当保罗·麦卡特尼（Paul McCartney）写下《当我64岁》（*When I'm 64*）的时候，他才16岁，64岁对一个才16岁的人来说，似乎老了些，特别是在人们认为退休就意味着穿上室内拖鞋、开始等待死亡到来的年代。所以，或许关注活过童年时期并活到16岁的机会，比以为这些人能活到64岁更恰当。

举例来说，如果我们参考人类死亡数据库（Human Mortality

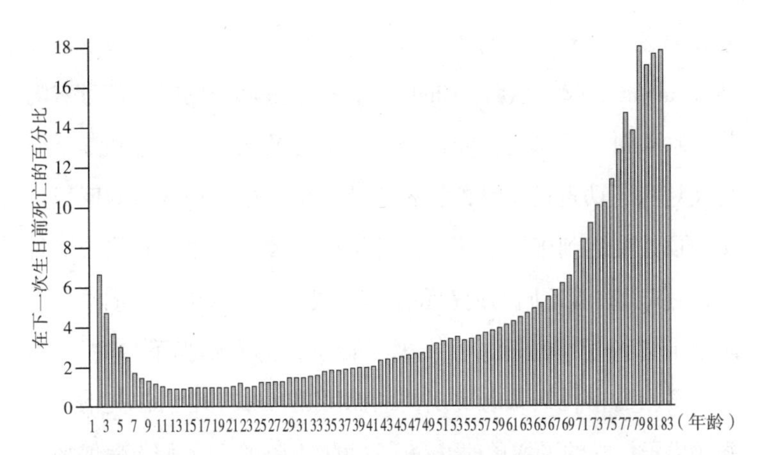

年度死亡风险，即“死亡力”从1680年哈雷的数据中衍生出来的图表 *

Database）这个绝佳的辅助资料，就可以发现，回溯至1841年，在英格兰和威尔士出生的儿童16岁之前死亡的概率高达31%[2]，但如果你存活下来了，就有将近50%的机会能活到64岁。在披头士为他们的专辑《佩珀军士寂寞芳心乐团》（*Sgt. Pepper's Lonely Hearts Club Band*）录制《当我64岁》这首歌时，仅有2.5%的儿童在16岁之前死亡，且存活下来的女孩有85%、男孩有74%的机会活到64岁，两者之间的差异部分反映了许多男人不健康的生活方式。

到了2009年，在16岁之前死亡的儿童已低于1%，而活到64岁的机会已攀升到女人有92%，男人有87%；就整体平均寿命来说，女人是82岁，男人是78岁。居住地在其中扮演了

* 15岁那年大约是1%的死亡率，75岁时大约是11%。2010年的英国人相对应的年度死亡风险大约是0.02%与3.5%。

重要角色，这也往往与收入有关：如果足够有钱，住在肯辛顿（Kensington）或切尔西（Chelsea），一生大部分的时间都过着喝茶、吃煎饼，或享受大啖西班牙凉菜汤及吃着用洋葱和苹果白酱汁炖煮了两遍的猪肚的富裕生活（尽管也存在贫穷的区域），女人预计能活到90岁，男人则能活到85岁；反之，在格拉斯哥（Glasgow）有着不同的消费和生活方式，于是这里居民的平均寿命跟上述两地区相比，女人少了12岁，男人则少了13岁[3]。不过，贫困的格拉斯哥居民现今也拥有和1983年生活在英格兰的普通男子一样的平均预期寿命，这可以用来衡量人们寿命增加的速度。

在英国，平均寿命近十年来持续增加了一年又三个月。这就好像每天勤奋踏实地完成工作，用光48微生存后，你将又可拿回12微生存，感谢那些建设排水设施、为我们提供预防注射、阻止我们吸烟、售卖低脂牛奶，以及为我们提供医疗服务的好心人。

但这些非凡的改变并没有发生在其他地方。1970年，居住在越南的人，平均寿命是48岁，现在为75岁。这样的改善，比英格兰和威尔士多花费了两倍的时间。

历史表格冰冷的数据里也反映出有着巨大影响的事件：两次世界大战、拿破仑进军莫斯科（近40万人丧生）暂时将平均寿命降低至23岁，1918—1919年爆发的流感夺去法国女性10年的平均寿命[4]，而艾滋病让南非人的平均寿命从1990年的63岁跌至2010年的54岁[5]。

1910年，美国黑人男子的平均寿命是32岁（43%在20岁之前死亡），白人男子与之相对应的数字是48岁和24%[6]。在100年过后，平均寿命的差距尽管已从16年缩短至5年，但它仍旧存在。

所有上述引用的平均寿命，其根据是目前累积的年度死亡风险（也就是所谓的死亡力），并没有将未来发展列入考虑。如果我们要对现在出生的，或是尚未出生的孩子说些关于前景的话，就必须预测未来人类的健康和寿命将会发生什么变化。对英格兰和威尔士最主要的推测是，假设未来健康条件有所改善，预计现在出生的男孩平均能活到90岁，女孩则能活到94岁[7]；32%的男孩和39%的女孩预计能活到100岁，能得到女王颁赠的证书，或在22世纪初期继续工作[8]；在2050年出生的婴儿，预测男孩能活到97岁、女孩能活到99岁，也就是说，他们大约会在2150年才死亡。未来每一个世代都会越活越长。

但可以理解的是，这些推测非常具有争议性。它是否存在着一种内在的衰老过程，而且是可逆的呢？或者是否存在一种与我们布满皱纹、光秃秃的头相冲突的自然极值呢？这些争论非常激烈，若把一群专门研究老化的专家集合在一间小屋里，如果有人能活着出来，那都是非常幸运的。人们多年来声称，平均寿命已达到最大限度了，然而它却持续稳定上升。个别极端的案例往往获得大家的关注：珍娜·卡门（Jeanne Calment）出生于普法战争结束不久的1875年，但却活到了1997年，享年122岁。而如今，活到115岁的人已经非常多了。

对于那些未来出生的人，有一件事是确定无疑的，那就是在他们周围将会有许多老年人等着他们照料，包括那些现在正蹒跚行走过中年、迈向老年的人们。联合国预估在2007—2050年，超过60岁者的比例将会呈双倍成长。人们越来越长寿，但生育率却在降低，这也代表着年轻人将减少[9]。到了2050年，世界上将有20亿人超过60岁，大约有4亿人超过80岁。

但这些老年人将会活在怎样的状态里呢？在提及人们可以活到70岁的观念后，《诗篇》第90篇继续说道："若是强壮到80岁，但充满的却是劳苦和悲伤，那么一切将很快转眼成空，我们便如飞而去。"它对于老去，并没有描绘出乐观的样貌。我们费尽力气活得更长久，难道就是为了可以花更多时间坐在房间角落、听着电视机里发出的喧闹嘈杂声，并努力理解那些不速之客对我们的咆哮吗？

近期关于健康的研究有了更积极的看法。在纽卡斯尔市（Newcastle upon Tyne）随机选出的1000名85岁的人中，78%的人描述他们的健康状况至少是"良好"的[10]，仅有16%的人罹患忧郁症。

但是，其中61%的人处于独居状态，而孤单与衰弱的智力有关，这种情况或许比行动不便更可怕。一个不易解决的很重要的问题是，在超过90岁的人中，30%的人患有痴呆症。在英国，超过90岁的人，预计2010年会达到120万人，2051年将攀升至180万人[11]。

据统计，2005年在英国有70万人患有痴呆症（这些人现在几乎都活着[12]），而到了2051年，很有可能将增至170万人，或许你就是其中一员。

在1958年，保罗·麦卡特尼把64岁视为生命几乎走到尽头的岁数，然而在第二次世界大战后"婴儿潮"出生的人，现在已到了这个岁数，他们都过着还算不错的生活，且仅把自己看作“中年人”。2008年，正值65岁的英国男子平均大约剩下17年的寿命，其中的10年被认为是“健康的”；而女子则平均剩下20年，其中的11年被认为是“健康的”[13]。“健康的”意思是指，在五等级量表（是个很严苛的标准）中，人们把他们的健康状况视为“良好的”或“非常良好的”。

这些人应该怎么生活呢？令人感到怪异的是，越接近死亡反而让风险降得越低。这听起来很奇怪，但如果你简单查看相对的概率，就几乎可以推断，老年人应该在那里“玩火”。下面来说明是如何得出这个让人感到意外的推测的。

最近，作者戴维被要求在一个电视节目中做双人跳伞，当然了，他检查了一些数据。跳伞平均来说大约是10微死亡，但他认为双人跳伞会安全一些（根据英国跳伞协会的记录，在34万双人跳伞者中，仅有1人丧命）[14]。所以对于登上飞机再跳下来这项活动，他估计大约是7微死亡。

对于18岁的小伙子而言（平均所有死因造成的总年度死亡风险是530微死亡），这等同于大约5天的背景风险；然而，对于戴维这个岁数的男人（所有死因的年度风险是7000微死亡）来说，仅有大约9个小时的价值。所以，相对而言，一个怪老头如果把自己从飞机上扔出去，或者骑着哈雷摩托冲锋陷阵，在高速公路上互相挑战赛车，将比那些骄傲自大的年轻人更有意义。但年轻人是不会信这套的。

第 27 章

审判日

我们——也就是本书的作者们——有个毛病：喜欢数字，而且认为它们很重要，但我们也喜欢本书的主角儿们。姑且称这种感觉为自负吧，毕竟是我们创造了他们。我们认为诺姆、普登丝以及凯尔文一家基本上是对的。不仅如此，虽然我们承认数字模式是对的，但却不能说书中的人物因为选择视而不见和走自己的路是不理性的。

因为自己认知的偏见或失败的论证，而去怪罪其他人似乎变成现在的流行趋势，但我们认为那些被称为“不合理”的危险，确实是知识受限或单纯的决策复杂性导致的结果，而且他们通常都会以纯粹人性的方式找出合理的理由。

我们并非一定会同意，但也不会轻易否决。如果你乐意，你可以说诺姆是一个傻瓜，凯尔文是一个自以为是的无赖，而普登丝是一个让人如鲠在喉的人。虽然我们认为他们值得大家多了解一点，但在给予他们想得到的东西时，我们不知道如何去证明他们其中任何一个人面临危险时所做的选择是真的“错误的”，我们不知道怎样用数据告诉他们应该如何生活。即使在他们认为乘坐飞机旅行比开车更危险时，我们指出一个人死亡的概率正好相反，也没什么用，因为他们所说的风险很少像死亡率这么简单，就如我们说过的，这常常与危险无关。

他们可能看起来很奇怪，但他们不是笨蛋，他们知道自己在乎什么。他们身处不确定的世界，在这里风险会改变，没有人知道自己会落在概率的哪一边。他们的恐惧并不像是害怕床下那个想象出来的怪物，他们害怕的是真实且混乱的人类环境。

我们不是要把危险的各方面变成相对论，我们的想法是，平均来说飞机真的比汽车安全。我们可以轻松地说服人们，让他们知道他们称之为"风险"的东西，一定是关乎个人价值观与立场的，客观的数字绝对无法和主观的想法分开。一个表示为"四百分之一"的风险会让人忍不住把焦点放在"一"上，但如果我们将同样的风险描述为"四百分之三百九十九"的概率平安无事，这在数学上是一样的，但大家会用不同的态度来回应。在我们看来，这就展现了他们的不理性。这显示了同时呈现数字和观点的重要性，就像从城市看乡村和从乡村看城市相比，不管你站在哪里，城市和乡村的比例都是一样的。但这并不表示你站在哪里看是无关紧要的，看到什么很重要，以哪个部分为主来叙述也很重要。风险不是以人们看到的方式独立存在的，也不是他们看到的自由浮动的数字。

我们可以再深入些。这本书里有很多数字，真的很多，我们对于数字有着古怪的偏爱，你可能注意到了。这或许会让你期待我们自己对于风险的态度整体上来说是站在理性这边的。我们认为数字是至关重要的，但同时我们也不像钢琴键那样黑白分明，我们同时承受着资料、统计数据和证据带来的深层不确定感。不论你认为概率是否真的存在，或者你的命运是“大爆炸”（Big Bang）类型或者已经由一位命运女神全权决定，或是由希腊三女神[1]来纺织、测量和剪裁你的命运，我们还是得面对将会发生的未知事情。这比你根据别人抛出的数字来判断还要具有更多的不确定性。

当你试图去抓住概率时，它就会从你的指缝中溜掉，这是很独特的感觉。个人的确很难搞清楚概率到底是怎么回事；而要说明他对所有人造成了什么影响，也是一件相当困难的事。

当然，有些事情比别的事情更有可能发生，比如下雨时浑身淋湿的概率与成为这个星球70亿人中唯一发现小行星的人的概率相比。我们很担心你会忽略这些差异。不应该直到15世纪50年代布莱士·帕斯卡和皮埃尔·德·费马开始进行关于骰子的信件往来，才让人们想到可以将用数字表示概率放到议事日程上。虽然在某方面看来这只是一个简单的想法，却是让大家头痛的开始。

举个例子，2011年4月19日，作者戴维在报纸上看到一个小窍门，然后花了两英镑押卡帕·布鲁（Cappa Bleu）赢得英国国家障碍赛马大赛（Grand National）。赔率是16∶1，即赢了就会获得32英镑，也可以解读为庄家认为卡帕·布鲁只有大约6%的概率会赢。

① 希腊神话中，掌控凡人命运的三女神——克罗托（Clotho，纺织者）、拉赫西斯（Lachesis，决策者）和阿特洛波斯（Atropos，终结者）。克罗托手持命运的纱线轴，将命运之线缠绕到纺锤上并加以编织；拉赫西斯手持长棍，测量每个凡人命运纱线应有的长度；掌管死亡的阿特洛波斯则手持剪刀，决定生命何时终结。

先前，戴维已经去看过他的家庭医生，医生测了他的血压和胆固醇，通过计算机分析宣布，在未来的十年里他有12%的机会患心脏病或中风。这真让人苦恼啊！但是医生又说，对戴维这个年纪的男性来说，这是低于平均值的数字，这时戴维心中又涌起了一股不理性的喜悦。最后，卡帕·布鲁获得了第四名。

但是这些概率指的究竟是什么呢？哲学家和统计学家为此争论了好几个世纪，远不能取得一致的意见。在这种有时很野蛮的争论中，我们短时间可以做的只是改变强烈的偏见吗？这是我们的想法，也反映出我们如何看待诺姆、凯尔文及普登丝。

传统上，概率是基于已知的物理性质和纯粹的推理而来的。例如，一枚硬币有两面，抛掷这枚硬币会有二分之一的机会人头朝下；丢一颗骰子会有六分之一的机会得到“6”；从一副（洗干净的）扑克牌中抽一张，有五十四分之一的机会可以抽到黑桃A。但这只有以“机会均等”为前提时才会发生，从这个意义上看，所有的牌被抽出的机会均等，这样一来我们就得说明什么是“机会”，所以我们又得回到起点重新讨论（当然，在现实生活中是有人会耍赖的）。

另一个关于概率的观点是，当类似的情况重复发生无数次以后，一件事发生的频率能有多频繁呢？比如活到100岁的人口比例。非常特殊的设定除外，比如投硬币。完全相同的情况是不会发生的：因为只有一个你可以活到或者活不到100岁，2012年只有一场国家障碍赛马大赛可以让戴维下注，也只有一个戴维会得或者不会得心脏病。探究死亡的频率可能要耗费许多生命来寻找答案。过去对现在来说不一定是好的指南，更别说对未来了。

作为处理取舍决定的方法，我们都喜欢把自己（是的，我们都是个体）想成对发生的事情形成一种内在思想倾向的哲学家，因此将戴维现在和未来存在的所有复杂现象结合起来，就能为他提供一些“倾向”：他在未来十年会有心脏病或中风的可能。而医生的“12%的机会”就是这样评估出来的。倾向于认为卡帕·布鲁具有取胜的可能的想法是吸引人的，但似乎并没有实际用处或能证明这个可能性。

我们否决了所有的解释，并采取一个务实的立场——“12%的机会患有心脏病”并不是戴维真正的风险，甚至也不是某种倾向性的预判，它仅仅基于几个项目和有限的信息而得出。同理，卡帕·布鲁赌赢的“可能性”，是基于目前的信息得出的合理投注赔率，不多也不少。

把概率当成赌注似乎是一种逃避的行为，但它拥有一种强而有力的暗示，意指所有被我们称为“概率”的数字是由我们的已知所建立起来的判断，而不是以外部世界存在。就这层意义上来说，风险是对我们不知道与无法知道的事情的一种估算，也是对我们能够做什么事的一种估算。

这些事情形成了一个惊人的结论：就像诺姆最后说的，独立、客观的概率并不存在[①]。

正如我们所说，适用于平均风险的普通人不存在，平均值是一个抽象概念，但现实是不断变动的，可怜的诺姆，他是一个搜

① 我们承认在亚原子的水平上可能会有不可还原的、无法避免的和必然发生的概率，也就是“确定的概率”，按照斯蒂芬·霍金（Stephen Hawking）的说法，它可以说是存在的，但似乎与对谁会赢得国家障碍赛马大赛的判断并无特别的相关性。

索数据的男人，或许数据也在寻找他，他真的曾经在数据中吗？他最后不再相信标准，就不得不消失了。

从某些方面来说，概率有点儿像在我们开始讲故事时先确定有人会这样，但是关于这个人又什么都没说。换句话说，它告诉你的事情里关于你的那部分只有一点点。最少会有一个人叫诺姆的可能性（这个概率很高）只是这个故事具有无限接近不可能发生的特殊性的一小部分，于是诺姆应运而生。

所以从实际角度来看，对于生活中的普通事件，当我们说一个特定的活动是危险的，而且提出它的风险有这么多的微死亡时，这些数字应该被认为只是我们所知道的合理投注赔率。一旦我们知道更多，例如打算去参加跳伞的人的年纪以及他们是不是清醒的，或许是在水库中有多少梭鱼，如果它们在你附近的话会游得多快，它们最近是不是没吃东西，是不是还饿着肚子，是不是太靠近我们，是不是认为人肉具有潜在的食用性，甚至借助漂浮的男内裤来伪装，而且顽强、恶毒和勇敢到足以应付小伙子的反抗，风险就会改变，也表明了潜在的修改程度是无限的，这可以轻易地应用到已经发生但我们目前还一无所知的事情上，比如开膛手杰克（Jack the Ripper）其实是克拉伦斯公爵（duke of Clarence）或是维多利亚皇后的可能性。

同样，没有任何一种风险可以囊括我们对自然、经济复杂的感觉和判断——或者咱们干脆再加上生命的意义——所以自然的、经济的、生活方式的或是我们讨论过的其他风险，除非在广大的价值脉络中出现，否则没有一个是可以被解释的。我们的心理反应可以同时是乐观（凯尔文和性）和悲观（诺姆和梭鱼）

的，谁知道在哪种情况下我们会用什么想法来应对呢？同样，没有任何概率乘上结果的计算可以告诉你，后果与随之而来的选择是什么——在那个你不可能全盘掌握的事件中——只能有一个选择是由你决定的。而且假如风险的计算中有一半是无穷的变量，什么才会是客观的答案呢？

概率听起来很理智，但是当你要寻求一个坚定且具有意义的定义时，它又会改变。虽然它是一个数字，但我们可以用刻度或标尺去测量它，埃及人、希腊人、巴比伦人和其他人对代数、几何以及更多想法做了许多不可思议的事，但他们从来没有开启概率之门，这是一个明显的遗漏。戴维说他花了很多年试图寻找，为何大家觉得概率在直觉上理解困难，令人困惑。他得出的结论是，因为它就是让人觉得理解困难并感到困惑的东西。另一位作者迈克尔补充说，他常常提出大家在传达风险的情形，然后发现传达者并不真的清楚他们在说什么，就像当人们在焦虑时，其实他们最需要的是厘清现状，但他们只是发现困惑而已。这是有原因的，因为它本身就是一种困惑。

不幸的是，对诺姆来说，他可能永远无法理解。认为概率不存在的看法并不寻常，却是可给予适当的尊重[1]。它也是自由的，这意味着当我们谈到风险、机会或概率时，可以自由地使用各式各样的隐喻和类比，也可以自由地用多种角度去看它。

举例来说，“12%的风险患心脏病”常常被说成：“100个和你一样的男性，在10年内预期有12个人会患心脏病。”但是并没有100个和你一样的男性，而且这个概率也不是你的。一个更让人揪心的说法是：“未来10年，会有100种事情在你身上发生，其中有12种会让你得心脏病或中风。”[1]

所以在这100个人中，你是哪个呢？而当普登丝疑惑着她是否是这100人里的其中之一，然后说“如果……”的时候，她真的明白吗？或者当诺姆说她夸张时，他又搞清楚了吗？当凯尔文说“那又怎样”时，他真的错了吗？

或许你已经对这个有两种本质的风险、机会和概率处之泰然，从个人的角度来说也可以接受它难以捉摸的特性。但如果诺姆、普登丝和凯尔文说的没错——每个人的不同想法，都是因为他们从自己的角度来看待风险的——那对他们来说什么数字才是正确的呢？换句话说，如果你刚好往上看，然后看到一台正在落下的钢琴，你又会怎么样呢？

每种危害的微死亡数

死亡原因	背景	微死亡数	频率	资料来源
非自然因素	英格兰+威尔士，2010年	1	每天	（a）
出生时意外	英格兰+威尔士，2010年	279	每次生产	（b）
婴儿死亡（出生第一年）	英格兰+威尔士，2010年	4300	每次生产	（b）
婴儿死亡	全世界，2010年	40000	每次生产	（c）

① 英格兰银行在表达关于扇形图表对于预测的不确定性时，也使用了类似的做法，将原本描述预测的经济增长或通货膨胀的线条，模糊表现成不同等级可能性的巨大扇形图，用“如果经济环境以今天为基准，要怎么样在一百种机会中达到经济成长”来表达预期。你也可以用计算机进行对未来的多重运算，这被称为“蒙特·卡罗法”（Monte Carlo simulation，也叫随机模拟方法）。这项技术最先用于美国制造氢弹的计划中。同样，在天气预报中有一些“集合”，其中若干轻微干扰的不同预测是基于当下所发生的事情得来的，而混乱意味着在几天后这些轻微的不同可能导致完全不同的预测。不幸的是，虽然美国在电视新闻中经常播出飓风的“可能路径”，但是要公开讨论未来各种不同气候模式的可能性他是很不情愿的。

续表

死亡原因	背景	微死亡数	频率	资料来源
婴儿死亡	塞拉利昂，2010年	119000	每次生产	（c）
意外——14岁以下	英格兰+威尔士，2010年	18	每年	（a）
意外窒息——14岁以下		3	每年	（a）
行人——14岁以下	英格兰+威尔士，2010年	3	每年	（a）
谋杀/凶杀	英格兰+威尔士，2010年	14	每年	（d）
谋杀/凶杀——1岁以下	英格兰+威尔士，2010年	27	每年	（d）
谋杀/凶杀——10—14岁	英格兰+威尔士，2010年	2	每年	（d）
谋杀/凶杀——黑人男性	英格兰+威尔士，2010年	76	每年	（d）
麻疹	英国，1960年	200	每次生病	（e）
非急救手术的麻醉	英国	10	每次手术	（f）
生产	英国，2010年	120	每次生产	（g）
生产	全世界，2010年	2100	每次生产	（g）
剖腹产	英国	170	每次生产	（f）
因为可避免的安全性失误而在医院死亡	英国，2010年	76（最小值）	住院的每一天	（h）
冠状动脉搭桥手术	英国，2008年	16000	每次手术	（j）
在阿富汗服役（作战时）	英国部队，2009年5—9月	47	每天	（k）
“二战”执行轰炸任务	英国皇家空军，1939—1945年	25000	每次出任务	（i）
走路	英国，2010年	1	每43公里	（m）
骑自行车	英国，2010年	1	每45公里	（m）
骑摩托车	英国，2010年	1	每11公里	（m）
开车	英国，2010年	1	每536公里	（m）
搭火车	英国，2010年	1	每12070公里	（n）

续表

死亡原因	背景	微死亡数	频率	资料来源
搭民航飞机	美国，1992—2011年	1	每12070公里	(p)
搭私人飞机	美国，1992—2011年	1	每24公里	(p)
水肺潜水	英国，1998—2009年	5	每次潜水	(q)
滑翔翼	英国	8	每次跳伞	(r)
攀岩	英国	3	每爬一次	(r)
花式跳伞	英国	10	每次跳伞	(s)
马拉松	美国，1975—2004年	7	每跑一次	(t)
摇头丸/MDMA	英格兰+威尔士，2003—2007年	1.7	每周	(u)
海洛因	英格兰+威尔士，2003—2007年	377	每周	(u)
陨石	全世界	1	每年	(v)
煤矿作业员	英国，1911年	1190	每年	
捕鱼	英国，1996—2005年	1020	每年	
煤矿作业员	英国，2006—2010年	430	每年	
所有消遣	英国，2010年	6	每年	
所有消遣	全世界	160	每年	

资料来源：(*a*) Office for National Statistics. Mortality Statistics: Deaths registered in England and Wales (Series DR). 2011 Available from: http://www.ons.gov.uk/ons/rel/vsob1/mortality-statistics--deaths-registered-in-england-and-wales--series-dr-/2010/index.html [accessed 28 Nov 2011]. (*b*) Office for National Statistics. Child mortality statistics: Childhood, infant and perinatal. 2012. Available from: http://www.ons.gov.uk/ons/rel/vsob1/child-mortality-statistics--childhood--infant-and-perinatal/2010/index.html [accessed 9 May 2012]. (*c*) UN Inter-Agency Group for Child Mortality Estimation. Child Mortality Estimates. 2012. Available from: http://www.childmortality.org/ [accessed 9 May 2012]. (*d*) Home Office. Homicides, Firearm Offences and Intimate Violence 2010/11: Supplementary Vol. 2 to Crime in England and Wales. 2012. Available from: http://www.homeoffice.gov.uk/publications/science-research-statistics/research-statistics/ crime-research/hosb0212/

[accessed 4 Nov 2012]. (*e*) Health Protection Agency. Measles notifications and deaths in England and Wales, 1940-2008. 2012. Available from: http://www.hpa.org.uk/web/HPAweb&HPAwebStandard/ HPAweb_C/1195733835814 [accessed 13 May 2012]. (*f*) Royal College of Anaesthetists. Death or brain damage. 2009. Available from: http://www.rcoa.ac.uk/document-store/death-or-brain-damage [accessed 30 Oct 2012]. (*g*) World Health Organisation. Trends in maternal mortality: 1990 – 2010. WHO. 2012. Available from: http://www.who.int/ reproductivehealth/ publications/monitoring/9789241503631/en/index.html [accessed 14 Nov 2012]. (*h*) National Patient Safety Agency. Quarterly Data Summaries. Available from: http://www.nrls.npsa.nhs.uk/resources/collections/ quarterly-data-summaries/?entryid45=133687 [accessed 29 Jan 2013]. (*j*) Care Quality Commission. Survival Rates–Heart Surgery in United Kingdom, 2008 – 9. 2009. Available from: http://heartsurgery.cqc.org.uk/survival.aspx [accessed 25 Nov 2012]. (*k*) Bird, S., Fairweather, C. Recent military fatalities in Afghanistan by cause and nationality: Period 15, 5 September 2011 to 22 January 2012. Available from: http://www.mrc-bsu.cam.ac.uk/Publications/PDFs/ PERIOD_15_fatalities_in_Afghanistan_by_cause_and_nationality.pdf [accessed 16 Nov 2012]. (*l*) Wikipedia. RAF Bomber Command. Wikipedia, the free encyclopedia. 2013. Available from: http://en.wikipedia.org/w/index.php?title=RAF_ Bomber_Command&oldid=531643454 [accessed 29 Jan 2013]. (*m*) Department for Transport. Reported road casualties Great Britain: main results 2010. 2011. Available from: http://www.dft.gov.uk/statistics/releases/reported-road-casualties-gb- main-results-2010 [accessed 28 Nov 2011]. (*n*) Rail Safety and Standards Board. Annual Safety Performance Report 2010/11. 2011. Available from: http://www.rssb.co.uk/SPR/REPORTS/Documents/ASPR%202010-11%20Final.pdf. (*p*) NTSB National Transportation Safety Board. NTSB–Aviation Statistical Reports. Available from: http://www.ntsb.gov/ data/aviation_stats.html [accessed 29 Oct 2012]. (*q*) British Sub-Aqua Club. UK Diving Fatalities Review. Available from: http://www.bsac.com/page.asp?section=3780&se-ctionTitle=UK+Diving+Fatalities+Review [accessed 20 Jan 2012]. (*r*) Health Safety Executive. Risk education–Statistics. 2003. Available from: http://www.hse.gov.uk/education/statistics.htm [accessed 26 Nov 2012]. (*s*) British Parachute Association. How Safe. 2012. Available from: http://www.bpa.org.uk/staysafe/ how-safe/ [accessed 26 Nov 2012]. (*t*) Redelmeier, D. A., Greenwald, J. A. Competing Risks of Mortality with marathons: retrospective analysis. *BMJ*. 2007 Dec 22; 335(7633): 1275-7. (*u*) King, L. A., Corkery, J. M., An Index of Fatal Toxicity for Drugs of Misuse. *Hum Psychopharmacol*. 2010 Mar; 25(2): 162-6; Home Office. Drug Misuse Declared: Findings from the 2010/11 British Crime Survey England and Wales. 2011. Available from: http://www.homeoffice.gov.uk/publications/ science-research-statistics/research-statistics/crime-research/hosb1211/ [accessed 14 Nov 2012]. (*v*) National Research Council. *Defending Planet Earth: Near-Earth Object Surveys and Hazard Mitigation Strategies* (Washington, D. C.: The National Academies Press, 2010).

平均微生存（即二分之一小时的预期生命）暴露在所有会造成死亡的特定危害中会失去或得到的数字，统计对象为平均年龄超过35岁的人

		超过35岁的男性		超过35岁的女性	
因素	每日暴露量的定义	评估后会改变的预期生命（年）	每日微生存	评估后会改变的预期生命（年）	每日微生存
抽烟	抽15—24根烟（a）	-7.7	-10	-7.3	- 9
酒精	第一杯（10克的酒精）（b）	1.1	1	0.9	1
	接下来的每杯酒（最多到六杯）	-0.7	-1/2	-0.6	-1/2
肥胖	BMI：22.5之后每超过五公斤（c）	-2.5	-3	-2.4	-3
	平均身高下每超过最佳体重五公斤	-0.8	-1	0.9	-1
久坐不动	看电视两个小时（d）	-0.7	-1	-0.8	-1
红肉	一块（85克/3盎司）（e）	-1.2	-1	-1.2	-1
食用水果和蔬菜	五份或更多（血液中的维生素C大于50纳摩尔/升）（f）	4.3	4	3.8	4
咖啡	2—3杯（g）	1.1	1	0.9	1
体育活动	中强度运动的前20分钟（h）	2.2	2	1.9	2
	后面40分钟	0.7	1	0.5	1/2
他汀类药物	吃一颗他汀类药物（j）	1	1	0.8	1
空气污染	活在墨西哥与在伦敦相比（k）	0.6	-1/2	0.6	-1/2
性别	男生与女生相比（i）	-3.7	-4		-
地理	瑞典的居民与俄罗斯的居民相比（m）	-14.1	-21	-7.6	9
年代	生活在2010年与1910年相比（n）	13.5	15	15.2	15

续表

		超过35岁的男性		超过35岁的女性	
因素	每日暴露量的定义	评估后会改变的预期生命（年）	每日微生存	评估后会改变的预期生命（年）	每日微生存
	生活在2010年与1980年相比	7.5	8	5.2	5
单一剂量的离子化辐射	0.07毫西弗（mSv）（例如：单次跨越大西洋的航程）	30分钟	−1	30分钟	−1

资料来源：(*a*) Doll, R. Mortality in Relation to Smoking: 50 year's observations on Male British Doctors. BMJ. 2004 Jun 26; 328: 1519-20. (*b*) Di Castelnuovo, A., Costanzo, S., Bagnardi, V., Donati, M. B., Lacoviello, L., De Gaetano, G. Alcohol Dosing and Total Mortality in Men and Women: An Updated Meta-Analysis of 34 Prospective Studies. *Arch. Intern. Med.* 2006 Dec 11; 166(22): 2437-45. (*c*) Prospective Studies Collaboration. Body-Mass Index and Cause-Specific Mortality in 900, 000 Adults: Collaborative Analyses of 57 Prospective Studies. *The Lancet*. 2009 Mar; 373: 1083-96. (*d*) Wijndaele, K., Brage, S., Besson, H., Khaw, K.-T., Sharp, S. J., Luben, R., et al. Television Viewing Time Independently Predicts All-Cause and Cardiovascular Mortality: The EPIC Norfolk Study. *Int. J. Epidemiol*. 2011 Feb 1; 40(1): 150-9. (*e*) Pan, A., Sun, Q., Bernstein, A. M., Schulze, M. B., Manson, J. E., Stampfer, M. J., et al. Red Meat Consumption and Mortality: Results from 2 Prospective Cohort Studies. *Arch Intern Med*. 2012 Apr 9; 172(7): 555-63. (*f*) Khaw, K.-T., Wareham, N., Bingham, S., Welch, A., Luben, R., Day, N. Combined Impact of Health Behaviours and Mortality in Men and Women: The EPIC-Norfolk Prospective Population Study. *PLoS Med*. 2008 Jan 8; 5(1): e12. (*g*)Freedman, N. D., Park, Y., Abnet, C. C., Hollenbeck, A. R., Sinha, R. Association of Coffee Drinking with Total and Cause-Specific Mortality. *N. Engl. J. Med*. 2012 May 17; 366(20): 1891-904. (*h*) Woodcock, J., Franco, O. H., Orsini, N., Roberts, I. Non-Vigorous Physical Activity and All-Cause Mortality: Systematic Review and Meta-Analysis of Cohort Studies. *Int .J Epidemiol*. 2011 Feb; 40(*i*): 121 – 38. (*j*) Ray, K. K. Seshasai, S. R. K., Erqou, S., Sever, P., Jukema, J. W., Ford, I., et al. Statins and All-Cause Mortality in High-Risk Primary Prevention: A Meta-Analysis of 11 Randomized Controlled Trials Involving 65, 229 Participants. *Arch. Intern. Med*. 2010 Jun 28; 170(12): 1024 – 31. (*k*) Pope, C. A., Ezzati, M., Dockery, D. W. Fine-Particulate Air Pollution and Life Expectancy in the United States. *New England Journal of Medicine*. 2009; 360(4): 376 – 86. (*l*) Office for National Statistics. Interim Life Tables, 2008 – 10. Available from: http://www.ons.gov.uk/ons/rel/lifetables/interim-life-tables/2008-2010/index.html [accessed 13 Feb 2012]. (*m*) Human Mortality Database. 2012. Available from: http://www.mortality.org/ [accessed 8 Aug 2012].

注　释

前　言

1. Gilbert, M., Busund, R., Skagseth, A., Nilsen, P. Å., Solbø, J. P. 'Resuscitation from accidental hypothermia of 13.7°C with circulatory arrest'. *The Lancet*. 2000 Jan; 355(9201): 375-6.
2. Gawande A. *Better: A Surgeon's Notes on Performance* (London: Picador, 2008).
3. Office for National Statistics. Mortality Statistics: Deaths Registered in England and Wales (Series DR). Available from: http://www.ons.gov.uk/ons/rel/vsobi/mortality-statistics--deaths-registered-in-england-and-wales--series-dr-/2010/index.html (accessed 28 Nov 2011).

第1章

1. NASA. Asteroid 2008 TC $_3$ Strikes Earth: Predictions and Observations Agree Available from: http://neo.jpl.nasa.gov/news/2008tc$_3$.html. I [accessed 30 Oct 2012].
2. Hospital Episode Statistics Online. Table 30: Median Birth Weight (Grams) of Live Born Singleton and Multiple Deliveries. Available from: http://www.hesonline.nhs.uk/Ease/servlet/ContentServer?siteID=1937&categor yID=1067 [accessed 2012 Oct 30].
3. Howard, R. A. 'Microrisks for Medical Decision Analysis'. *International Journal of Technology Assessment in Health Care*. 1989; 5(03): 357-70.
4. Office for National Statistics. Mortality Statistics: Deaths Registered in England and Wales (Series DR). Available from: http://www.ons.gov.uk/ons/rel/vsobi/mortality-statistics--deaths-registered-in-england-and-wales--series-dr-/2010/index.html

[accessed 28 Nov 2011].

5. Royal College of Anaesthetists. Death or Brain Damage. 2009. Available from: http://www.rcoa.ac.uk/document-store/death-or-brain-damage [accessed 30 Oct 2012].
6. Bird, S., Fairweather C. Recent Military Fatalities in Afghanistan (and Iraq) by Cause and Nationality. 2010. Available from: http://www.mrc-bsu.cam.ac.uk/Publications/PDFs/PERIOD_9_10_fatalities_in_Afghanistan_and_Iraq.pdf [accessed 2012 Oct 30].
7. Department for Transport GMH . Transport Analysis Guidance-WebTAG. 2009. Available from: http://www.dft.gov.uk/webtag/documents/expert/unit3.4.1.php [accessed 30 Oct 2012].

第2章

1. Didion, J. *Blue Nights* (New York: Knopf Doubleday, 2011).
2. Office for National Statistics. UK Interim Life Tables, 1980-82 to 2008-10. 2011. Available from: http://www.ons.gov.uk/ons/rel/lifetables/interim-lifetables/2008-2010/sum-ilt-2008-10.html [accessed 30 Oct 2012].
3. Schellekens, J. 'Economic Change and Infant Mortality in England, 1580-1837'. *Journal of Interdisciplinary History*. 2001; 32(1): 1-13.
4. Office for National Statistics. Child Mortality Statistics: Childhood, Infant and Perinatal. 2012. Available from: http://www.ons.gov.uk/ons/rel/vsobı/child-mortality-statistics--childhood--infant-and-perinatal/2010/index.html [accessed 9 May 2012].
5. 同上。
6. National Perinatal Mortality Unit. The Birthplace Cohort Study: Key Findings. 2012. Available from: https://www.npeu.ox.ac.uk/birthplace/results [accessed 30 Oct 2012].
7. Office for National Statistics. Unexplained Deaths in Infancy: England and Wales, 2009. Available from: http://www.ons.gov.uk/ons/rel/child-health/unexplained-deaths-in-infancy--england-and-wales/2009/new-component. html [accessed 9 May 2012].
8. UN Inter-Agency Group for Child Mortality Estimation. Child Mortality Estimates. 2012. Available from: http://www.childmortality.org/ [accessed 9 May 2012].
9. UNICEF. Childinfo.org: Statistics by Area-Child Mortality-Infant Mortality [Internet]. 2012 [accessed 9 May 2012]. Available from: http://www.childinfo.org/mortality_imrcountrydata.php.

10. 同注4。

11. United Nations Development Programme. MDG MONITOR : : Goal : : Reduce Child Mortality. Available from: http://www.mdgmonitor.org/goal4.cfm [accessed 9 May 2012].

12. Rudski, J. M., Osei, W., Jacobson, A. R., Lynch, C. R. 'Would You Rather Be Injured by Lightning or a Downed Power Line? Preference for Natural Hazards.' *Judgment and Decision Making*. 2011; 6(4): 314-22.

第3章

1. Best, J. *Threatened Children: Rhetoric and Concern about Child-Victims*(Chicago: University of Chicago Press, 1993).

2. Home Office. Homicides, Firearm Offences and Intimate Violence 2010/11: Supplementary Volume 2 to Crime in England and Wales. 2012. Available from: http://www.homeoffice.gov.uk/publications/science-researchstatistics/research-statistics/crime-research/hosb0212/ [accessed 2012].

3. BBC News. Child killing rate 'drops by 40%' in England and Wales. 2010. Available from: http://news.bbc.co.uk/1/hi/uk/8497277.stm [accessed 4 Nov 2012].

4. Rooney, C., Devis, T. Recent Trends in Deaths from Homicide in England and Wales: Health Statistics Quarterly Autumn 2009. 1999. Available from: http://www.ons.gov.uk/ons/rel/hsq/health-statistics-quarterly/no--3--autumn-1999/index.html [accessed 4 Nov 2012]; NSPCC ; Child Killings in England and Wales: Explaining the Statistics. 2012. Available from: http://www.nspcc.org.uk/Inform/research/briefings/child_killings_in_england_and_wales_wda67213.html#Homicide_statistics [accessed 4 Nov 2012].

5. Newiss, G. Child Abduction: Understanding Police Recorded Crime Statistics. 2008. Available from: http://www.chimat.org.uk/resource/item.aspx?RI D=62767 [accessed 4 Nov 2012].

6. CEOP. Scoping Report on Missing and Abducted Children. 2011. Available from: http://ceop.police.uk/Documents/ceopdocs/Missing_scopingreport_2011.pdf [accessed 4 Nov 2012].

7. Ministry of Justice. MAPPA Reports. 2012. Available from: http://www.justice.gov.uk/statistics/mappa-reports [accessed 4 Nov 2012].

8. Cohen, S. *Folk Devils and Moral Panics*, 30th anniversary edn (London: Routledge, 2002).

第4章

1. *Daily Express*. 'Daily Fry-Up Boosts Cancer Risk by 20 Per Cent'. 2012. Available from: http://www.express.co.uk/posts/view/295296/Daily-fry-upboosts-cancer-risk-by-20-per-cent [accessed 4 Nov 2012].
2. *Daily Telegraph*. Nine in 10 People Carry Gene Which Increases Chance of High Blood Pressure. Available from: http://www.telegraph.co.uk/health/healthnews/4630664/Nine-in-10-people-carry-gene-which-increaseschance-of-high-blood-pressure.html [accessed 17 Jul 2010].
3. Woolf, V. *The Common Reader*, 1st ser., annotated edn (Orlando, FL: Houghton Mifflin Harcourt, 2002).
4. Kahneman, D. *Thinking, Fast and Slow* (New York: Farrar, Straus and Giroux, 2011).
5. Harrabin, R., Coote, A., Allen, J. *Health in the News: Risk, Reporting and Media Influence* (London: King's Fund, 2003).

第5章

1. Office for National Statistics. Mortality Statistics: Deaths Registered in England and Wales (Series DR). 2011. Available from: http://www.ons.gov.uk/ons/rel/vsobi/mortality-statistics--deaths-registered-in-england-and-wales--series-dr-/2010/index.html [accessed 28 Nov 2011].
2. *Daily Telegraph*. Girl Cannot Walk To Bus Stop Alone. 2010. Available from: http://www.telegraph.co.uk/news/uknews/8001444/Girl-cannot-walk-to-bus-stop-alone.html accessed 4 Nov 2012].
3. Department for Transport. Reported Road Casualties Great Britain: Main Results 2010. 2011. Available from: http://www.dft.gov.uk/statistics/releases/reported-road-casualties-gb-main-results-2010 [accessed 28 Nov 2011].
4. Savage, L. J. 'The Theory of Statistical Decision'. *Journal of the American Statistical Association*. 1951 Mar 1; 46(253): 55-67.
5. Office for National Statistics. Avoidable Mortality in England and Wales. 2012. Available from: http://www.ons.gov.uk/ons/rel/subnational-health4/avoidable-

mortality-in-england-and-wales/2010/index.html [accessed 4 Nov 2012].

6. Central Statistical Office. *Annual Statistical Abstract 1951.*

7. Moran, J. 'Crossing the Road in Britain, 1931-1976'. *The Historical Journal.* 2006; 49(02): 477-96.

8. 同注3。

9. 同注1。

10. *The Guardian.* Ikea Recalls Over 3 Million Window Blinds, Shades. 2010. Available from: http://www.guardian.co.uk/world/feedarticle/9121407 [accessed 14 May 2012].

11. Gill, T. *No Fear* (London: Calouste Gulbenkian Foundation, 2007). Available from: http://www.gulbenkian.org.uk/publications/publications/42-NO -FEAR.html.

12. Health Safety Executive. Children's Play and Leisure-Promoting a Balanced Response. 2012. Available from: http://www.hse.gov.uk/entertainment/childrens-play-july-2012.pdf [accessed 4 Nov 2012].

13. Countryside Alliance. Outdoor Education-the Countryside as a Classroom. Available from: http://www.countrysideclassroom.org.uk/report.html.

14. Health Safety Executive. HSE-School Trips-Glenridding Beck-10Vital Questions. 2005. Available from: http://www.hse.gov.uk/services/education/school-trips.htm#statistics [accessed 28 Nov 2011].

15. Rainey, S. 'Kellogg's Adds Vitamin D to Cereal to Fight Rickets'. *Daily Telegraph.* Available from: http://www.telegraph.co.uk/health/healthnews/8854634/Kelloggs-adds-vitamin-D-to-cereal-to-fight-rickets. html [accessed 28 Nov 2011].

第6章

1. Vaccine Liberation Army. Armed with Knowledge. 2012. Available from: http://vaccineliberationarmy.com/ [accessed 4 Nov 2012].

2. Department of Health. A Guide to Immunisations up to 13 Months of Age. 2007. Available from: http://www.dh.gov.uk/en/Publicationsandstatistics/Publications/PublicationsPolicyAndGuidance/DH_080841 [accessed 4 Nov 2012]

3. Carrrington, Tammy. A Vaccination Horror Story. Available from: http://www.drlwilson.com/articles/VACCINE %20HORROR .htm [accessed 4 Nov 2012].

4. BBC News. Measles Outbreak Prompts Plea To Vaccinate Children. 2011. Available

from: http://www.bbc.co.uk/news/health-13561766 [accessed 4 Nov 2012].

5. Centers for Disease Control and Prevention. School and Childcare Vaccination Surveys. 2012. Available from: http://www2a.cdc.gov/nip/schoolsurv/schImmRqmt.asp [accessed 2012 May 12].

6. Health Protection Agency. Measles Notifications and Deaths in England and Wales, 1940-2008. 2012. Available from: http://www.hpa.org.uk/web/HPAweb&HPAwebStandard/HPAweb_C/1195733835814 [accessed 13 May 2012].

7. Centers for Disease Control and Prevention. Pinkbook: Measles Chapter -Epidemiology of Vaccine-Preventable Diseases. 2012. Available from: http://www.cdc.gov/vaccines/pubs/pinkbook/meas.html#complications [accessed 13 May 2012].

8. DeMartel, C., Ferlay, J., Franceschi, S., Vignat, J., Bray, F., Forman, D., et al.'Global Burden of Cancers Attributable to Infections in 2008: A Review and Synthetic Analysis.' *The Lancet* Oncology. May 2012. Available from: http://www.thelancet.com/journals/lanonc/article/PIIS 1470-2045(12)70137-7/abstract [accessed 13 May 2012].

9. NHS Information Centre. NHS Immunisation Statistics, England 2009-10. 2012. Available from: http://www.ic.nhs.uk/statistics-and-data-collections/health-and-lifestyles/immunisation/nhs-immunisation-statistics-england-2009-10 [accessed 13 May 2012].

10. Medicines and Healthcare Products Regulatory Agency (MHR A). Human Papillomavirus (HPV) Vaccine. 2012. Available from: http://www.mhra.gov.uk/PrintPreview/DefaultSplashPP/CON 023340?ResultCount=10&D ynamicListQuery=&DynamicListSortBy=xCreationDate&DynamicListSortOrder=Desc&DynamicList Title=&PageNumber=1&Title=Human%2-0papillomavirus%20(HPV)%20vaccine [accessed 4 Nov 2012].

11. Centers for Disease Control and Prevention. Vaccination Side Effects: HPVCervarix. 2012. Available from: http://www.cdc.gov/vaccines/vac-gen/sideeffects.htm#hpvcervarix [accessed 13 May 2012].

12. *Daily Mail*. Schoolgirl, 14, Dies After Being Given Cervical Cancer Jab. 2012. Available from: http://www.dailymail.co.uk/news/article-1216714/Schoolgirl-14-dies-given-cervical-cancer-jab.html [accessed 13 May 2012].

13. GPonline. Malignant Tumour Caused HPV Jab Girl's Death. 2012. Available from: http://www.gponline.com/News/article/942531/Malignant-tumourcaused-HPV-jab-

girls-death/ [accessed 13 May 2012].

14. Goldman, A. S., Schmalstieg, E. J., Freeman, D. H. Jr, Goldman, D. A., Schmalstieg, F. C. Jr. What Was the Cause of Franklin Delano Roosevelt's Paralytic Illness? *J. Med Biogr*. 2003 Nov; 11(4): 232-40.
15. Centers for Disease Control and Prevention. Seasonal Influenza (Flu) -Questions and Answers-Guillain-Barré Syndrome (GBS). Available from: http://www.cdc.gov/flu/protect/vaccine/guillainbarre.htm [accessed 13 May 2012].
16. Sencer, D. J., Millar, J. D. Reflections on the 1976 Swine Flu Vaccination Program. *Emerging Infectious Diseases*. 2006 Jan; 12(1): 23-8.
17. Andrews, N., Stowe, J., Al-Shahi Salman, R., Miller, E., Guillain-Barré Syndrome and H1N1 (2009) Pandemic Influenza Vaccination Using an AS03 Adjuvanted Vaccine in the United Kingdom: Self-Controlled Case Series. *Vaccine*. 2011 Oct 19; 29(45): 7878-82.
18. Centers for Disease Control and Prevention. Mercury and Thimerosal-Vaccine Safety. 2012. Available from: http://www.cdc.gov/vaccinesafety/Concerns/thimerosal/ [accessed 13 May 2012].
19. World Health Organisation. Measles. 2012. Available from: http://www.who.int/mediacentre/factsheets/fs286/en/index.html [accessed 13 May 2012].

第7章

1. Understanding Uncertainty. Wasted Stamp. 2012. Available from: http://understandinguncertainty.org/user-submitted-coincidences/wasted-stamp [accessed 4 Apr 2012].
2. Lodge, D. *The Art of Fiction* (London: Random House, 2011).
3. Understanding Uncertainty. Cambridge Coincidences Collection. 2012. Available from: http://understandinguncertainty.org/coincidences [accessed 4 Nov 2012].
4. Diaconis, P., Mosteller, F. Methods for Studying Coincidences. *Journal of the American Statistical Association*. 1989; 84(408): 853-61.
5. Biological daughter. 2012. Available from: http://understandinguncertainty.org/user-submitted-coincidences/biological-daughter [accessed 4 Apr 2012].
6. Born in the same bed. 2012. Available from: http://understandinguncertainty.org/user-

submitted-coincidences/born-same-bed [accessed 4 Apr 2012].

7. Junk Shop Find. 2012. Available from: http://understandinguncertainty.org/user-submitted-coincidences/junk-shop-find-0 [accessed 4 Apr 2012].
8. Army Coat Hanger. 2012. Available from: http://understandinguncertainty.org/user-submitted-coincidences/army-coat-hanger [accessed 4 Apr 2012].
9. Koestler, A. *The Case of the Midwife Toad*, illustrated edn (London: Hutchinson, 1971).
10. 同注4。
11. *Daily Mail.* Couple Gives Birth to Three Children on the Same Day … 14 Years Apart. Mail Online. 2008. Available from: http://www.dailymail.co.uk/news/article-518525/Couple-gives-birth-children-day--14-years-apart.html [accessed 4 Apr 2012].
12. BBC. Three Children, Same Birthday. 2010; Available from: http://news.bbc.co.uk/1/hi/wales/8511586.stm [accessed 4 Apr 2012].
13. *Daily Mail.* Happy Birthday to You: Couple Have 3 Children All Born on Same Date. Mail Online. 2010. Available from: http://www.dailymail.co.uk/news/article-1320113/Happy-birthday-Couple-3-children-born-date.html [accessed 4 Apr 2012].
14. Public phone box. 2012. Available from: http://understandinguncertainty.org/user-submitted-coincidences/public-phone-box [accessed 4 Apr 2012].
15. 同注4。

第8章

1. The National Archives. Public Information Films, 1979 to 2006, Film index, AIDs Monolith. 2012. Available from: http://www.nationalarchives.gov.uk/films/1979to2006/filmpage_aids.htm [accessed 4 Nov 2012]; National Archives. Public Information Films, 1964 to 1979, Film index, Peach And Hammer. 2012. Available from: http://www.nationalarchives.gov.uk/films/1964to1979/filmpage_hammer.htm [accessed 4 Nov 2012]; National Archives. Public Information Films, 1979 to 2006, Film index, Crime Prevention-Hyenas. 2102. Available from: http://www.nationalarchives.gov.uk/films/1979to2006/filmpage_crime.htm [accessed 4 Nov 2012].
2. Colombo, B., Masarotto, G. Daily Fecundability. *Demographic Research*(6 Sep 2000); 3. Available from: http://www.demographic-research.org/Volumes/Vol3/5/default.htm

[accessed 25 Jan 2012].

3. Leridon, H. Can Assisted Reproduction Technology Compensate for the Natural Decline in Fertility with Age? A Model Assessment. *Human Reproduction*. 2004 Jul 1; 19(7): 1548-53.
4. NHS Clinical Knowledge Summaries. Effectiveness of Contraceptives. 2012. Available from: http://www.cks.nhs.uk/contraception/background_information/effectiveness_of_contraceptives [accessed 4 Nov 2012].
5. 同上。
6. Rosling, H. Children Per Woman Updated. 2012. Available from: http://www.gapminder.org/data-blog/children-per-woman-updated/ [accessed 4 Nov 2012].
7. Department for Education. Under-18 and under-16 Conception Statistics. Available from: http://www.education.gov.uk/emailer/childrenandyoungpeople/healthandwellbeing/teenagepregnancy/a0064898/under-18-and-under-16-conception-statistics?if=1 [accessed 4 Nov 2012].
8. UNICE F. A League Table of Teenage Births in Rich Nations. 2001. Available from: http://www.unicef-irc.org/publications/328 [accessed 4 Nov 2012].
9. Varghese, B., Maher, J. E., Peterman, T. A., Branson, B. M., Steketee, R. W. Reducing the Risk of Sexual HI V Transmission: Quantifying the Per-Act Risk for HI V on the Basis of Choice of Partner, Sex Act, and Condom Use. *Sex Transm Dis*. 2002 Jan; 29(1): 38-43.
10. Platt, R., Rice, P. A., McCormack, W. M. Risk of Acquiring Gonorrhea and Prevalence of Abnormal Adnexal Findings among Women Recently Exposed to Gonorrhea. *JAMA*. 1983 Dec 16; 250(23): 3205-9; Holmes, K. K., Johnson, D. W., Trostle, H. J. An Estimate of the Risk of Men Acquiring Gonorrhea by Sexual Contact with Infected Females. *Am. J. Epidemiol*. 1970 Feb 1; 91(2): 170-74.
11. Nawrot, T. S., Perez, L., Künzli, N., Munters, E., Nemery, B. Public Health Importance of Triggers of Myocardial Infarction: A Comparative Risk Assessment. *The Lancet*. 2011 Feb; 377(9767): 732-40.
12. Blanchard, R., Hucker, S. J. Age, Transvestism, Bondage, and Concurrent Paraphilic Activities in 117 Fatal Cases of Autoerotic Asphyxia. *BJP*. 1991 Sep 1; 159(3): 371-7.
13. HM Treasury e-CT . Optimism Bias. Available from: http://www.hm-treasury.gov.uk/

green_book_guidance_optimism_bias.htm [accessed 4 Nov 2012].

14. Sharot, T. *The Optimism Bias: A Tour of the Irrationally Positive Brain* (New York: Random House, 2011).

第9章

1. Nutt, D. *Drugs Without the Hot Air: Minimising the Harms of Legal and Illegal Drugs* (Cambridge: Uit Cambridge Ltd, 2012).
2. Parssinen, T. M. *Secret Passions, Secret Remedies: Narcotic Drugs in British Society, 1820-1930* (Manchester: Manchester University Press, 1983).
3. Conan Doyle, A. C. *The Sign of Four* (London: Spencer Blackett, 1890).
4. Thompson, H. S., Torrey, B., Simonson, K. *Conversations with Hunter S. Thompson* (Jackson, MI : University Press of Mississippi, 2008).
5. Kemp, C. *Painkiller Addict: From Wreckage to Redemption-My True Story* (London, Hachette, 2012).
6. Fielding, L. Why I've Come to Consider Again the Potential Problems of Cannabis. *The Guardian*. 2012. Available from: http://www.guardian.co.uk/commentisfree/2012/aug/28/why-changed-mind-about-cannabis [accessed 14 Nov 2012].
7. Home Office. Drug Misuse Declared: Findings from the 2010/11 British Crime Survey England and Wales | Home Office. 2011. Available from: http://www.homeoffice.gov.uk/publications/science-research-statistics/research-statistics/crime-research/hosb1211/ [accessed 14 Nov 2012].
8. Office for National Statistics. Deaths Related to Drug Poisoning in England and Wales. 2011. Available from: http://www.ons.gov.uk/ons/rel/subnational-health3/deaths-related-to-drug-poisoning/2010/index.html [accessed 14 Nov 2012].
9. King, L. A., Corkery, J. M. An Index of Fatal Toxicity for Drugs of Misuse. *Hum. Psychopharmacol*. 2010 Mar; 25(2): 162-6.
10. 同上。
11. Advisory Council on the Misuse of Drugs. Cannabis: Classification and Public Health. 2008. Available from: http://www.homeoffice.gov.uk/publications/agencies-public-bodies/acmd1/acmd-cannabis-report-2008 [accessed 14 Nov 2012].
12. Nutt, D. J., King, L. A., Phillips, L. D. Drug Harms in the UK: A Multicriteria

Decision Analysis. *The Lancet*. 2010 Nov; 376(9752): 1558-65.

13. Nutt, D. J. Equasy-An Overlooked Addiction with Implications for the Current Debate on Drug Harms. *J. Psychopharmacol.* (Oxford). 2009 Jan; 23(1): 3-5.
14. Journal of Psychopharmacology January 2009 23: 3-5. Also available from: http://www.encod.org/info/EQUASY-A-HARMFULADDICTION.html [accessed 23 Jan 2013].

第10章

1. *The Guardian*. Sharp Decline in Public's Belief in Climate Threat, British Poll Reveals. 2010. Available from: http://www.guardian.co.uk/environment/2010/feb/23/british-public-belief-climate-poll [accessed 4 Nov 2012].
2. Kahan, D. M., Jenkins-Smith, H., Braman, D. Cultural Cognition of Scientific Consensus. SSRN eLibrary. 7 Feb 2010. Available from: http://papers.ssrn.com/sol3/papers.cfm?abstract_id=1549444 [accessed 4 Nov 2012].
3. Kahan, D. M. et al. Affect, Values, and Nanotechnology Risk Perceptions: An Experimental Investigation. Yale Law School, Public Law Working Paper No. 155. Available from: http://papers.ssrn.com/sol3/papers.cfm?abstract_id=968652## [accessed 23 Jan 2013].
4. 同上。
5. Douglas, M., Wildavsky, A. *Risk and Culture: An Essay on the Selection of Technological and Environmental Dangers* (Berkeley and Los Angeles, University of California Press, 1983).
6. Haidt, J. *The Righteous Mind: Why Good People Are Divided by Politics and Religion* (New York: Pantheon Books, 2012).
7. Cabinet Office. National Risk Register. 2012. Available from: http://www.cabinetoffice.gov.uk/resource-library/national-risk-register [accessed 16 May 2012].
8. Centers for Disease Control and Prevention. Crisis & Emergency Risk Communication. 2012 Available from: http://www.bt.cdc.gov/cerc/ [accessed 16 May 2012].
9. Wikipedia encyclopedia. 2011 Germany E. coli O104: H4 outbreak..2012. Available from: http://en.wikipedia.org/w/index.php?title=2011_Germany_E._coli_O104: H4_outbreak&oldid=515715438 [accessed 26 Nov 2012].
10. Hall, S. S. Scientists on Trial: At Fault? *Nature*. 2011 Sep 14; 477(7364): 264-9.

第11章

1. Rappaport, H. *Queen Victoria: A Biographical Companion* (Santa Barbara, CA: ABC-CLIO , 2003).
2. Byatt, A. S. Still Life (New York: Scribner's, 1997).
3. World Health Organisation. Trends in Maternal Mortality: 1990 to 2010. 2012. Available from: http://www.who.int/reproductivehealth/publications/monitoring/9789241503631/en/index.html [accessed 14 Nov 2012].
4. Bird, S., Fairweather, C. Revent Military Fatalities in Afghanistan by Cause and Nationality: Period 15, 5 September 2011 to 22 january 2012. Available from: http://www.mrc-bsu.cam.ac.uk/Publications/PDFs/PERIO D_15_fatalities_in_Afghanistan_by_cause_and_nationality.pdf [accessed 16 Nov 2012].
5. Wikipedia encyclopedia. Historical Mortality Rates of Puerperal Fever. 2012. Available from: http://en.wikipedia.org/w/index.php?title=Historical_mortality_rates_of_puerperal_fever&oldid=516214953 [accessed 14 Nov 2012].
6. Office for National Statistics. Mortality Statistics: Deaths Registered in England and Wales (Series DR). 2011. Available from: http://www.ons.gov.uk/ons/rel/vsobi/mortality-statistics--deaths-registered-in-england-andwales--series-dr-/2010/index.html [accessed 28 Nov 2011].
7. Centre for Maternal and Child Enquiries. Saving Mothers' Lives: Reviewing Maternal Deaths to Make Motherhood Safer: 2006-2008. *BJOG: An International Journal of Obstetrics & Gynaecology*. 2011; 118: 1-203.
8. Patient.co.uk. Maternal Mortality. 2012. Available from: http://www.patient.co.uk/doctor/Maternal-Mortality.htm accessed 26 Nov 2012].
9. 同注3。
10. Royal College of Anaesthetists. Death or Brain Damage. 2009. Available from: http://www.rcoa.ac.uk/document-store/death-or-brain-damage [accessed 30 Oct 2012].

第12章

1. KingJames Bible (internet version). Available from: http://www.kingjamesbible online.org/ [accessed 13 Apr 2012].
2. Stone, P. *The Luck of the Draw: The Role of Lotteries in Decision Making: The Role*

of Lotteries in Decision Making (Oxford: Oxford University Press, 2011).

3. Fienberg, S. E. Randomization and Social Affairs: The 1970 Draft Lottery. *Science*. 1971 Jan 22; 171(3968): 255-61.
4. David, F. N. *Games, Gods, and Gambling: A History of Probability and Statistical Ideas* (New York: Dover Publications, 1998).
5. New Living Translation. 2012. Available from: http://www.newlivingtranslation.com/ [accessed 13 Apr 2012].
6. British History Online. Elizabeth-July 1588, 1-5. Calendar of State Papers Foreign, Elizabeth, Vol. 22. 2003. Available from: http://www.british-history.ac.uk/report.aspx?compid=74849 [accessed 13 Apr 2012].
7. Hacking, I. *The Emergence of Probability*, 2nd edn (New York: Cambridge University Press, 2006).
8. Cardano, G. *Liber de ludo aleae* (Rome: FrancoAngeli, 2006).
9. 同注4。
10. Reith, G. *The Age of Chance: Gambling in Western Culture* (London: Routledge, 2002).
11. Atherton, M. *Gambling* (London: Hachette, 2007).
12. *The Guardian*. Pakistan Embroiled in No-Ball Betting Scandal against England. 29 Aug 2010. Available from: http://www.guardian.co.uk/sport/2010/aug/29/pakistan-cricket-betting-allegations [accessed 13 Apr 2012].
13. Gamble Aware : : Gambling Facts and Figures. 2012. Available from: http://www.gambleaware.co.uk/gambling-facts-and-figures [accessed 13 Apr 2012].
14. Dubins, L. E., Savage, L. J. *How To Gamble If You Must: Inequalities for Stochastic Processes* (New York: McGraw-Hill, 1965).
15. The WLA Security Control Standard (certification documents). 2012. Available from: http://www.world-lotteries.org/cms/index.php?option=com_content&view=article&id=257%3Athe-wla-securitycontrol-standard-certification-documents&catid=106%3Asecurity-controlstandard-scs&Itemid=100177&lang=en [accessed 13 Apr 2012].
16. *Daily Mirror*. Gambler Wins £585k for 86p Stake on 19-Match Accumulator.2011. Available from: http://www.mirrorfootball.co.uk/news/Gamblerwins-585k-for-86p-stake-on-19-match-accumulator-thanks-to-Glen-Johnson-87th-minute-Liverpool-

winner-v-Chelsea-article833317.html [accessed 13 Apr 2012].

17. DSM -IV Criteria: Pathological Gambling. 2000. Available from: http://www.problemgambling.ca/EN /ResourcesForProfessionals/Pages/DSMI VCriteriaPathological Gambling.aspx [accessed 13 Apr 2012].

18. Central and North West London NHS Foundation Trust : : Gambling Treatment Centre London. 2012. Available from: http://www.cnwl.nhs.uk/gambling.html [accessed 13 Apr 2012].

第13章

1. BBC. Figures show 'Mr and Mrs Average'. 13 Oct 2010. Available from: http://www.bbc.co.uk/news/uk-11534042 [accessed 16 Nov 2012].

2. Office for National Statistics. 2011 Annual Survey of Hours and Earnings (SOC 2000). 2011. Available from: http://www.ons.gov.uk/ons/rel/ashe/annual-survey-of-hours-and-earnings/ashe-results-2011/ashe-statisticalbulletin-2011.html [accessed 16 Nov 2012].

3. Gould, S. J. Median Is Not the Message. Available from: http://people.umass.edu/biep540w/pdf/Stephen%20Jay%20Gould.pdf [accessed 16 Nov 2012].

4. Dilnot, A., Blastland, M. *The Tiger That Isn't: Seeing Through a World of Numbers* (London: Profile Books, 2010).

5. Savage, S. L.. *The Flaw of Averages: Why We Underestimate Risk in the Face of Uncertainty* (Chichester: John Wiley, 2009).

第14章

1. Dostoyevsky, F. *Notes from the Underground and The Double* (Harmondsworth: Penguin Books, 1972).

2. The Information Philosopher. Chrysippus. 2012. Available from: http://www.informationphilosopher.com/solutions/philosophers/chrysippus/ [accessed 21 Nov 2012].

3. Oppenheimer, J. R. *Science and the Common Understanding* (New York: Simon and Schuster, 1954).

4. Adams, D. *The Hitchhiker's Guide to the Galaxy* (New York: Random House, 1997).

5. Rich, M. D. *A Million Random Digits with 100, 000 Normal Deviates* (Santa Monica, Rand Corporation, 2001).

6. See Extreme Fire Behavior, *Atlantic Magazine* (September 2012).

第15章

1. *The Guardian*. Life Sentence for Train Murder of Student. 10 Nov 2006. Available from: http://www.guardian.co.uk/uk/2006/nov/10/ukcrime [accessed 16 May 2012].
2. Currie, G., Delbosc, A., Mahmoud, S. Perceptions and Realities of Personal Safety on Public Transport for Young People in Melbourne. Conference paper delivered at the Australasian Transport Research Forum held in Canberra, Australia 2010.
3. Rail Safety and Standards Board. Annual Safety Performance Report 2010/11. 2011. Available from: http://www.rssb.co.uk/SPR/RE PORTS /Documents/ASPR%202010-11%20Final.pdf [accessed 29 Jan 2013).
4. Evans, A. Fatal Train Accidents on Britain's Main Line Railways: End of 2010 Analysis. Centre for Transport Studies, Imperial College London. Available from: http://www.cts.cv.ic.ac.uk/documents/publications/iccts01391.pdf [accessed 29 Jan 2013).
5. BBC News. Guard Jailed over Rail Death Fall. 15 Nov 2012. Available from: http://www.bbc.co.uk/news/uk-england-merseyside-20339630 [accessed 25 Nov 2012].
6. 同注3。
7. Wolff, J. Risk, Fear, Blame, Shame and the Regulation of Public Safety. *Economics and Philosophy*. 2006; 22(03): 409-27.
8. Gigerenzer, G. Out of the Frying Pan into the Fire: Behavioral Reactions to Terrorist Attacks. *Risk Analysis*. 2006 Apr 1; 26(2): 347-51.
9. Hoorens, V. Self-Enhancement and Superiority Biases in Social Comparison. *European Review of Social Psychology*. 1993; 4(1): 113-39; McCormick, I. A., Walkey, F. H., Green, D. E. Comparative Perceptions of Driver Ability-A Confirmation and Expansion. *Accid Anal Prev*. 1986 Jun; 18(3): 205-8.
10. International Traffic Safety Data and Analysis Group. IRT AD Road Safety Annual Report. 2011. Available from: http://internationaltransportforum.org/irtadpublic/index.html [accessed 16 Nov 2012].
11. World Health Organisation. Global Status Report on Road Safety. 2009. Available from: http://www.who.int/violence_injury_prevention/road_safety_status/2009/en/ [accessed 16 Nov 2012].
12. FIA Foundation. The Missing Link: Road Traffic Injuries and the Millennium Development Goals. 2010. Available from: http://www.fiafoundation.org/publications/

Pages/PublicationHome.aspx [accessed 16 Nov 2012].
13. 同注11。
14. Smeed, R. J. Some Statistical Aspects of Road Safety Research. *Journal of the Royal Statistical Society*, Series A (General). 1949; 112(1): 1.
15. Oakes, M., Bor, R. The Psychology of Fear of Flying (Part I): A Critical Evaluation of Current Perspectives on the Nature, Prevalence and Etiology of Fear of Flying. *Travel Med Infect Dis*. 2010 Nov; 8(6): 327-38.
16. British Airways. Flying with Confidence-Fear of Flying Course from British Airways [Internet]. Available from: http://flyingwithconfidence.com/ [accessed 29 Oct 2012].
17. Plane Crash Info. Available from: http://planecrashinfo.com/index.html [accessed 29 Oct 2012].
18. 同上。
19. 同上。
20. NTS B National Transportation Safety Board. NTS B-Aviation Statistical Reports. Available from: http://www.ntsb.gov/data/aviation_stats.html [accessed 29 Oct 2012].
21. Department for Transport. Aviation-Statistics. Available from: http://www.dft.gov.uk/statistics/series/aviation/ [accessed 29 Oct 2012].
22. NTS B National Transportation Safety Board. Preliminary Monthly Summary. 2012. Available from: http://www.ntsb.gov/data/monthly/curr_mo.TXT [accessed 29 Oct 2012].

第16章

1. The Best Wing Suit /Skydive from YouTube, part 1. 2008. Available from: http://www.youtube.com/watch?v=5N9t5qOSzCU&feature=youtube_gdata_player [accessed 21 Nov 2012].
2. *Daily Mail*. Last One on the Ground Is a Rotten Egg! Spectacular Photos of Daredevils Diving in Base-Jumping Race. Available from: http://www.dailymail.co.uk/news/article-2164332/World-Base-Race-2012-Spectacularphotos-daredevils-diving-base-jumping-race.html [accessed 21 Nov 2012].
3. Clark, R. W. *The Victorian Mountaineers* (London: Batsford, 1953).
4. Windsor, J. S., Firth, P. G., Grocott, M. P., Rodway, G. W., Montgomery, H. E. Mountain Mortality: A Review of Deaths that Occur during Recreational Activities in

the Mountains. *Postgraduate Medical Journal*. 2009 Jun 1; 85(1004): 316-21.

5. Pollard, A., Clarke, C. Deaths during Mountaineering at Extreme Altitude. *The Lancet*. 1988 Jun; 331(8597): 1277.
6. Wikipedia. Franz Reichelt. Available from: http://en.wikipedia.org/wiki/Franz_Reichelt [accessed 20 Jan 2012].
7. United States Parachute Association. Skydiving Safety. Available from: http://www.uspa.org/AboutSkydiving/SkydivingSafety/tabid/526/Default. aspx [accessed 20 Jan 2012].
8. Soreide, K., Ellingsen, C. L., Knutson, V. How Dangerous Is BASE Jumping? An Analysis of Adverse Events in 20, 850 Jumps From the Kjerag Massif, Norway. *The Journal of Trauma: Injury, Infection, and Critical Care*. 2007 May; 62(5): 1113-7.
9. British Sub-Aqua Club. UK Diving Fatalities Review. Available from: http://www.bsac.com/page.asp?section=3780§ionTitle=UK+Diving+Fatalities+Review [accessed 20 Jan 2012].
10. Redelmeier, D. A., Greenwald, J. A. Competing Risks of Mortality with Marathons: Retrospective Analysis. *BMJ*. 2007 Dec 22; 335(7633): 1275-7.
11. Kipps, C., Sharma, S., Pedoe, D. T. The Incidence of Exercise-Associated Hyponatraemia in the London Marathon. *British Journal of Sports Medicine*. 2011 Jan 1; 45(1): 14-19.
12. Royal Society for the Prevention of Accidents. Home and Leisure Accident Statistics: RoSPA : HASS and LASS . Available from: http://www.hassandlass.org.uk/query/index.htm [accessed 20 Jan 2012].
13. 同注10。
14. Bennett, P., Calman, K., Curtis, S., Fischbacher-Smith, D. *Risk Communication and Public Health* (Oxford: Oxford University Press; 2009).

第17章

1. *Daily Express*. Less Meat, More Veg is the Secret for Longer Life. 2012. Available from: http://www.express.co.uk/posts/view/307781 [accessed 23 Nov 2012]; Pan, A., Sun, Q., Bernstein, A. M., Schulze, M. B., Manson, J. E., Stampfer, M. J., et al. Red Meat Consumption and Mortality: Results From 2 Prospective Cohort Studies. *Arch Intern Med*. 2012 Apr 9; 172(7): 555-63.

2. Partington, A. *The Oxford Dictionary of Quotations* (Oxford: Oxford University Press, 1996).

3. Shaw, M., Mitchell, R., Dorling, D. Time for a Smoke? One Cigarette Reduces Your Life by 11 Minutes. *BMJ*. 2000 Jan 1; 320(7226): 53.

4. Doll R. Mortality in Relation to Smoking: 50 Years' Observations on Male British Doctors. *BMJ*. 2004 Jun 26; 328: 1519-20.

5. Spiegelhalter, D. Using Speed of Ageing and 'Microlives' to Communicate the Effects of Lifetime Habits and Environment. *BMJ*. 17 Dec 2012; 345(dec14 14): e8223-e8223.

6. Prospective Studies Collaboration. Body-Mass Index and Cause-Specific Mortality in 900 000 Adults: Collaborative Analyses of 57 Prospective Studies. *The Lancet*. 2009 Mar; 373: 1083-96.

7. 参见第18章，注释19。

8. NHS Information Centre. Statistics on Obesity, Physical Activity and Diet: England. 2012. Available from: http://www.ic.nhs.uk/statistics-and-datacollections/health-and-lifestyles/obesity/statistics-on-obesity-physicalactivity-and-diet-england-2012 [accessed 10 Apr 2012].

9. Woodcock, J., Franco, O. H., Orsini, N., Roberts, I. Non-Vigorous Physical Activity and All-Cause Mortality: Systematic Review and Meta-Analysis of Cohort Studies. *Int. J. Epidemiol.* 2011 Feb; 40(1): 121-38.

10. Byberg, L., Melhus, H., Gedeborg, R., Sundström, J., Ahlbom, A., Zethelius, B., et al. Total Mortality after Changes in Leisure Time Physical Activity in 50 Year Old Men: 35 Year Follow-Up of Population Based Cohort. *BMJ*. 2009; 338: b688.

11. Ben Goldacre. Vitamin Pills Can Lead You To Take Health Risks. *The Guardian*. 2011. Available from: http://www.guardian.co.uk/commentisfree/2011/aug/26/bad-science-vitamin-pills-lead-you-to-take-risks [accessed 23 Nov 2012].

12. Shaw, K. A., Gennat, H. C., O'Rourke, P., Del Mar, C. Exercise for Overweight or Obesity. Cochrane Database of Systematic Reviews. John Wiley & Sons, Ltd. 1996. Available from: http://onlinelibrary.wiley.com/doi/10.1002/14651858.CD003817.pub3/abstract [accessed 23 Nov 2012].

第18章

1. Health Safety Executive. Myth: You Can't Throw Out Sweets at Pantos. 2009. Available from: http://www.hse.gov.uk/myth/dec09.htm [accessed 23 Nov 2012].
2. *Daily Telegraph*. Health and Safety Fears Are 'Taking the Joy out of Playtime'. Telegraph.co.uk. 1 Jul 2011. Available from: http://www.telegraph.co.uk/education/educationnews/8612145/Health-and-safety-fears-are-taking-thejoy-out-of-playtime.html [accessed 23 Nov 2012].
3. Adams, J. Risk in a Hypermobile World. 2012. Available from: http://www.john-adams.co.uk/ [accessed 23 Nov 2012].
4. *Hazards. Hazards* 117, January-March 2012. Available from: http://www.hazards.org/haz117/index.htm [accessed 23 Nov 2012].
5. Health Safety Executive. HSE Statistics: Historical Picture. 2000. Available from: http://www.hse.gov.uk/statistics/history/index.htm [accessed 23 Nov 2012].
6. Health Safety Executive. Self-Reported Work-Related Illness and Workplace Injuries. 2008. Available from: http://www.hse.gov.uk/statistics/lfs/index. htm [accessed 23 Nov 2012].
7. Health Safety Executive. Workplace Fatalities and Injuries Statistics in the EU [Internet]. 2008. Available from: http://www.hse.gov.uk/statistics/european/index.htm [accessed 23 Nov 2012].
8. Bureau of Labor Statistics. Census of Fatal Occupational Injuries (CFOI)-Current and Revised Data. Available from: http://www.bls.gov/iif/oshcfoi1.htm [accessed 23 Nov 2012].
9. International Labour Organisation. Global Workplace Deaths Vastly Under-Reported, Says ILO [Internet]. Available from: http://www.ilo.org/global/about-the-ilo/press-and-media-centre/news/WCMS _005176/lang--en/index.htm [accessed 1 Mar 2012].
10. International Labour Organisation. XIX World Congress on Safety and Health at Work-ILO Introductory Report: Global Trends and Challenges on Occupational Safety and Health. Available from: http://www.ilo.org/safework/info/publications/WCMS _162662/lang--en/index.htm [accessed 1 Mar 2012].
11. Asian Development Bank. People's Republic of China: Coal Mine Safety Study. Part II : Review and Analysis of International Experience. 2007. Available from: http://www.

adb.org/Documents/Reports/Consultant/39657-PRC /39657-02-PRC -TACR .pdf.

12. Department of Energy and Climate Change. Coal Mining Technologies and Production Statistics-The Coal Authority. 2012. Available from: http://coal.decc.gov.uk/en/coal/cms/publications/mining/mining.aspx [accessed 23 Nov 2012].
13. *Hazards*. Safety in the Pits-*Hazards* issue 116, October-December 2011. Available from: http://www.hazards.org/deadlybusiness/deadlymines.htm [accessed 23 Nov 2012].
14. 同上。
15. Tu, J. Coal Mining Safety: China's Achilles' Heel. *China Security*. 2007; 3: 36-53.
16. 同注11。
17. 同注13。
18. Roberts, S. E. Britain's Most Hazardous Occupation: Commercial Fishing. *Accident Analysis & Prevention*. 2010 Jan; 42(1): 44-9.
19. h2g2. The London Beer Flood of 1814. 2012. Available from: http://h2g2. com/dna/h2g2/A42129876 [accessed 1 Mar 2012].
20. Wikipedia. Boston Molasses Disaster. 2012. Available from: http://en.wikipedia.org/wiki/Boston_Molasses_Disaster [accessed 1 Mar 2012]
21. Wikipedia. Bhopal Disaster. 2012. Available from: http://en.wikipedia.org/wiki/Bhopal_disaster [accessed 1 Mar 2012].
22. 同注5。
23. Albin, M., Horstmann, V., Jakobsson, K., Welinder, H. Survival in Cohorts of Asbestos Cement Workers and Controls. *Occup Environ Med*. 1996 Feb 1; 53(2): 87-93.
24. Miller, B. G., Jacobsen, M. Dust Exposure, Pneumoconiosis, and Mortality of Coalminers. *Br. J. Ind. Med*. 1985 Nov 1; 42(11): 723-33.
25. Health Safety Executive R. Reducing Risks, Protecting People. HSE 's Decision-Making Process. 2001. Available from: http://www.hse.gov.uk/risk/theory/r2p2.htm [accessed 19 Dec 2011].
26. Bird, S., Fairweather, C. Revent Military Fatalities in Afghanistan by Cause and Nationality: Period 15, 5 September 2011 to 22 January 2012. Available from: http://www.mrc-bsu.cam.ac.uk/Publications/PDFs/PERIO D_15_fatalities_in_Afghanistan_by_cause_and_nationality.pdf [accessed 16 Nov 2012].

第19章

1. Slovic P. Perception of Risk. *Science*. 1987 Apr 17; 236(4799): 280-5.
2. Adams J. Risk in a Hypermobile World. 2012. Available from: http://www.john-adams.co.uk/ [accessed 23 Nov 2012].
3. Mehta, P., Smith-Bindman, R. Airport Full-Body Screening: What Is the Risk? *Arch Intern Med.* 2011 Jun 27; 171(12): 1112-5.
4. Health ProtectionAgency. Dose Comparisons for Ionising Radiation. Available from: http://www.hpa.org.uk/Topics/Radiation/UnderstandingRadiation/UnderstandingRadiationTopics/DoseComparisonsForIonisingRadiation/ [accessed 2011 Dec 11]. World Health Organisation (2012) Preliminary Dose Estimation from the nuclear accident after the 2011 Great East Japan Earthquake and Tsunami. http://www.who.int/ionizing_radiation/pub_meet/fukushima_dose_assessment/en/index.html.
5. National Academy of Sciences. Health Effects of Radiation: Findings of the Radiation Effects Research Foundation. 2003. Available from: http://delsold.nas.edu/dels/rpt_briefs/rerf_final.pdf.
6. United Nations Scientific Committee on the Effects of Atomic Radiation. UNSCE AR Assessments of the Chernobyl Accident. 2012. Available from: http://www.unscear.org/unscear/en/chernobyl.html [accessed 17 May 2012].
7. Little, M. P., Hoel, D. G., Molitor, J., Boice, J. D., Wakeford, R., Muirhead, C. R. New Models for Evaluation of Radiation-Induced Lifetime Cancer Risk and its Uncertainty Employed in the UNSCE AR 2006 Report. *Radiat. Res*. 2008 Jun; 169(6): 660-76.
8. Berrington de Gonzalez, A., Mahesh, M., Kim, K.-P., Bhargavan, M., Lewis, R, , Mettler, F., et al. Projected Cancer Risks from Computed Tomographic Scans Performed in the United States in 2007. *Arch Intern Med.* 2009 Dec 14; 169(22): 2071-7.
9. EU Business News. After Japan 'Apocalypse', EU Agrees Nuclear 'Stress Tests'. Available from: http://www.eubusiness.com/news-eu/japan-quakenuclear. 93d [accessed 27 Nov 2012].

第20章

1. BBC News. How Often Do Plane Stowaways Fall from the Sky? 13 Sep 2012. Available

from: http://www.bbc.co.uk/news/magazine-19562101 [accessed 23 Nov 2012].

2. Sagan C. *Pale Blue Dot: A Vision of the Human Future in Space* (New York, Random House, 1994).
3. *The Guardian*. Comette Family Home Damaged by Egg-Sized Meteorite. 2011. Available from: http://www.guardian.co.uk/world/2011/oct/10/comette-family-home-damaged-meteorite [accessed 23 Nov 2012].
4. Woo G. *Calculating Catastrophe* (London, Imperial College Press, 2011).
5. Risk Management Solutions. Comet and Asteroid Risk: An Analysis of the 1908 Tungaska Event. 2009. Available from: www.rms.com/publications/1908_tunguska_event.pdf.
6. National Research Council. *Defending Planet Earth: Near-Earth Object Surveys and Hazard Mitigation Strategies* (Washington, D. C.: The National Academies Press, 2010).
7. Boslough, M. B. E., Crawford, D. A. Low-Altitude Airbursts and the Impact Threat. *International Journal of Impact Engineering*. 2008 Dec; 35(12): 1441-8.
8. Ward, S. N., Asphaug, E. Asteroid Impact Tsunami: A Probabilistic Hazard Assessment. *Icarus*. 2000 May; 145(1): 64-78.
9. 同注4。
10. NASA. Near-Earth Object Program. Available from: http://neo.jpl.nasa.gov/index.html [accessed 29 Jul 2010].
11. NASA NEO Program. The Torino Impact Hazard Scale. Available from: http://neo.jpl.nasa.gov/torino_scale.html [accessed 25 Nov 2012].
12. NASA NEO Program. Predicting Apophis' Earth Encounters in 2029 and 2036. Available from: http://neo.jpl.nasa.gov/apophis/ [accessed 4 Jan 2012].
13. Discovery News. Hayabusa Asteroid Probe Awarded World Record : Discovery News. Available from: http://news.discovery.com/space/hayabusa-asteroid-probe-gets-guinness-world-record-110620.html [accessed 4 Jan 2012].

第21章

1. Taleb, N. *The Black Swan: The Impact of the Highly Improbable* (New York: Random House, 2007).

2. Slovic, P. *The Perception of Risk* (London: Routledge, 2000).
3. Office for National Statistics. Labour Market Flows, November 2011(Experimental Statistics). 2011. Available from: http://www.ons.gov.uk/ons/rel/lms/labour-market-statistics/november-2011/art-labour-market-flows--july-to-september-2011.html [accessed 23 Nov 2012].
4. Thomas, K. *The Oxford Book of Work* (Oxford: Oxford University Press, 1999).
5. Trades Union Congress. The Costs of Unemployment. 2010. Available from: http://www.tuc.org.uk/extras/costsofunemployment.pdf.
6. Ruhm, C. J. Are Recessions Good for Your Health? *The Quarterly Journal of Economics*. 2000 May 1; 115(2): 617-50.
7. National Institute for Health and Clinical Excellence. Worklessness and Health: What Do We Know about the Causal Relationship? 2005. Available from: http://www.nice.org.uk/niceMedia/documents/worklessness_health.pdf.
8. Roelfs, D. J., Shor, E., Davidson, K. W., Schwartz, J. E. Losing Life and Livelihood: A Systematic Review and Meta-Analysis of Unemployment and All-Cause Mortality. *Soc. Sci. Med.* 2011 Mar; 72(6): 840-54.
9. Clemens, T., Boyle, P., Popham, F. Unemployment, Mortality and the Problem of Health-Related Selection: Evidence from the Scottish and England & Wales (ONS) Longitudinal Studies. *Health Stat. Q*. 2009; (43): 7-13.
10. Gregg, P., Tominey, E. The Wage Scar from Youth Unemployment. Department of Economics, University of Bristol; 2004. Report No.: 04/097. Available from: http://ideas.repec.org/p/bri/cmpowp/04-097.html.
11. Bell, D. N. F., Blanchflower, D. G. Youth Unemployment: Déjà Vu? Institute for the Study of Labor (IZA); 2010. Report No.: 4705. Available from: http://ideas.repec.org/p/iza/izadps/dp4705.html.

第22章

1. *The Guardian*. Assaulted Pensioner Emma Winnall Dies of Her Injuries. 2012. Available from: http://www.guardian.co.uk/uk/2012/may/29/assaulted-pensioner-emma-winnall-dies [accessed 23 Nov 2012].
2. Home Office. Crime in England and Wales: Quarterly Update to September 2011.

Available from: http://www.homeoffice.gov.uk/publications/scienceresearch-statistics/research-statistics/crime-research/hosb0112/ [accessed 23 Nov 2012].

3. BBC News. Whispering Game. 16 Feb 2006. Available from: http://news.bbc.co.uk/1/hi/magazine/4719364.stm [accessed 23 Nov 2012].
4. Kahneman, D. *Thinking, Fast and Slow* (New York: Farrar, Straus and Giroux, 2011).
5. Slovic P. If I Look at the Mass I Will Never Act: Psychic Numbing and Genocide. In: Roeser, S., ed. *Emotions and Risky Technologies* (Dordrect: Springer, 2010), pp. 37-59. Available from: http://link.springer.com/chapter/10.1007/978-90-481-8647-1_3 [accessed 23 Nov 2012].
6. Fagerlin, A., Wang, C., Ubel, P. A. Reducing the Influence of Anecdotal Reasoning on People's Health Care Decisions: Is a Picture Worth a Thousand Statistics? *Med. Decis. Making*. 2005 Aug; 25(4): 398-405.
7. Wood, James. *How FictionWorks* (London: Cape, 2008).
8. Home Office. Homicides, Firearm Offences and Intimate Violence 2010/11: Supplementary Vol. 2 to Crime in England and Wales. 2012. Available from: http://www.homeoffice.gov.uk/publications/science-research-statistics/research-statistics/crime-research/hosb0212/ [accessed 4 Nov 2012].
9. BBC News. Brown Pledge to Tackle Stabbings. 11 Jul 2008. Available from: http://news.bbc.co.uk/1/hi/uk/7502569.stm [accessed 23 Nov 2012].
10. Spiegelhalter, D., Barnett, A. London Murders: A Predictable Pattern? *Significance*. 2009; 6(1): 5-8.
11. 同注2。
12. 同注2。
13. Home Office. Crime in England and Wales 2006/2007. Available from: http://webarchive.nationalarchives.gov.uk/20110218135832/http://rds.homeoffice.gov.uk/rds/crimeew0607.html [accessed 23 Nov 2012].

第23章

1. Longer, Healthier, Happier? Human Needs, Human Values and Science. Sense about Science annual lecture. 2007 Available from: http://www.senseaboutscience.org/pages/annual-lecture-2007.html [accessed 25 Nov2012].

2. Isaacs, D., Fitzgerald, D. Seven Alternatives to Evidence Based Medicine. *BMJ*. 1999 Dec 18; 319(7225): 1618.
3. Guyatt, G. C. J. Evidence-Based Medicine: A New Approach to Teaching the Practice of Medicine. *JAMA*. 1992 Nov 4; 268(17): 2420-5.
4. Ioannidis, J. P. A. Why Most Published Research Findings Are False. *PLoS Med.* 2005; 2(8): e124.
5. Gawande, A. *Complications: A Surgeon's Notes on an Imperfect Science* (New York: Henry Holt, 2002).
6. Gross, C. G. *A Hole in the Head: More Tales in the History of Neuroscience* (Cambridge, MA: MIT Press, 2009).
7. Weiser, T. G., Regenbogen, S. E., Thompson, K. D., Haynes, A. B., Lipsitz, S. R., Berry, W. R., et al. An Estimation of the Global Volume of Surgery: A Modelling Strategy Based on Available Data. *Lancet*. 2008 Jul 12; 372(9633): 139-44.
8. Royal College of Anaesthetists. Risks Associated with your Anaesthetic Section 14: Death or Brain Damage. 2009. Available from: http://www.rcoa.ac.uk/index.asp?PageID=1209 [accessed 15 Mar 2012].
9. Nightingale, F. *Notes on Hospitals* (London: Longman, Green, Longman, Roberts and Green, 1863).
10. Codman, E. A. *A Study in Hospital Efficiency: As Demonstrated by the Case Report of the First Five Years of a Private Hospital* (Boston: T. Todd, 1918).
11. Ferguson, T. B. Jr, Hammill, B. G., Peterson, E. D., DeLong, E. R., Grover, F. L. A Decade of Change-Risk Profiles and Outcomes for Isolated Coronary Artery Bypass Grafting Procedures, 1990-1999: A Report from the STS National Database Committee and the Duke Clinical Research Institute. Society of Thoracic Surgeons. *Ann. Thorac. Surg*. 2002 Feb; 73(2): 480-489 (discussion 489-90).
12. Care Quality Commission. Survival Rates-Heart Surgery in United Kingdom 2008-9. Available from: http://heartsurgery.cqc.org.uk/survival. aspx [accessed 25 Nov 2012].
13. New York State Department of Health. Cardiovascular Disease Data and Statistics. 2012. Available from: http://www.health.ny.gov/statistics/diseases/cardiovascular/ [accessed 25 Nov 2012].
14. Campbell, M. J., Jacques, R. M., Fotheringham, J., Maheswaran, R., Nicholl, J.

Developing a Summary Hospital Mortality Index: Retrospective Analysis in English Hospitals over Five Years. *BMJ.* 2012 Mar 1; 344(mar011): e1001-e1001.

15. Hawkes N. Patient Coding and the Ratings Game. *BMJ.* 2010 Apr 25; 340(apr23 2): c2153-c2153.

第24章

1. Cancer Research UK. Breast Screening: Accuracy of Mammography. 2012. Available from: http://www.cancerresearchuk.org/cancer-info/cancerstats/types/breast/screening/Other-Issues/#Accuracy [accessed 26 Nov 2012].
2. McCartney, M. *The Patient Paradox* (London: Pinter & Martin, 2012).
3. Mehta, P., Smith-Bindman, R. Airport Full-Body Screening: What Is the Risk? *Arch Intern Med.* 2011 Jun 27; 171(12): 1112-5.
4. NHS Breast Screening Programme. Screening for Breast Cancer in England: Past and Future. 2012. Available from: http://www.cancerscreening.nhs.uk/breastscreen/publications/nhsbsp61.html [accessed 17 May 2012].
5. Yaffe, M. J., Mainprize, J. G. Risk of Radiation-Induced Breast Cancer from Mammographic Screening. *Radiology*. 2011 Jan; 258(1): 98-105.
6. Welch, H. G., Schwartz, L. M., Woloshin, S. *Overdiagnosed: Making People Sick in the Pursuit of Health* (Boston, MA: Beacon Press, 2011).
7. Cancer Research UK. Breast Screening Review. 2012. Available from: http://www.cancerresearchuk.org/cancer-info/publicpolicy/ourpolicypositions/symptom_Awareness/cancer_screening/breast-screening-review/breastscreening-review [accessed 26 Nov 2012].
8. 同上。
9. Ablin, R. J. The Great Prostate Mistake. *The New York Times* (10 Mar 2010).Available from: http://www.nytimes.com/2010/03/10/opinion/10Ablin.html [accessed 30 Apr 2012].
10. House of Lords. Lord Andrew Lloyd-Webber Has Called for All Men over the Age of 50 to Have a Test for Prostate Cancer. BBC. 19 Jul 2010. Available from: http://news.bbc.co.uk/democracylive/hi/house_of_lords/newsid_8822000/8822506.stm [accessed 2012 Apr 30].

11. *Daily Mail*. Andrew Lloyd Webber Reveals Prostate Cancer Battle Has Left Him Impotent. 2011. Available from: http://www.dailymail.co.uk/tvshowbiz/article-1371379/Andrew-Lloyd-Webber-reveals-prostate-cancerbattle-left-impotent.html [accessed 30 Apr 2012].
12. Vernooij, M. W., Ikram, M. A., Tanghe, H. L., Vincent, A. J. P. E., Hofman, A., Krestin, G. P., et al. Incidental Findings on Brain MRI in the General Population. *New England Journal of Medicine*. 2007 Nov 1; 357(18): 1821-8.
13. Cancer Research UK. Prostate Cancer-UK Incidence Statistics. 2011. Available from: http://info.cancerresearchuk.org/cancerstats/types/prostate/incidence/ [accessed 30 Apr 2012].
14. 同注6。
15. Andriole, G. L., Crawford, E. D., Grubb, R. L., Buys, S. S., Chia, D., Church, T. R., et al. Prostate Cancer Screening in the Randomized Prostate, Lung, Colorectal, and Ovarian Cancer Screening Trial: Mortality Results after 13 Years of Follow-Up. *J. Natl. Cancer Inst*. 2012 Jan 18; 104(2): 125-32.
16. Schröder, F. H., Hugosson, J., Roobol, M. J., Tammela, T. L. J., Ciatto, S., Nelen, V., et al. Prostate-Cancer Mortality at 11 Years of Follow-Up.. *New England Journal of Medicine*. 2012 Mar 15; 366(11): 981-90.
17. Welch, H. G., Frankel, B. A. Likelihood That a Woman With Screen-Detected Breast Cancer Has Had Her 'Life Saved' by That Screening. *Arch Intern Med*. 2011 Dec 12; 171(22): 2043-6.
18. 23andMe. Genetic Testing for Health, Disease & Ancestry; DNA Test. Available from: https://www.23andme.com/ [accessed 30 Apr 2012].

第25章

1. Fowler, S. Workhouse: The People, the Places, the Life behind Doors. National Archives; 2007.
2. Booth, Charles. The Aged Poor in England and Wales (London, 1894). Available from: http://archive.org/stream/agedpoorinengla00bootgoog/agedpoorinengla00bootgoog_djvu.txt.
3. Crowther, M. A. *The Workhouse System, 1834-1929: The History of an English*

Social Institution (London: Routledge, 1983).

4. Orwell, G. *Down and Out in Paris and London: A Novel* (Harcourt, Brace & World, 1961).
5. Households Below Average Income. Department of Work and Pensions, June 2012. Available from: http://research.dwp.gov.uk/asd/index.php?page=hbai [accessed 23 Jan 2013].
6. English Longitudinal Study of Ageing. Financial Circumstances, Health and Well-Being of the Older Population in England. 2010. Available from: http://www.ifs.org.uk/elsa/report10/elsa_w4-1.pdf [accessed 25 Nov 2012].
7. 同注5。
8. Department of Health. Fairer Care Funding. The Report of the Commission on Funding of Care and Support. 2011. Available from: http://www.dilnotcommission.dh.gov.uk/our-report/ [accessed 25 Nov 2012].

第26章

1. Halley, E. An Estimate of the Degrees of the Mortality of Mankind, Drawn from Curious Tables of the Births and Funerals at the City of Breslaw; With an Attempt to Ascertain the Price of Annuities upon Lives. Royal Society of London; 1753. Available from: http://archive.org/details/philtrans05474358 [accessed 25 Nov 2012].
2. Human Mortality Database. Human Mortality Database. Available from: http://www.mortality.org/ [accessed 25 Nov 2012].
3. Office for National Statistics. Life Expectancy at Birth and at Age 65 by Local Areas in the United Kingdom. 2011. Available from: http://www.ons.gov.uk/ons/rel/subnational-health4/life-expec-at-birth-age-65/2004-06-to-2008-10/index.html [accessed 25 Nov 2012].
4. Understanding Uncertainty. Survival Worldwide. 2012. Available from: http://understandinguncertainty.org/node/272 [accessed 25 Nov 2012].
5. World Health Organisation. World Health Statistics 2011. Available from: http://www.who.int/gho/publications/world_health_statistics/2011/en/index.htm [accessed 25 Nov 2012].
6. Human Life-Table Database. 2012. Available from: http://www.lifetable.de/ [accessed

25 Nov 2012].

7. Office for National Statistics. Period and Cohort Life Expectancy Tables. 2011. Available from: http://www.ons.gov.uk/ons/rel/lifetables/period-andcohort-life-expectancy-tables/2010-based/index.html [accessed 25 Nov 2012].
8. Office for National Statistics. What Are the Chances of Surviving to Age 100? 2012. Available from: http://www.ons.gov.uk/ons/rel/lifetables/historic-and-projected-mortality-data-from-the-uk-life-tables/2010-based/rpt-surviving-to-100.html [accessed 26 Nov 2012].
9. United Nations. Global Issues at the United Nations. Available from: http://www.un.org/en/globalissues/ageing/ [accessed 25 Nov 2012].
10. Collerton, J., Davies, K., Jagger, C., Kingston, A., Bond, J., Eccles, M. P., et al. Health and Disease in 85 Year Olds: Baseline Findings from the Newcastle 85+ Cohort Study. *BMJ* [Internet]. 2009; 339. Available from: http://www.ncbi.nlm.nih.gov/pmc/articles/PMC2797051/ [accessed 25 Nov 2012].
11. Office for National Statistics. Pension Trends, Chapter 2: Population Change. 2012. Available from: http://www.ons.gov.uk/ons/rel/pensions/pension-trends/chapter-2--population-change--2012-edition-/index.html [accessed 20 Feb 2012].
12. Knapp, M., Prince, M. Dementia UK 2007. Available from: http://alzheimers.org.uk/site/scripts/download_info.php?fileID=2.
13. Office for National Statistics. Pension Trends, Chapter 3: Life Expectancy and Healthy Ageing. 2012. Available from: http://www.ons.gov.uk/ons/rel/pensions/pension-trends/chapter-3--life-expectancy-and-healthy-ageing--2012-edition-/index.html [accessed 20 Feb 2012].
14. British Parachute Association. How Safe? 2012. Available from: http://www.bpa.org.uk/staysafe/how-safe/ [accessed 26 Nov 2012].

第27章

1. De Finetti, B. *Theory of Probability* (London: John Wiley, 1974).

致 谢

Profile出版社的安德鲁·富兰克林（Andrew Franklin）提议我们写这本书，我们非常感激他出的这个点子，对他的感激之情，请恕我词穷不能详述。我们两个人得感谢在我们生命中给予莫大影响的朋友与同事，感谢他们这一路上的协助。跟Profile出版团队共事是我们人生中最愉快的经历。琼妮·佩格（Jonny Pegg）是作者们梦寐以求的经纪人，事实上，她也是个“双面谍”，她还是个令人信服的评论家以及和蔼可亲、善于鼓励人的朋友。安德鲁·迪尔纳特（Andrew Dilnot）在初期给了我许多宝贵的建议。李奇·耐特（Rich Knight）与克里斯·文斯（Chris Vince）读了一些早期的数据，提供了一些让我们不那么心烦意乱的想法，对我们帮助很大。凯提·阿德雷（Katey Adderley）和凯特琳·哈里斯（Catilin Harris）不断激励着迈克尔，而且是我深入研究风险时的心理学专家。乔·哈里斯（Joe Harris）提供给我们他在风险中生活所学到的最重要的教训。埃德加（Edgar）与基朗（Kieran）协助我们编出企鹅的故事，这个故事是从他们的生活中撷取出来的。费奥娜（Fiona）用她的人生经历告诉我们，可以对弗赖本托斯罐头做些什么事。而我们“无耻”地将所有朋友发生过的关于危险的“糗事”全部搅拌在一起并公之于世。凯特·布尔（Kate Bull）给予我许多鼓励与建议，而且很喜爱我写的文字，这是最大的鼓励。迈克·皮尔森（Mike Pearson）提供了绵绵不绝的协助与启发。戴维·哈定（David Hading）的慷慨让戴维可以把时间全部花在写这本书上。感谢大家。